普通高等学校规划教材

本书由重庆交通大学研究生教育创新基金支持出版

Visual Basic 语言程序设计及应用

周建丽　主　编

何友全　杨建喜　张廷萍　周　翔　副主编

人民交通出版社股份有限公司
China Communications Press Co.,Ltd.

内 容 提 要

本书以 Visual Basic 6.0 为背景，以计算机程序设计的思想和方法为主线，讲解计算机程序设计语言及设计程序的原理和技术。全书共有 12 章，分基础知识和应用两部分，基础知识包括：VB 语言导引、VB 语言基础、程序设计基础、数组、过程等。应用包括：用户界面设计、图形应用、文件、数据库应用、VBA 在 Excel 中的应用、VB 与 Matlab 的集成开发、VB 与 AutoCAD 的集成开发等。

本书内容按“进阶模式”组织。在基础知识部分循序渐进地讲解了 VB 语言基础知识、程序设计的方法和原理，重点阐述了顺序、分支和循环结构的设计技术。在应用部分用大量例题讲解应用范例。与同类教材比较，本书注重基础，弱化细节，强调 VB 语言功能使用的方法，站在学习者的视角去认识问题和解决问题，内容安排层次清晰，例题选择有层次和梯度，通俗易懂、图文并茂，易教易学。

本书可作为高等院校非计算机专业硕士研究生、本科生、专科生等各种层次学生学习《Visual Basic 程序设计》课程的教材，也可以供其他读者学习使用。

图书在版编目(CIP)数据

Visual Basic 语言程序设计及应用/周建丽主编
.— 北京：人民交通出版社股份有限公司，2014.9
ISBN 978-7-114-11582-0

Ⅰ.①V… Ⅱ.①周… Ⅲ.①BASIC 语言—程序设计
Ⅳ.①TP312

中国版本图书馆 CIP 数据核字(2014)第 172376 号

书　　名：Visual Basic 语言程序设计及应用
著 作 者：周建丽　何友全　杨建喜　张廷萍　周　翔
责任编辑：刘永芬
出版发行：人民交通出版社股份有限公司
地　　址：(100011)北京市朝阳区安定门外外馆斜街 3 号
网　　址：http://www.ccpress.com.cn
销售电话：(010)59757973
总 经 销：人民交通出版社股份有限公司发行部
经　　销：各地新华书店
印　　刷：北京市密东印刷有限公司
开　　本：787×1092　1/16
印　　张：19.75
字　　数：471 千
版　　次：2014 年 9 月　第 1 版
印　　次：2014 年 9 月　第 1 次印刷
书　　号：ISBN 978-7-114-11582-0
定　　价：45.00 元

前　言

Visual Basic 简称 VB，是微软公司推出的面向对象程序设计语言，它具有内容丰富、功能强大、简单易学的特点，在国内外各个领域应用非常广泛。目前，越来越多的高等院校将其作为对非计算机专业学生开设的计算机程序设计语言课程。

随着高等教育改革的不断深化，研究生教育也不断发展，不仅规模扩大，而且报考学生来源多样化，跨学科、跨专业就读硕士研究生已经是普遍现象。由于我国各高校对本科阶段的计算机基础教学工作并没有明确的统一要求，每个学校对学生的计算机基础知识和应用能力要求也不相同。面对课堂上来自不同专业、不同类别、计算机基础知识参差不齐的学生，我们萌发了编写一本进阶模式教材的想法，希望此教材既适合没有基础的初学者，也适合有一定基础、想深入学习 VB 语言相关应用知识需求的学生。

本教材安排了两部分内容。基础部分讲解 VB 语言基础知识，以初学者的视角，根据"熟悉语言、认识对象、设计程序"的思路，在内容编排上遵循由简到繁、由浅入深和循序渐进的原则，重点讲授面向对象程序设计的基本思想、面向过程结构化程序设计的基本原理，构造顺序、分支和循环控制结构的基本方法和技术。在具体讲授语言规则和程序设计的方法时，利用简单例子进行说明，希望把学生感觉难学的知识点用具体例子阐释清楚，让复杂的问题简单化。书中各章节涉及的例题、习题都经过作者精心的选择和编排，力求通俗易懂、简单实用。应用部分介绍了 VB 语言中的界面设计、文件、图形、数据库等应用功能，另外还特别增加了 VBA 在 Excel 中的应用、VB 与 Matlab 的集成开发、VB 与 AutoCAD 的集成开发等内容。

本书由周建丽主编，何友全、杨建喜、张廷萍、周翔等参加编写。杨建喜老师将自己在科研工作中积累的经验全部汇集到 VB 与 Matlab 的集成开发、VB 与 AutoCAD 的集成开发两章内容中,期望对有相关应用要求的学生能提供帮助。在本书编写、出版过程中,刘玲、杨芳明、朱振国等老师提出了许多宝贵意见和建议,重庆交通大学研究生教育创新基金给予了大力支持和资助,人民交通出版社也给予了鼎力帮助,在此一并表示衷心感谢。由于时间仓促,编者水平有限,书中存在疏漏和不足之处在所难免,恳请同仁和专家批评指正,多提宝贵意见。如有问题可与作者联系,联系方式:xxzzhou3@cqjtu. edu. cn。

编　者

2014 年 7 月于重庆交通大学

目　录

第1章　VB语言导引

1.1　认识VB语言

VB是从较早期的计算机程序语言BASIC发展而来的。对于开发Windows应用程序而言，VB是目前所有开发语言中最简单、最容易使用的语言，而其功能较之其他程序设计语言则毫不逊色。

1.1.1　VB语言特点

1)可视化的设计工具

VB提供的可视化设计工具，把Windows界面设计的复杂代码“封装”起来，程序员只需按设计的要求，用系统提供的工具在屏幕上“画出”各种对象。程序员所需要编写的只是实现程序功能的那部分代码，从而大大提高了编程的效率。

2)面向对象的设计方法

VB采用面向对象的编程方法(Object-Oriented Programming)，把程序和数据封装起来作为一个可以在计算机中加载运行的代码实体，即对象，并为每个对象赋予相应的属性。在设计对象时用工具“画”在界面上，由Visual Basic自动生成对象的程序代码并封装起来。

3)事件驱动的编程机制

VB通过事件执行对象的操作。在设计应用程序时，不必建立具有明显开始和结束的程序，而是编写若干个微小的子程序，即过程。这些过程分别面向不同的对象，由用户操作引发某个事件来驱动完成某种特定功能，或由事件驱动程序调用通用过程执行指定的操作，从而完成和实现程序的各种功能。

4)结构化的设计语言

VB是在结构化的BASIC语言基础上发展起来的，加上了面向对象的设计方法，因此是具有结构化特征的程序设计语言，可以使用结构程序设计的所有方法来完成各个过程的编写。

5)充分利用Windows资源

VB提供的动态数据交换(DDE，Dynamic Data Exchange)编程技术，可以在应用程序中实现与其他Windows应用程序建立动态数据交换、在不同的应用程序之间进行通信的功能。

VB提供的对象链接与嵌入(OLE，Object Linking and Embedding)技术则是将每个应用程序都看作一个对象，将不同的对象链接起来，嵌入到某个应用程序中，从而可以得到具有声音、影像、图像、动画、文字等各种信息的集合式文件。

VB还可以通过动态链接库(DLL，Dynamic-Link Library)技术将C/C++或汇编语言编写的程序加入到VB的应用程序中，或是调用Windows应用程序编程接口(API，Application

Programming Interface)函数,实现软件开发工具包(SDK,Software Development Kit)所具有的功能。

6)开放的数据库功能与网络支持

VB具有很强的数据库管理功能。不仅可以管理MS Access格式的数据库,还能访问其他外部数据库,如FoxPro、Paradox等格式的数据库。

7)完备的Help联机帮助功能

VB提供的帮助可算得上是面面俱到。程序员可以在编写程序过程中,借助这些帮助信息,不断深入掌握VB提供的各种编程工具和编程技术。

1.1.2 设计VB应用程序的步骤

用VB开发应用程序,一般包含两部分工作:设计用户界面和编写程序代码。

所谓用户界面,是指人与计算机之间传递、交换信息的界面,是用户使用计算机的操作环境。通过用户界面,用户向计算机系统提供命令、数据等输入信息,这些信息经过计算机处理后,又经过用户界面输出结果信息给用户。用户界面设计又包括建立对象和对象属性设置两部分。

VB采用面向对象的编程机制,因此先要确定对象,然后才能针对这些对象进行代码编程。VB编程中最基本的对象是窗体(即所谓的Windows窗口),各种控件对象必须建立在窗体上。

设计VB应用程序的步骤大致如下:

(1)建立用户界面的对象。

(2)设置对象的属性值。

(3)编写程序代码,建立事件过程。

(4)保存和运行应用程序。

(5)生成EXE文件。

例1-1 设计程序,要求程序运行后,鼠标单击窗体时,窗体上显示"欢迎您来到Visual Basic世界!"。

第一步:创建窗体

启动VB后,选择"标准EXE"选项,进入VB集成开发环境。此时系统已自动创建了一个窗体Form1(如图1-1所示)。这个系统默认的窗体已能满足本例程序的要求,可作为本例程序的用户界面。

第二步:编写程序代码

将鼠标指针移动到窗体内,单击鼠标右键,在弹出的快捷菜单中单击"查看代码"命令;或在VB主窗口中选择"视图"菜单中的"代码窗口"命令;或在工程资源管理器窗口中用鼠标单击"查看代码"按钮,系统弹出与该窗体相对应的代码窗口,即代码编辑器,如图1-2所示。

这个代码窗口的标题为"工程1-Form1(Code)",表示当前工程名默认为"工程1"。Form1表示窗体名,圆括号内的Code表示显示的是该窗体模块的代码窗口。

窗口左边显示"(通用)"的框为对象列表框,列出了当前窗体Form1中的对象(控件);窗口右边显示"(声明)"的框为过程列表框,列出了与当前选中的对象相关的所有事件,或在通用段添加的通用过程名。

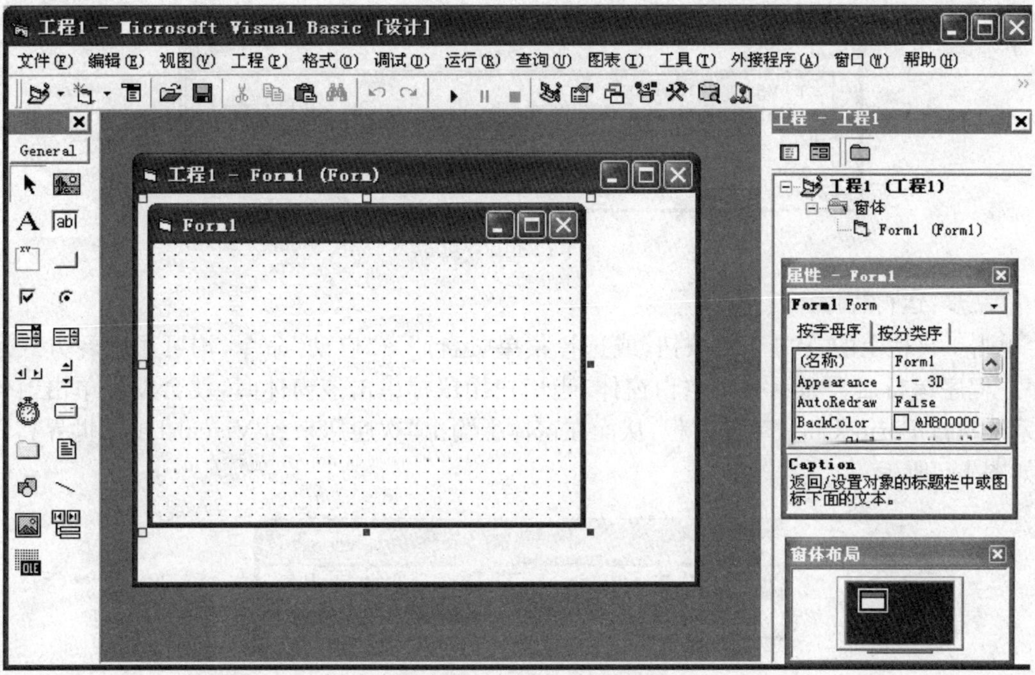

图 1-1 VB语言编辑窗口

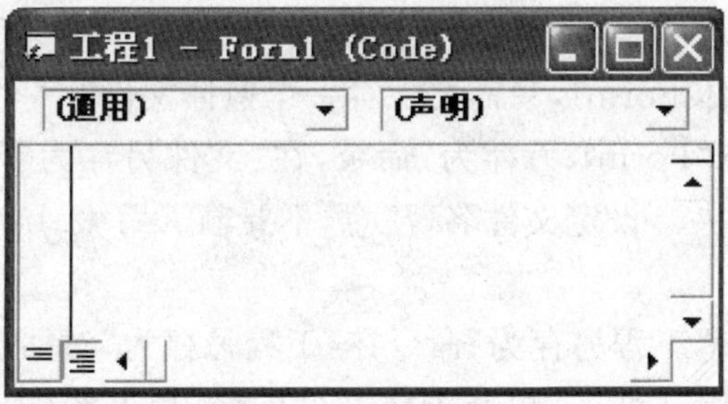

图 1-2 代码窗口

在对象列表框中选择对象 Form，在过程列表框中选择事件 Click（单击事件），系统自动在代码窗口的编辑区生成 Form_Click 事件过程的模板，如图 1-3 所示。

输入代码：form1. Print "欢迎您来到 Visual Basic 世界！"，代码窗口显示如图 1-4 所示。

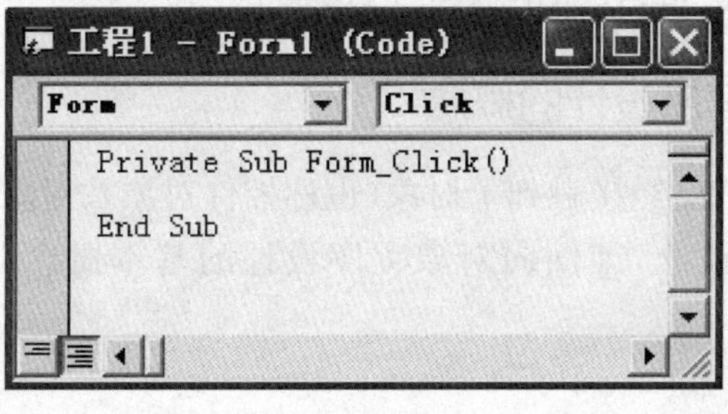

图 1-3 Form_Click 事件过程框架

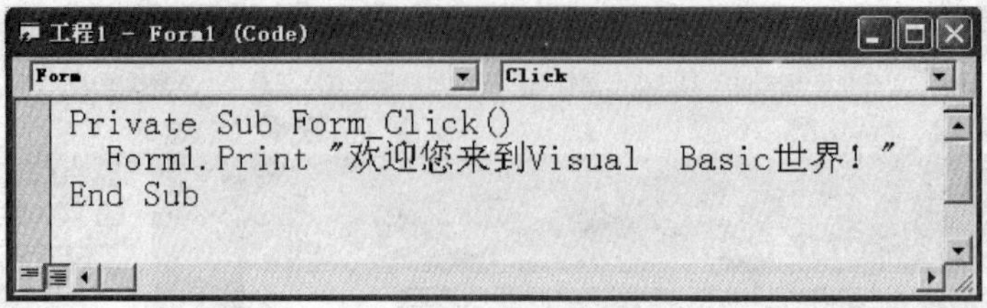

图 1-4　程序代码

第三步:运行程序

单击工具栏上的"启动"按钮,或选择菜单"运行"→"启动"命令,均可用解释方式运行程序。程序运行后会显示一个空白窗体,当用户用鼠标单击该窗体时,就会发生单击窗体事件,系统执行 Form_Click 事件过程,从而在窗体上输出"欢迎您来到 Visual Basic 世界!"的字样,如图 1-5 所示。

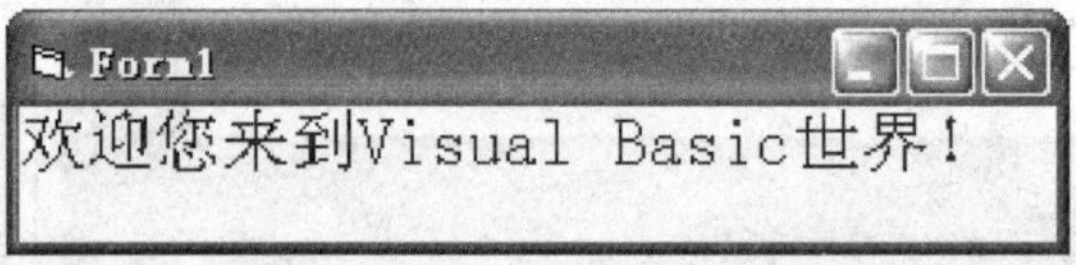

图 1-5　单击窗体时的显示信息

单击窗体右上角的"关闭"按钮,或单击工具栏上的"结束"按钮,即可结束程序的运行。

第四步:保存程序

本例中只涉及一个窗体 Form1,只需要保存一个窗体文件和一个工程文件。

(1)用菜单的"文件"→"Form1 另存为"命令,在"文件另存为"对话框中选择好保存位置(如新建的"VB 程序"文件夹),设定文件名(注意,不要输入后缀. frm),使用"保存"命令,即可保存窗体文件。

(2)用菜单的"文件"→"工程另存为"命令在"工程另存为"对话框中选择保存位置(与窗体文件保存的位置相同),设定文件名(可与窗体文件同名,也不要输入后缀. vbp),使用"保存"命令保存工程文件。

第五步:生成 EXE 文件

在保存文件后,选择菜单"文件"→"生成…. exe"命令(…为输入的工程名),系统弹出"生成工程"对话框,默认位置、文件名与工程文件相同,单击"保存"按钮,即可生成 EXE 文件。该文件在 Windows 下可以通过鼠标双击独立运行。

1.1.3　面向对象程序设计的概念

在上面的例题中,我们已经接触到了对象(也称控件对象)、对象属性、事件、事件过程这些 VB 程序设计中最基本的概念,即面向对象程序设计的基本概念。本节将深入地一一进行讨论。

1)类

类(Class)是一组用于定义对象的相关数据和方法的集合。简单地说,类是创建对象的模型,对象则是按模型生产出来的成品,是类在应用程序中的具体实例。

在 VB 中,工具箱中的每一个控件,如文本框、标签、命令按钮等,都代表一个类。当将这些控件添加到窗体上时就创建了相应的对象。由同一个类创建的对象(如文本框控件 Text1、Text2、Text3 等)具有由该类定义的公共属性、方法和事件。

2)对象

在 VB 程序语言中,对象是 VB 系统中的基本运行实体,是 VB 应用程序的基本单元,如在上面例题中用到的窗体。

VB 中的对象分为两类,一类是由系统设计好的,称为预定义对象,可以直接使用或对其进行操作,如工具箱中的标准控件;另一类是由用户自定义的对象。本教材仅使用到 VB 预定义对象(即 VB 工具箱中的标准控件),用户自己定义的对象请参考其他相关资料。

对象具有属性、事件和方法三要素。

3)容器对象

在 VB 中,窗体是一种对象,同时它是摆放其他对象(如标签、文本框、命令按钮等)的载体或容器,也称之为容器对象或容器控件(或控件容器)。

4)属性

每个对象都有自己的特征,称为对象的属性(Property)。不同类型的对象具有不同的属性。例如,命令按钮具有名称、标题、大小、位置等属性;文本框具有名称、文本内容、显示的最大字符数、字体等属性。对象的属性就是描述对象特征的一组数据。

设置对象属性有两种方法:

(1)在用户界面设计时,通过属性窗口手动设置对象的属性。

[方法]:选定对象,然后在属性窗口中双击要设置的属性名,或先选择属性名,然后单击右边的属性值框,即可设置或修改相应的属性值。这种方法的优点是立即在窗体上可以看到效果。

(2)在程序代码中更改对象的属性。

[格式]:[对象名.]属性名=属性值,表示将对象的属性值设置为指定数据,例如:

```
Form1.FontSize = 20  '设置窗体显示字符的大小为20
```

5)方法

方法(Method)是对象能够主动完成的操作,每种对象能做的操作在定义类时已经确定了。方法只能在程序代码中使用,其调用格式为:[对象名.]方法名[(参数)]。有的方法需要提供参数,有的方法是不带参数的。例如:

```
Forml.C1s                    '清除窗体 Forml 上显示的内容
```

6)事件

事件(Event)是由 VB 系统预先设置好的、能够被对象识别的动作,即对象被动接受的动作,每种对象能接受的动作也是在定义类时确定的。例如,单击(Click)事件、双击(DblClick)事件等。每一种对象能识别的事件,在设计阶段可以从代码窗口中该对象的过程框的下拉列表框中看到。图 1-6 右侧所示的是窗体对象所能识别的事件。

对象的事件可以由用户触发,如单击鼠标、按键盘上的某个键等;也可以由系统或应用程序触发,如装载窗体、卸载窗体等。

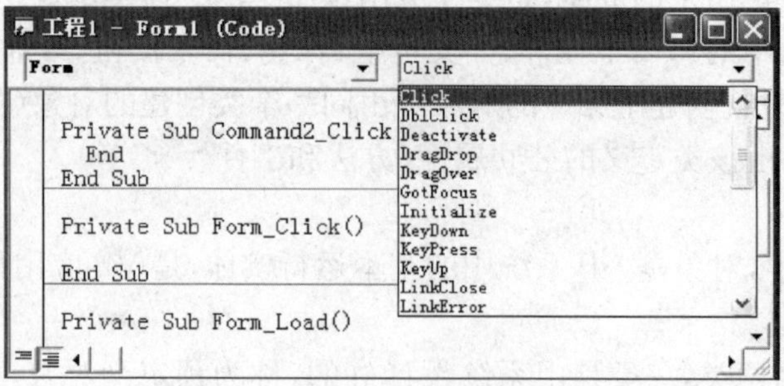

图 1-6　窗体对象能响应的事件

7)事件过程

对象响应事件后就会执行一段程序代码,这样的代码称为事件过程或事件驱动程序。一个对象可以识别一个多个事件,因此可以使用一个或多个事件过程对相应的事件做出响应。

事件过程的一般格式如下:

```
Private Sub 对象名_事件名([参数表])
    处理事件的程序代码
End Sub
```

如例 1-1 中的事件过程代码是:

```
Private Sub Form_Click()
Print "欢迎您来到 Visual Basic 世界!"
End Sub
```

虽然对象拥有许多事件过程,但程序设计者并不需要去为每个事件都编写事件过程,只需要编写自己想要触发的那些事件过程。

8)事件驱动

VB 应用程序运行时,先装载和显示一个窗体,然后等待下一个事件(由用户操作来引发或程序运行触发)的发生。当某一事件发生时,程序就会执行此事件的事件过程,完成一个事件过程后,程序又会进入等待状态,直到下一事件发生为止。如此周而复始地执行,直到程序结束。也就是说,事件过程要经过事件的触发才能被执行,这种工作模式称为事件驱动方式。

VB 程序采用事件驱动的运行机制,是通过响应不同的事件执行不同的事件过程的程序代码段。响应的事件顺序不同,执行的程序代码段的顺序也不同,即事件发生的顺序决定了整个程序的执行流程。由于事件可以由用户触发,也可以由系统或应用程序触发,所以程序每次执行的流程都可以不同。因此,设计 Visual Basic 应用程序时,用户一定要明确哪个对象的哪个事件发生时需要机器完成哪些工作,进而编写一些必要的事件过程。

1.2　窗　　体

窗体(Form)或窗口,是 VB 程序中最重要、最基本的对象,任何应用程序至少有一个窗体。它是 VB 程序设计的基础,各种控件对象都是摆放在窗体上的。一个窗体对应一个窗体程序模块,用一个独立的窗体文件.frm 存放,是 VB 程序中最重要的文件。建立应用程序时,会自动生成一个窗体。

1.2.1　窗体的属性

窗体的属性决定了窗体的外观和行为，新建窗体时系统将取各种属性的默认值。用户设计时，可以在属性窗口中用手工设置窗体的属性，也可以在程序运行时通过代码实现窗体属性的设置。

窗体的基本属性有 Name、Height、Width、Left、Top、Enabled、Visible、ForeColor 和 Font 等。这些属性也是大多数标准控件的基本属性，见表 1-1。

窗体的基本属性　　表 1-1

属　性	功　能	默 认 值	备　注
Name(名称)	窗体名称。只能在设计阶段通过属性窗口改变，运行时不能更改，即是只读属性。	Form1,Form2,…	只读
Caption	在窗体的标题栏中显示的标题	Form1,Form2,…	
MinButton	取值为 True/False，确定是否显示最小化按钮	True	只读
MaxButton	取值为 True/False，确定是否显示最大化按钮	True	只读
ControlButton	取值为 True/False，确定是否显示三个控制按钮(最大化、最小化、关闭按钮)	True	只读
BackColor	设置窗体的背景色		
ForeColor	设置窗体上显示文本的颜色		
Font	设置窗体上显示文本的字体		
Enabled	设置窗体运行时能否被用户操作。如设置为 True，能被用户操作；如设置为 False，则不能被用户操作。在运行时才能看到效果	True	
Visiable	设置窗体运行时是否可见。如设置为 True，窗体可见；如设置为 False，窗体不可见，此时不能被用户操作。在运行时才能看到效果	True	
BorderStyle	设置窗体边框的类型，取值范围为 0 到 5		
Picture	设置窗体背景的图像	空	
Left、Top	设置或返回窗体的左边框距屏幕左边的距离、顶部距屏幕顶部的距离		
Height、Width	设置或返回窗体的高度和宽度		
WindowState	窗体开始运行时的初始显示状态，0 表示正常状态(默认值)，1 表示最小化，2 表示最大化	0	

说明：Picture(图形)设置窗体中显示的图片。在属性窗口中单击该属性行右端的三点式按钮…，打开一个“加载图片”对话框，可以从中选择一个合适的图形文件。也可以在应用程序中使用图片装载函数 LoadPicture( )设置，格式为：[对象.]Picture＝LoadPicture("文件名")。

1.2.2 窗体的事件

窗体作为对象,能对事件做出响应,常用窗体事件如表 1-2 所示。窗体事件过程的一般格式为:

```
Private Sub Form_事件名([参数表])
  ……
End Sub
```

窗体的常用事件　　表 1-2

事　件	功　能
Initialize	自动发生,初始化所有的数据
Load	自动发生在 Initialize 之后。装载窗体,但此时窗体不是活动的
Activate	自动发生在 Load 之后。激活窗体,等待其他事件发生,此时才能响应用户在界面上的交互操作
Click	单击窗体,触发 Click 事件
DbClick	双击窗体,触发 DbClick 事件
Resize	如果进行了改变窗体大小的操作,才会触发 Resize 事件
Unload	关闭窗口时才发生。把窗体从内存中删除(即卸载窗体)

1.2.3 窗体的方法

窗体可调用的方法很多,一般在程序代码中调用窗体的方法。常用的方法与功能如表1-3所示。

窗体作为 VB 程序中最重要的控件,不仅具有丰富的属性供用户设置,以提高程序的性能,而且有一些重要的方法,方便用户对窗体进行操作。

(1)Show(显示)方法:用于快速显示一个窗体,使该窗体变成活动窗体。执行 Show 方法时,如果窗体已装载,则直接显示窗体;否则先执行装载窗体操作,再显示。

说明:Load 语句只是装载窗体,并不显示窗体。要想显示窗体,应执行窗体的 Show 方法。用 Show 方法显示窗体,用 Hide 方法隐藏窗体,这和在代码中将 Visible 属性分别设置为 True 或 False 的效果是一样的。

窗体的常用方法　　表 1-3

方　法	格　式	功　能
Cls	[Object.]Cls	清除运行时输出的文本和图形
Print	[Object.] Print	在窗体上输出文本
Show	<Form.> Show	显示窗体
Hide	<Form.> Hide	隐藏窗体
Move	[Object.] Move Left,Top,Width,Height	移动窗体或控件

(2)Print(打印)方法:用于在窗体上输出字符数据。

(3)Cls(清除)方法:用于清除运行时在窗体上显示的文本或图形,但并不能清除在设计阶段设置的文本和图形。

(4)Move(移动)方法:用于移动并改变窗体或控件的位置和大小。其格式为:

[对象.]Move Left,Top,Width,Height

其中,Left 和 Top 参数表示将要移动对象的目标位置的 x,y 坐标;Width 和 Height 参数表示移动到目标位置后,对象的宽度和高度,以此改变对象的大小。

说明:只有 Left 参数是必须的。另外,要指定任何其他的参数,必须先指定该参数前面的全部参数。例如,如果不先指定 Left 和 Top 参数,则无法指定 Width 参数。任何没有指定的尾部的参数则保持不变。例如为窗体编写一个单击事件过程:

```
Private Sub Form_Click()
  Me. Move 0, 0,2000, 2000
End Sub
```

程序运行后,单击窗体,则会在屏幕的左上角显示一个正方形的小窗体。

例 1-2　设计程序,要求程序运行后窗体标题显示"初始状态",单击窗体,则窗体标题为"单击窗体",同时加载一张图片;双击窗体,则窗体标题为"双击窗体",同时加载另一张图片。

分析:利用窗体的 Caption\Picture 等属性可以实现题目要求。注意:一定要事先在 d:\下保存两张图片,名字为 1. jpg 和 2. jpg。请运行程序并观察窗体变化,体会 VB 程序书写方法。

```
Private Sub Form_Click()
Form1. Caption = "单击窗体"
Form1. Picture = LoadPicture("d:\1. jpg")
End Sub
Private Sub Form_DblClick()
Form1. Caption = "双击窗体"
Form1. Picture = LoadPicture("d:\2. jpg")
End Sub
Private Sub Form_Load()
Form1. Caption = "初始状态"
End Sub
```

例 1-3　设计程序,要求程序运行后,窗体处于屏幕左上角,单击窗体则窗体沿屏幕主对角线移动。双击窗体程序结束。

分析:利用窗体的 Left 和 Top 属性可确定窗体在屏幕上的位置。请运行程序并观察窗体在屏幕上的位置变化,体会窗体属性值改变的方法。

```
Private Sub Form_Activate()
Form1. Left = Form1. Left + 100
Form1. Top = Form1. Top + 100
End Sub
Private Sub Form_DblClick()
End
End Sub
Private Sub Form_Load()
```

```
Form1. Width = 1000:Form1. Height = 2000
Form1. Left = 0:Form1. Top = 0
End Sub
```

例 1-4 设计程序，要求程序运行后，窗体无最大化、最小化按钮，且自动加载了一张图片，标题栏显示“加载窗体”，当用户单击窗体时，标题栏显示“鼠标单击”，且在窗体上显示 20 字号的汉字“系统事件已经发生…”；当双击窗体时卸载图片。

分析：本题可利用窗体的 Load(Activate)、Click、DblClick 共三个事件，然后各自在三个事件中进行属性赋值即可。书写代码如下：

```
Private Sub Form_Activate()
Form1. Caption = "加载窗体"                          '窗体加载时标题内容已经改变
Form1. Picture = LoadPicture(App. Path + "\1. jpg") '利用函数加载一幅图片
Form1. ForeColor = vbYellow                         '设置前景色
Form1. FontSize = 20                                '设置字号
End Sub
Private Sub Form_Click()
Form1. Caption = "鼠标单击"
Form1. Print "系统事件已经发生"
End Sub
Private Sub Form_DblClick()
Form1. Caption = "鼠标双击"                          '重新修改窗体的标题值
Form1. Picture = LoadPicture()                      '利用函数卸载图片
Form1. Print "结束使用 VB"                           '利用方法输出字符
End Sub
```

说明：

1. App. Path 是窗体的一个属性，意指程序文件的路径。因此，运行本程序时应将 1. jpg 图片文件先保存到程序文件所在的文件夹中。

2. MaxButton 和 MinButton 属性是只读的，故应该先在属性窗口中设置为 False，程序运行后标题栏右边就不会出现最大化、最小化按钮。

例 1-5 利用窗体的 Show\Hide 方法显示和隐藏窗体。

分析：

(1)Show 方法是专属于窗体对象的方法，当执行 Show 时，会显示一个窗体并将此窗体的 Visible 属性设置为 True。使用该方法的格式为：窗体对象名. Show [参数]。

(2)Hide 方法也是专属于窗体对象的方法，当执行 Hide 隐藏窗体后，就不能响应事件(即用户的操作)，同时会将此窗体的 Visible 属性设置为 False。使用该方法的格式为：窗体对象名. Hide。

设计过程：

(1)创建一个项目，默认窗体名为 Form1，再添加一个窗体，名字为 Form2(在“工程资源管理器”窗口中右键单击 Form1 窗口，快捷菜单中选“添加窗体”即可添加新窗体)。

(2)书写代码如下:

```
'这是第一个窗体文件的内容
Private Sub Form_Activate()
Form1. Caption = "这是第一个窗体":Form2. Caption = "这是第二个窗体"
End Sub
Private Sub Form_Click()
Form1. Hide
Form2. Show
End Sub
'这是第二个窗体文件的内容
Private Sub Form_Click()
Form2. Hide
Form1. Show
End Sub
```

说明:在"工程资源管理器"窗口中,双击第一个窗体则可以输入第一个窗体文件的内容,双击第二个窗体则可以输入第二个窗体文件的内容。程序运行后,单击窗体则可以看到两个窗体交替出现。

习　　题

单项选择题

1. 在 VB 中,被称为对象的是(　　)。

A. 窗体　　B. 控件

C. 窗体和控件　　D. 窗体、控件、属性

2. VB 主窗口中不包括(　　)。

A. 标题栏　　B. 状态栏

C. 工具栏　　D. 菜单栏

3. 以下说法正确的是(　　)。

A. 对象的可见性可设为 1 或 0

B. 标题的属性值可设为任何文本

C. 如果属性的值不设置,默认为空

D. 属性窗口中属性只能按字母顺序排列

4. 以下为窗体文件扩展名的是(　　)。

A. . bas　　B. . cls　　C. . frm　　D. . ers

5. 要设置窗体上各控件的属性,可在(　　)中进行。

A. 窗体布局窗口　　B. 工程资源管理器窗口

C. 属性窗口　　D. 窗体窗口

6. 在代码窗口中,当从对象框中选定了某一对象后,在(　　)中会列出适用该对象的事件。

A. 过程框　　B. 属性窗口
C. 工具箱　　D. 工具栏

7. 在 VB 程序运行期间，若改变窗体大小，则自动触发的窗体事件是（　　）。
A. Click　　B. Resize　　C. Load　　D. Unload

8. 程序运行中用鼠标双击当前窗体时，会触发窗体的（　　）事件。
A. Load　　B. Unload
C. DblClick　　D. KeyPress

9. 在 VB 6.0 集成开发环境中，可以（　　）。
A. 编辑、调试、运行程序，但不能生成可执行程序
B. 编辑、运行程序，生成可执行程序，但不能调试程序
C. 编辑、调试程序，生成可执行程序，但不能运行程序
D. 编辑、调试、运行程序，并能生成可执行程序

10. 以下叙述正确的是（　　）。
A. 用属性窗口只能设置窗体的属性
B. 用属性窗口只能设置工具箱中标准控件的属性
C. 用属性窗口可以设置窗体和控件的属性
D. 用属性窗口可以设置任何对象的属性

第 2 章　VB 语言基础

VB 语言是人机交流的工具，与任何其他语言一样规定了自己的语言元素。了解这些语言元素才能用 VB 语言中合法的形式书写程序代码，实现指挥机器完成指定工作的愿望。构成 VB 应用程序的基本元素是数据类型、常量、变量、表达式和函数等。

2.1　基本数据类型

电子计算机是处理数据的机器，要处理数据必须要解决表示和存储数据的问题。

VB 提供的数据类型主要有数值型、字符型、布尔型、日期型、变体型和对象型。数值型数据又分为整数、浮点数、字节型数和货币型数。其中整数又分为整型数和长整型数，浮点数（实型数或实数）又分为单精度型数和双精度型数。

不同类型的数据，所占用机器的存储空间不同（如表 2-1 所示），因此选择使用合适的数据类型，可以节省机器的存储空间和提高机器的运行速度。

VB 的基本数据类型　　表 2-1

数据类型	名　称	占用字节数	类型符（尾标）	表数范围
整型	Integer	2	%	－32768～32767
长整型	Long	4	&	－2147483648 ～ 2147483647
单精度型	Single	4	!	±1.4E－45 ～ ±3.40E38
双精度型	Double	8	#	±4.94D－324 ～ ±1.79D308
字符串型	String	字符串长	$	
布尔型	Boolean	2		True 或 False
日期型	Date	8		100.1.1 ～ 9999.12.31
变体型	Variant	按需要分配		
货币型	Currency	8	@	
字节型	Byte	1		0～255
对象型	Object	4		可供任何对象引用

2.1.1　数值（Numeric）型数据

整数类型又分为整型、长整型和字节型，它们的运算速度快、精确度高，但表数范围小。

实数类型数据就是带有小数的数，小数点的位置不固定，也称为浮点型，表示数的范围大，但运算时可能会产生一些小的误差。实数类型又分为单精度(Single)型、双精度(Double)型和货币型(Currency)类型三种。

1)整型(Integer)

整型数据类型由数字和正负符号组成，不带小数点，正数可以不要正号。可以在数据后面加尾标%以表示整型数据，如234%、−456%。整型数据可以用十进制、十六进制和八进制形式表示。

十进制整数：只能含0～9、正号和负号，如10、255、−45。

十六进制整数：由数字0～9、A～F或a～f组成，并以&H引导，其总的位数<=4，其范围为&H0～&HFFFF。

八进制整数：只能是正数，由数字0～7组成，并以&O或&引导，其总的位数<=6，其范围：&O～&O177777。

注：这三种形式的整数，在计算机中的存储形式都是一样的，都是由16位二进制数构成的补码。

例2-1 在程序中分别用十进制、十六进制和八进制形式表示100。运行程序并单击窗体，则在窗体上显示三个100，如图2-1所示。

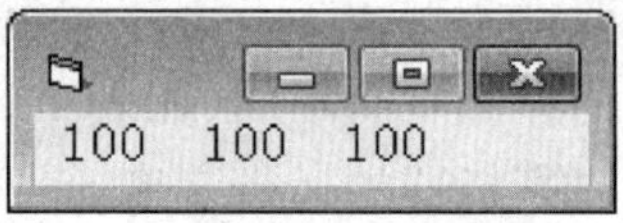

图2-1 例2-1的运行结果

```
Private Sub Form_Click()
  Print 100; &H64; &O144
End Sub
```

2)长整型(Long)

长整型数据类型也是由数字和正负号组成，可以在数据后面加尾标&表示，如3456&、−2573&、28&。

同样，以&H引导的为十六进制整数，其总的位数<=8；以&O或&引导的为八进制整数，其总的位数<=12。

注：长整型数在计算机中的存储形式为32位二进制数构成的补码。

3)字节型(Byte)

字节型数据可以表示无符号的整数，范围为0～255，主要的用途是保存声音、图像和动画等二进制数据。

4)单精度实型(Single)

单精度实型数据最多可以表示7位有效数字，小数点可位于这些数字的任何位置，可以在数据后面加尾标！表示，如123.456!、6283.678!。

单精度数可书写成指数形式(科学记数法)，即写成以10为底的指数形式，如，6.45E8(6.45×10^{8})、3.452E−6(3.45×10^{-6})。

5）双精度实型(Double)

双精度实型数最多可以表示15位有效数字，小数点可位于这些数字的任何位置，可以在数据后面加尾标＃表示，例如：3456123.45645＃、786283.1234678＃。

双精度数可书写成指数形式（科学记数法），即写成以10为底的指数形式，如6.4556734D8（即 6.4556734×10^{8}）、3.45298764D－6（即 3.4598764×10^{-6}）。

说明：对书写成指数形式的常数，若用D或E分隔尾数部分和指数部分，以及所有没有尾标的实型常数，系统都将视为Double数据类型来处理，以保证计算有较高的精度。

6）货币类型(Currency)

货币型数是一种专门为处理货币而设计的数据类型。它用于表示定点数，其小数点左边最多有15位整数，右边最多有4位小数。在数据后面加尾标@以表示货币类型数据，例如：296.25@，201589.78@。

使用货币型数据，表示的数据范围较实型数据小，但在数值计算中产生的误差较实型数据小得多。

2.1.2　字符串型(String)

字符串类型存放字符型数据。字符可以包括西文字符和汉字，并用双引号""括起来，如"1234"、"abcd456"、"程序设计"、"A"等。

空字符串用""表示，即双引号中什么都没有，连空格也没有，空格称为空格字符。

字符串中包含的字符个数称为字符串的长度。空字符串的长度为0。在VB中，一个汉字被作为一个字符来处理。

字符串又分为变长字符串和定长字符串。

1）变长字符串

变长字符串的长度不固定，随着字符串所含字符数的不同，在计算机中为变长字符串分配存储的空间（字节数）也随着字符数变化，变长字符串最多可容纳 2^{31} 个字符，在程序中使用的字符串多为变长字符串。

2）定长字符串

定长字符串能容纳的字符数是固定不变的，在计算机中为定长字符串分配存储的空间（字节数）也是固定不变的，而不管字符串的实际长度有多少。定长字符串最多可容纳 2^{16} 个字符。

2.1.3　布尔型(Boolean)

布尔型又称为逻辑型，其数据只有True（真）和False（假）两个值，常用于表示逻辑判断的结果。

VB中允许数值数据和逻辑数据的转换使用，当把数值型数据转换成逻辑型数据时，非0数据转换为True，0数据转换为False。当把Boolean值转换为数值型时，False转换为0，True转换为－1。

2.1.4　日期型(Date)

日期型数据用于表示日期和时间。日期型数据占据八个字节，表示的日期范围从公元100年1月1日至9999年12月31日，时间范围是0：00：00—23：59：59。日期型数据的表示方法有两种：一般表示法和序号表示法。

一般表示法又称为号码符表示法：用＃把日期和时间的字符串括起来。例如：＃January1、1997＃、＃1 Jan,97＃、＃5/12/98＃、＃2000－12－20 12:30:00 PM＃等。

在日期类型的数据中，不论将年、月、日按照何种排列顺序输入、日期之间的分隔符用的是空格还是"－"号、月份用数字还是用英文单词表示，系统都会自动将其转换成由数字表示的"月/日/年"的格式。如果日期型数据不包括时间，则 VB 会自动将该数据的时间部分设定为午夜 0 点。如果日期型数据不包括日期，则 VB 会自动将该数据的日期部分设定为公元 1899 年 12 月 30 日。

序号表示法又称为数字序列表示法：用一个双精度的实数表示日期，小数点左边的整数部分代表日期，小数点右边的小数部分代表时间。午夜为 0，正午为 0.5。用于计算日期的基准是 1899 年 12 月 30 日，负数表示在此之前的日期，正数表示在此之后的日期。例如：1.5 表示 1899 年 12 月 31 日中午 12 点，－5.3 表示 1899 年 12 月 25 日上午 7 点 12 分。

2.1.5 对象型(Object)

对象型数据可以用于表示应用程序中的对象。使用时先用 Set 语句给对象赋值，其后才能引用对象。本教材中几乎不涉及对象型数据的应用，有兴趣的读者可参看相关资料。

2.1.6 变体型(Variant)

变体型数据是一种可变的数据类型，可以存储任何类型的数据。

2.2 变量与常量

程序中使用的数据不是以常数或常量的形式出现，就是以变量的形式出现，它们是程序操作的对象。

2.2.1 VB 的标识符

标识符是 VB 中标识某个量的字符串。标识符分两类，一类是系统内部定义的标识符，又称关键字或保留字，主要用于标识内部符号常量、内部函数和语句等；另一类是用户自己定义的标识符，主要标识程序中使用的变量、过程、对象的名字等。

标识符的组成：

(1)由字母、数字、下划线和中文文字组成。

(2)第一个字符必须是英文字母或中文文字。

(3)字符个数不能超过 255 个字符；控件、窗体、类和模块的名字不能超过 40 个字符。

(4)不能包含标点符号；不可以包含小数点(西文句号)或者类型声明字符(规定数据类型的特殊字符，即尾标＃、!、@、%、& 等)。

(5)不能使用 VB 保留字。

说明：

①VB 中不区分字母大小写，一般变量首字母用大写，其余用小写字母表示；常量全部用

大写字母表示。

②为了增加程序的可读性，可以在变量名前加缩写的前缀来表明数据的类型。常用的前缀有 int(整型)、lng(长整型)、sng(单精度型)、dbl(双精度型)、Str(字符串型)、bln(逻辑型)、dtm(日期型)等。

2.2.2 常量

常量是指程序运行过程中保持不变的量。在 VB 中，常量包含一般常量和符号常量两种形式。

1)一般常量

一般常量也叫直接常量，是在程序代码中直接给出的数据，分为以下四种类型：

(1)字符串常量：用双引号括起来的一串字符，如"VB","12.25"等。

(2)数值常量：即一般的常数，有整数、长整数、单精度数、双精度数和字节数共五种，如25、－13、3.141592、12E7 等。

(3)布尔常量：即逻辑常量，只有 True 和 False 两个值。

(4)日期常量：用两个"#"符号括起来表示日期和时间的字符串，即用一般表示法表示的日期类型的数据，如#Jan 1,2005#，#9/12/2005#。

VB 在判断常量类型时有时存在多义性，例如，数值 5.4 可能是单精度类型，也可能是双精度类型或货币型。在默认情况下，VB 将选择表示精确度最高的数据类型，故 5.4 作为双精度数处理。为了指明常量的数据类型，可以在常量后面加上说明类型的尾标，例如 5.4@、234.56!、456.78345#等。

2)符号常量

符号常量是在程序代码中用符号表示的常数。

符号常量分为两大类，一类是系统内部定义的符号常量，这类常量用户随时可以使用，典型的例子是 VB 约定的表示颜色值的符号常量。这里顺便谈谈 VB 中表示颜色值的四种方式：

(1)用 &HBBGGRR 形式的 6 位十六进制数或十进制整数描述颜色。

按照三基色原理，从最高字节到最低字节依次决定蓝(BB)、绿(GG)和红(RR)的量。蓝、绿、红的量分别由一个介于 0～255(&H00～&HFF)之间的数表示。表示 RGB 颜色的十进制数值的取值范围为 0(&HO00000)～16,777,215(&HFFFFFF)。例如，&060000 表示深绿色。

(2)使用 VB 系统规定的描述颜色的符号常量，如表 2-2 所示。

VB 规定的颜色符号常量 表 2-2

符号常量	对应的数值常量	颜色
vbBlack	&H0	黑色
vbRed	&HFF	红色
vbGreen	&HFF00	绿色
vbYellow	&HFFFF	黄色

续上表

符号常量	对应的数值常量	颜色
vbBlue	&HFF0000	兰色
vbMagenta	&HFF00FF	洋红
vbCyan	&HFFFF00	青色
vbWhite	&HFFFFFF	白色

(3)使用 RGB(r,g,b)函数。

RGB(r,g,b)函数采用三基色原理,其中 r、g、b 的取值分别是 0～255 之间的整数,分别表示红、绿、蓝三种颜色的成分。用该函数可以勾兑出某种颜色。

RGB(255,0,0)表示红色;RGB(0,255,0)表示绿色;RGB(0,0,255)表示蓝色;RGB(255,255,0)表示黄色;RGB(255,0,255)表示紫色;RGB(0,255,255)表示青色;RGB(O,O,O)表示黑色;RGB(255,255,255)表示白色。

(4)使用 QBColor(Color)函数。其中 Color 参数的取值与颜色的关系如表 2-3 所示。例如:QBColor(1)表示蓝色,QBColor(14)表示亮黄色。

color 参数 表 2-3

值	颜色	值	颜色
0	黑色	8	灰色
1	兰色	9	亮兰色
2	绿色	10	亮绿色
3	青色	11	亮青色
4	红色	12	亮红色
5	洋红色	13	亮洋红色
6	黄色	14	亮黄色
7	白色	15	亮白色

另一类符号常量是用户用 Const 语句定义的常量,这类常量必须先声明后使用。声明格式为:[Public|Private] Const 常量名[As 数据类型] = 运算式,常量名是有效的符号名,运算式由数值常量或字符串常量以及运算符组成(不能使用函数)。例如:

```
Const conPi = 3.14159265358979                  '定义双精度符号常量 conPi
Public Const conMaxPlanets As Integer = 9       '定义整型符号常量 conMaxPlanets
Const conReleaseDate = #1/1/95#                 '定义日期型符号常量 conReleaseDate
Public Const conVersion = "07.10.A"             '定义字符串型符号常量 conVersion
Const conCodeName = "Enigma"                    '定义字符串型符号常量 conCodeName
```

等号(=)右边的运算式往往是数字或文字串,但也可以是其结果为数或字符串的运算式,甚至可用已定义过的符号常量定义新的符号常量。例如:

```
Const conPi2 = conPi * 2
```

符号常量一旦定义,在代码中就能像常数一样使用,这样可以提高代码的可读性。例如,

Form1. ForeColor = vbRed、Form1. BackColor = vbWhite 分别表示设置窗体的前景色为红色，背景色为白色。

2.2.3 变量

程序中的变量是机器内存中一个存储数据的空间，称为内存单元。为了方便使用内存单元需要给它取个名字，即变量名。内存单元的大小由其类型决定。程序中可以不声明变量而直接使用，则其类型为变体型。

也可以用专门的声明语句规定变量的类型：

1)用 Dim 显式声明变量

格式：Dim 变量名[As 数据类型关键字][，变量名[As 数据类型关键字]，…]

说明：

①在过程内部用 Dim 语句声明的变量，只有在该过程执行时才存在。过程一结束，该变量的值就消失了，并释放所占用的存储空间。此外，过程中的变量值对过程来说是局部的，也就是说，无法在一个过程中访问另一个过程中的变量。由于这些特点，在不同过程中就可使用相同的变量名，而不必担心有什么冲突。

②变量名是一个标识符，且在同一个范围内必须是唯一的。范围就是可以引用变量的程序操作域，如一个过程、一个窗体等。变量一经声明便自动取值为零或空。

③可选子句[As　数据类型关键字]，以便定义被声明变量的数据类型或对象类型。数据类型定义了变量存储数据的类型，例如 String、Integer 、Currency 等。如果声明变量时没有指明数据类型，则该变量为变体型变量，其变量存储的数据类型取决于所赋的初值。也可以使用说明数据类型的尾标来说明变量的数据类型。例如：

Dim intX As integer、intY As integer、sngAllsum As single

等价于：

Dim intX%、intY%、sngAllsum!

④可以不在过程内部，而在窗体、标准模块或类模块的通用声明段(在代码窗口的起始部分，简称通用段)声明变量，这样声明的变量对模块中的所有过程有效。例如在窗体代码框的通用段声明一个变量，则该变量可引用的范围为整个窗体。

⑤定义字符串变量类型有两种方式：

```
Dim 变量名 As String            '定义变长字符串变量
Dim 变量名 As String * 字符数    '定义定长字符串变量
```

例如：

```
Dim strS1 As String
Dim strS2 As String * 50
```

在定长的字符串变量中，若字符数少于指定值，系统自动在右边补上空格，若字符数多于指定字符数，则多余部分被截除。上面已经谈到，只要操作系统为简体中文版，在 VB 中一个汉字与一个西文字符一样，都算作一个字符，并占用 1 个字节的存储空间。

2)声明变量的其他方式

除了用 Dim 声明变量外，还可以用 Public、Private 和 Static 声明变量，其格式与 Dim

相同：

Private|Public|Static 变量名[As 数据类型][,变量名[As 数据类型],…]

说明：

①用 Private 声明变量语句不能放在过程内部，只能放在某程序模块的通用段，这与放在程序模块通用段的 Dim 语句声明的变量相同，所声明的变量只对该模块内的过程有效，是模块的私有变量。

②用 Public 关键字声明变量的语句，也只能放在程序模块的通用段，这样声明的变量在整个应用程序中都有效，该变量称为程序的公用变量或全局变量。

③用 Static 关键字声明变量的语句只能放在过程内部，这样声明的变量称为局部静态变量。其特点是，只要程序还在运行，即使过程运行结束，变量的值都保留在分配的存储单元中。例如，为窗体编写一个 Click 事件过程：

```
Private Sub Form_Click()
    Static x As Integer
    x = x + 1
    Print "x=";x
End Sub
```

运行程序后，连续单击窗体，在窗体上显示的 x 值将不断增大。因为它是静态变量，在内存中分配有固定的存储单元，每次执行 Click 事件过程时，x 原来的值都保持不变，作为本次执行 Click 事件过程的初值，不断加 1，所以 x 值不断增大。

2.3 运算符和表达式

程序中的表达式是用运算符把运算量连接起来的有意义的运算式，是数学中的运算式在程序中的合法书写形式。VB 中提供了丰富的运算符，并能组合成各种表达式，实现程序编制中所需要的大量操作。

根据 VB 提供的数据类型，运算符也包含算术运算符、字符串运算符、日期运算符、关系运算符和逻辑运算符。利用这些运算符就可以构成相应类型的表达式，完成各种类型数据的运算。

表达式的书写规则：

(1)将运算式中的运算量书写成 VB 中的常量、变量形式；

(2)将运算式中的运算符书写成 VB 中的运算符形式；

(3)将运算式中的函数全部写成 VB 中合法的函数形式；

(4)将运算式中的括号全部写成小括号()形式；

(5)两个运算量之间必须用运算符分隔，两个运算符之间必须用括号分隔；

(6)书写完成后的表达式意义必须与原运算式意义相同，必要时应该加上括号。

2.3.1 算术运算符与表达式

算术表达式由算术运算符、数值型常量、变量、函数和圆括号组成，其运算结果为一个数值，也称为数值表达式。

1)算术运算符

VB语言提供的算术运算符及其优先级别如表2-4所示。

VB中的算术运算符 表2-4

运算符	名称	操作数	优先级	实例
^	乘方	双目运算	1	2^3=8,4^2=16
—	负号	单目运算	2	设变量s=-5,则-s=5
*	乘法	双目运算	3	3*4=12,3*-4=-12(负号运算优先)
/	浮点除法	双目运算	3	6/4=1.5,8/3=2.6666666666667
\	整数除法	双目运算	4	6\4=1,8\3=2
Mod	求余运算	双目运算	5	8 Mod 5=3,8 Mod -5=3,-8 Mod 5=-3
+	加法	双目运算	6	4+6=10
—	减法	双目运算	6	10-6=4

说明：

①注意，"—"当作为双目运算操作符时，做减法，作为单目运算操作符时，当作负号使用，且优先级较高，仅次于乘方"^"。

②这里有三个用除法完成其操作的运算符，其中："/"可以用于各种数值类型的操作数，给出带小数部分的商；"\"和"Mod"用于整数除法，如果参加运算的操作数含有小数，则将它们四舍五入，使其成为整型数或长整型数，然后再进行除法运算，"\"给出商的整数部分，"Mod"给出商的余数部分。

③对于求余数运算符"Mod"要特别注意，当参加运算的两个操作数中有一个为负数或两个均为负数时，其余数符号可以根据除法的基本关系确定，即：余数=被除数-商×除数。

例如：-8 Mod -5=(-8)-1×(-5)=-3

例2-2 将下面代数式书写成VB语言中的算术表达式形式。

$\sqrt{\frac{(3x+y)z}{(xy)^4}}$→(((3 * x + y) * z) / ((x * y) ^ 4)) ^ (1 / 2)，或书写成：

Sqr((3 * x + y) * z) / ((x * y) ^ 4)，Sqr()是VB的一个标准函数，功能为返回一个正数的平方根。

2)不同数据类型的转换

在同一个表达式中，如果参加运算的操作数具有不同的数据类型，则VB的运算结果的数据类型总是转换为精度较高的数据类型。参加算术运算均为数值型数据，各数据类型的精度关系为：

Integer < Long < Single < Double < Currency

即从左到右，表示数据的精度越来越高，Integer的精度最低，Currency的精度最高。

要注意，Long与Single型数据运算时，返回Double型数据。例如，编写一个窗体Load事件过程如下：

```
Private Sub Form_Load()
```

```
  Show
  Dim a As Long, b As Single
  Print TypeName(a + b)
End Sub
```

运行程序,在窗体上显示:

Double

这里使用了 VB 的标准函数 TypeName(),参数为任何形式的表达式,返回该表达式的数据类型名。

2.3.2 字符串运算符与表达式

VB 中提供的字符型运算符有"+"和"&",字符串表达式的运算结果是一个字符串。"+"和"&"运算符都表示连接,但存在区别:

+ 若两个运算量均为字符串,则正常连接,否则就进行加法运算。

例如:

```
"123" + "123"          结果为"123123"
"123" + 123            结果为 246
"abc" + 123            出错(类型不匹配)
```

& 操作数可以是字符串型,也可以是数值型,系统首先把操作数转换为字符型,然后连接两字符串。注意,若 & 前是一个变量,则 & 与变量名之间要加空格,否则系统认为这个 & 是变量的尾标(长整型)。

例如:

```
"123"& "123"           结果为"123123"
"123"& 123,            结果为"123123"
"abc"& 123             结果为"abc123"
```

例 2-3 试用字符串连接运算符。

创建一个工程,编写如下的事件过程。程序运行后,单击窗体,则显示如图 2-2 所示结果。

```
Private Sub Form_Click()
s1 = "计算机" + "与程序设计"
s2 = "门" + "程序设" & "计课程"
x = 8
s3 = x & s2
Print s1
Print s3
Print 1 & 5 + 15
End Sub
Private Sub Form_Load()
form1.FontSize =10:form1.Caption = "字符串连接练习"
End Sub
```

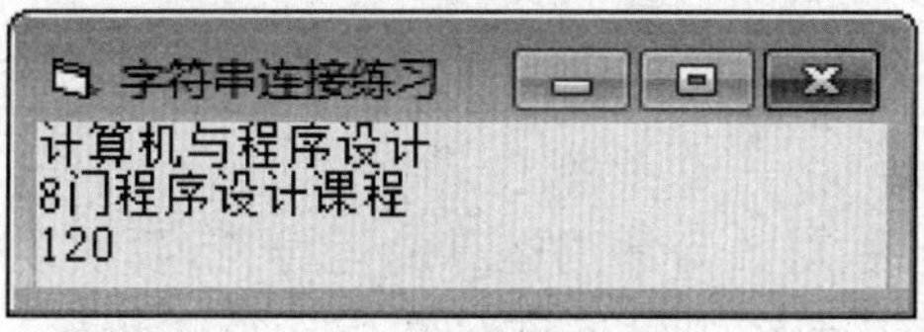

图 2-2 例 2-2 程序运行的结果

注意:算术运算的优先级高于字符串的连接运算。在上面程序中,最后一条语句"Print 1 & 5+15"的执行结果为"120"。其原因是:程序先完成的是加法运算"5+15",结果为 20,然后完成字符串的连接运算,把运算符"&"两边的数字都转换为字符串,连接在一起为"120"。

2.3.3 日期运算符与表达式

日期表达式是用运算符(+或-)将算术表达式、日期型常量、日期型变量和函数连接起来的式子。实际编程中有以下三种情况:

(1)两个日期型数据相减,则运算结果为双精度(Double)型数据,表示两个日期之间的间隔天数。

(2)日期型数据加上一个表示天数的数值型数据,则运算结果为日期(Date)型数据,表示从某个日期开始经过多少天后的日期和时间。

(3)日期型数据减去一个表示天数的数值型数据,则运算结果为日期(Date)型数据,表示从某个日期计算之前多少天的日期和时间。

例 2-4 日期运算。

创建一个工程,编写如下的事件过程。程序运行后,单击窗体,则显示如图 2-3 所示结果。请读者根据结果分析和体会日期型数据的运算规则。

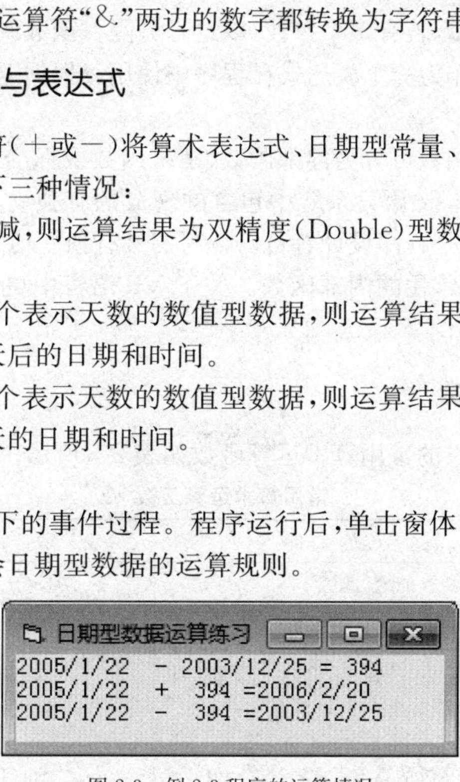

图 2-3 例 2-3 程序的运算情况

```
Private Sub Form_Click()
Dim s1 As Date, s2 As Date, x As Integer
s1 = #1/22/2005#: s2 = #12/25/2003#
x = s1 - s2
Print s1; " - "; s2; "="; x
Print s1; " + "; x; "="; s1 + x
Print s1; " - "; x; "="; s1 - x
End Sub
Private Sub Form_Load()
form1.FontSize = 10:form1.Caption = "日期型数据运算练习"
End Sub
```

2.4 常用内部函数

由于 VB 未提供三角函数、对数等常用运算的运算符,要实现这些功能就只有书写程序。为了给广大用户提供方便,VB 系统提供了许多常用运算的程序。这些具有独立功能的小程序叫函数,在程序中只要书写函数名和相应的参数就可以使用它们,称为调用函数。调用函数的一般格式为:

函数名(参数 1,参数 2,……)

其中,参数也称为自变量,若有多个参数,以逗号分隔。函数调用后,一般都有一个确定的返回值,所以函数的调用常作为一个表达式在程序中使用。根据返回值的类型,函数也分数值型、字符型等。

Visual Basic 语言中的函数可分为内部函数(系统函数或标准函数)和用户自定义函数两大类。内部函数是 Visual Basic 语言系统中包含的现成的有独立功能的程序段,供所有编程者使用。用户自定义函数则是程序设计者自己编写的具有独立功能的程序段。

本节将介绍程序设计中常用的内部函数。关于 VB 语言中更多的内部函数,读者可以查阅相关的书籍和资料。

2.4.1 算术运算函数

Visual Basic 语言中提供的常用算术运算函数如表 2-5 所示。

常用算术运算函数 表 2-5

函数名	返回值类型	功　能	举　例	返回值
Abs(N)	同 N 的类型	求 N 的绝对值	Abs(−4.8)	4.8
Sgn(N)	Integer	N 为正、零、负分别返回 1、0、−1	Sng(4) Sng(0) Sng(−4)	1 0 −1
Sqr(N)	Double	求 N 的算术平方根,N>=0	Sqr(16)	4
Exp(N)	Double	求自然常数 e 的 N 次幂	Exp(2)	7.3890…
Log(N)	Double	求 N 的自然对数值,N>0	Log(2)	0.6931…
Sin(N)	Double	求 N 的正弦值	Sin(45 * 3.14/180)	0.7068…
Cos(N)	Double	求 N 的余弦值	Cos(45 * 3.14/180)	0.7073…
Tan(N)	Double	求 N 的正切值	Tan(45 * 3.14/180)	0 .9992…
Atn(N)	Double	求 N 的反正切值	Atn(1)	0.78539…
Int(N)	Integer	求不大于 N 的最大整数	Int(4.8) Int(−4.8)	4 −5
Fix(N)	Integer	求 N 的整数部分	Fix(4.8) Fix(−4.8)	4 −4

续上表

函数名	返回值类型	功　　能	举　　例	返　回　值
Round(n,m)	Double	保留 n 的小数后 m 位	Round(－3.84756, 2) Round(3.84756, 2)	－3.85 3.85
Rnd[(N)]	Single	求[0,1)之间的一个随机数,N 作为产生随机数的种子	Rnd Rnd(－1) Rnd(0) Rnd(1)	序列中下一随机数； 得相同的随机数； 最近生成的随机数； 序列中下一随机数

说明：

①表中的 N 表示是数值表达式。

②三角函数参数的单位只能是弧度，如果在程序中要求计算 Sin45°，则应该把角度 45°转换为弧度，书写成 Sin(45 * 3.14159/180)才是正确的。

③函数 Int()返回不大于 N 的最大整数；因此，当 N≥0 时就直接舍去小数部分，当 N<0 时则舍去小数部分后再减 1。利用 Int 函数也可以对数据进行四舍五入处理。例如 x＝－0.4587269，保留小数后两位，第三位四舍五入，则可以用表达式－Int(Abs(x) * 100 ＋ 0.5) / 100 完成操作。

④随机函数 Rnd[(N)]中 N 的值决定了 Rnd 生成随机数的方式：

N<0　每一次都使用 N 作为随机数种子得到相同的结果；

N>0　以上一随机数作为随机数种子得到序列中的下一随机数；

N＝0　得到最近用 Rnd 生成的随机数。

⑤为了利用 Rnd()函数生成[k1,k2)的随机正整数，可使用公式 Int(Rnd * (k2－k1) ＋ k1) 得到。

例如：产生一个两位随机整数 x，即：10≤x<100，可利用下面不等式变换获得。

因为：0≤Rnd<1

有：0≤Rnd * 90<90

再有：10≤Rnd * 90＋10<100

取整后则：10≤int(Rnd * 90＋10)≤99

所以，产生两位随机整数的公式为 int(Rnd * (100－10)＋10)。

⑥当反复运行一个程序时，同一序列的随机数会重复出现。为了避免这种情况的发生，在调用 Rnd 函数之前，先使用 Randomize 语句初始化随机数生成器。该生成器能够利用系统计时器得到随机数种子，从而产生不同的随机数序列。用 Randomize 语句初始化随机数生成器的格式如下：

Randomize[number]

其中 number 参数是 Variant 或任何有效的数值表达式。

Randomize 用 number 将 Rnd 函数的随机数生成器初始化，使随机数生成器得到一个新的种子 number。如果省略 number，则用系统计时器返回的值作为新的种子值。

例 2-5　利用随机函数产生两个两位正整数，求这两个数之和并在窗体上显示出来。运行程序后,可多次单击窗体,运算情况如图 2-4 所示。

```
Private Sub Form_Click()
    Randomize
    a = Int((100 - 10) * Rnd + 10)
    b = Int((100 - 10) * Rnd + 10)
    Print a; " +"; b; "="; a + b
End Sub
```

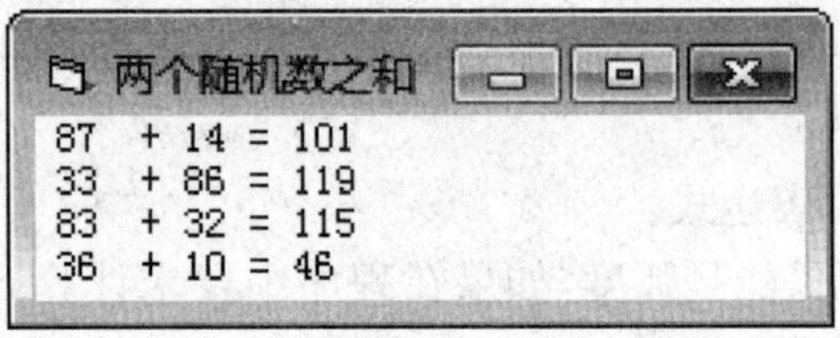

图 2-4　例 2-4 程序运行情况

2.4.2　字符串运算函数

VB 提供大量的字符串处理函数,极大地方便了程序中对字符串数据的操作,有效地提高了程序编写的效率。常用的字符串处理函数如表 2-6 所示。

字符串处理函数　　表 2-6

函数名	返回值类型	功　能	举　例	返回值
Asc(C)	Integer	求字符串 C 中首字母的 ASCⅡ码	Asc("ABC")	65
Chr(N)	String	求以数值 N 为 ASCⅡ码的字符	Chr(65)	"A"
Str(N)	String	将数值 N 转换为数字字符串	Str(-12345)	"-12345"
Val(C)	Double	将数字字符串 C 转换为数值	Val ("1234abc56") Val ("abc56")	1234 0
Len(C)	Long	求字符串 C 的字符数	Len("Abab 字符串")	7
LenB(C)	Long	求字符串 C 占用的字节数	LenB("Abab 字符串")	14
Ucase(C)	String	将小写字母转换为大写字母	UCase ("abcABC")	"ABCABC"
Lcase(C)	String	将大写字母转换为小写字母	Lcase("abcABC")	"abcabc"
Space(N)	String	产生 N 个空格	Len(Space(6))	6
String(N,C)	String	产生 N 个由 C 中首字符组成的字符串,C 可以是 ASCⅡ码	String(6, "ABC") String(6,65)	"AAAAAA" "AAAAAA"
Left(C,N)	String	取 C 左边 N 个字符	Left("ABCDEF",3)	"ABC"
Right(C,N)	String	取 C 右为 N 个字符	Right("ABCDEF",3)	"DEF"
Mid(C,N1[,N2])	String	从 C 的第 N1 开始取 N2 个字符	Mid("ABCDEF",2,3)	"BCD"
Replace(C,C1,C2[,N1][,N2])		在 C 中从 N1 开始用 C2 替代 C 中的 C1(若有 N2,替代 N2 次)	Replace (" ABCDEF-CD", "CD", "123")	"AB123EF123"
Ltrim(C)	String	去掉 C 左边的空格	Ltrim("　ABCD　")	"ABCD　"

续上表

函数名	返回值类型	功　能	举　例	返回值
Rtrim(C)	String	去掉C右边的空格	Rtrim("　ABCD　")	"ABCD"
Trim(C)	String	去掉C左、右两边的空格	Trim("　ABCD　")	"ABCD"
StrComp(C1,C2)	Integer	C1<C2　−1 C1=C2　0 C1>C2　1	StrComp("ABC","abc") StrComp("ABC","ABC") StrComp("abc","ABC")	−1 0 1
InStr([N,]C1,C2)	Integer	从C1的第N个字符开始查找C2，省略N从第1个字符开始找，返回首次出现的位置	InStr(3,"CDABCDEF-CDG","CD")	5
StrReverse(C)	String	将C反序输出	StrReverse("ABCDEF")	"FEDCBA"
Join(A[,D])*	String	将字符串数组A各元素按D分隔符连接成字符串	A=Array("123","ab","c") Join(A,":")	"123:ab:c"
Split(C[,D]*[,N][,M]	数组	将C按分隔符分成字符串数组中的各个元素	A=Split("123,ab,c")	A(0)="123" A(1)="ab" A(2)="c"

说明：

①表2-4中的C表示字符串表达式，表中的N、N1、N2表示数值表达式。

②函数Val()将数字字符串转换为数值型数据，会自动将字符串中的空格去掉，并依据字符串中排列在前面的数值常量定值，例如：

Val("A12")的值为0

Val(" 12 3A12")的值为123

Val("1.2e2")的值为120

③与Mid()函数同名还有一个Mid语句，其格式为：Mid(C1,N1[,N2])=C2，功能是用字符串C2从左边开始的N2个字符，替换字符串C1中从第N1个字符开始的N2个字符，如果没有N2，则用C2的全部字符参与替换。例如：

```
s = "12345678"
Mid(s, 4, 3) = "abcdef"
```

结果s的值为"123abc78"；如果没有3，则s的值为"123abcde"。

例2-6　使用字符串操作函数，将含有一个空格的字符串从空格处拆分开，并在窗体上输出。程序运行后，窗体上显示数据如图2-5所示。

```
Private Sub Form_Click()
a = "Visual Basic"
n = InStr(a, " ")          '查找空格位置
```

```
b = Left(a, n - 1)          '取空格左边部分
c = Mid(a, n + 1)           '取空格右边部分
Print b
Print c
End Sub
```

图 2-5　例 2-5 程序的运行结果

2.4.3　日期与时间函数

日期与时间函数用于进行日期和时间处理。表 2-7 列出了常用的日期和时间函数。

日期和时间函数　　表 2-7

函　数　名	返回值类型	功　　能	举　　例	返　回　值
Date	Date	返回系统日期	Date	2005－2－28
Time	Date	返回系统时间	Time	15:51:51
Now	Date	返回系统日期和时间	Now	2005－2－28 15:52:43
Year(D)	Integer	返回 D 的年份	Year(Date)	2005
Month(D)	Integer	返回 D 的月份	Month(Date)	2
Day(D)	Integer	返回 D 的日数	Day(Date)	28
Weekday(D)	Integer	返回 D 是星期几	WeekDay(Date)	2(即星期一)
Hour(T)	Integer	返回 T 的小时数	Hour(Time)	15
Minute(T)	Integer	返回 T 的分钟数	Minute(Time)	52
Second(T)	Integer	返回 T 的秒数	Second(Time)	43

说明：

①表中的日期参数 D 是任何能够表示为日期的日期型表达式、数值型表达式、字符串表达式或它们的组合。时间参数 T 是任何能够表示为时间的数值型表达式、字符串表达式或它们的组合。

②函数 Weekday()返回值为 1～7，依次表示星期日到星期六。

例 2-7　使用日期和时间函数。程序运行后，在窗体显示如图 2-6 所示结果。

```
Private Sub Form_Click()
    Print Date
    Print Time
    Print Now
```

```
    Print Year(Date); Month(Date); Day(Date); Weekday(Date)
    Print Hour(Time); Minute(Time); Second(Time)
End Sub
```

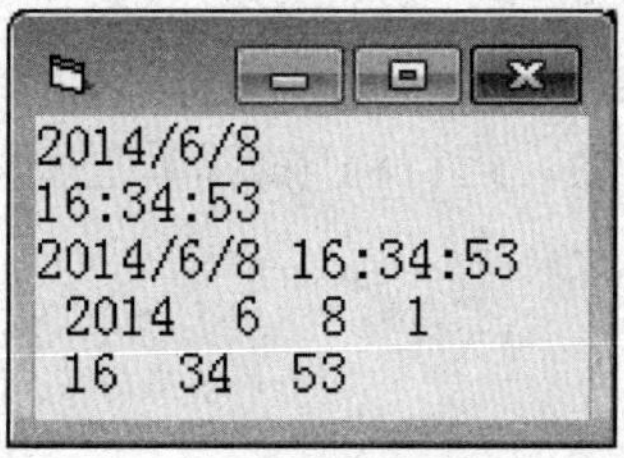

图 2-6　例 2-6 程序的运行结果

2.4.4　类型转换函数

如果在 VB 表达式中出现了不同类型数据，则可能需要进行数据类型转换。一些数据类型可以自动转换，例如数字字符串可以自动转换为数值型。但是，多数类型的数据不能自动转换，这就需要使用类型转换函数实现数据类型转换。表 2-8 列出了常用的数据类型转换函数。

数据类型转换函数　　表 2-8

函数名	返回值类型	功能	举例	返回值
CBool(x)	Boolen	把 x 转换为逻辑型数据	CBool(31)	True
CByte(x)	Byte	把 x 转换为字节型数据	CByte(31.56)	32
CInt(x)	Integer	把 x 转换为整型数据，小数部分四舍五入	CInt(1234.57)	12345
CLng(x)	Long	把 x 转换为长整型数据，小数部分四舍五入	CLng(325.3)	325
CSng(x)	Single	把 x 转换为单精度数据	CSng(56.5421117)	56.54211
CDbl(x)	Double	把 x 转换为双精度数据	CDbl(1234.5678)	1234.5678
CCur(x)	Currency	把 x 转换为货币型数据，最多保留 4 位小数	CCur(876.43216)	876.4322
CVar(x)	Variant	把 x 转换为变体型数据	CVar(99 & "00")	"9900"
CDate(x)	Date	把 x 转换为日期型数据	CDate(30.5)	1900－1－29 12:00:00
CStr(x)	String	把 x 转换为字符串型数据	CDate(－30.25)	1899－11－30 6:00:00
Hex(x)	String	把十进制数 x 转换为十六进制数字串	Hex(31)	"1F"
Oct(x)	String	把十进制数 x 转换为八进制数字串	Oct(20)	"24"

说明：

①数据类型转换函数的参数 x 可以是任何类型的表达式，究竟是哪种类型的表达式需要根据具体函数而定。如果转换之后的函数值超过其数据类型能表示的范围，将发生错误。

②当参数为数值型，且其小数部分恰好为 0.5 时，CInt()和 CLng()函数会将它转换为最接近的偶数。例如：CInt(0.5)的函数值为 0，CInt(1.5)的函数值为 2。

③当将一个数值型数据转换为日期型数据时，其整数部分转换为日期，小数部分将转换为

时间。其整数部分数值表示相对于1899年12月30日前后的天数，负数是1899年12月30日以前的天数，正数是1899年12月30日以后的天数。例如：CDate(30.5)的函数值为1900－1－29 12:00:00，CDate(－30.25)的函数值为1899－11－30 6:00:00。

④在本章我们已经用过VB中的一个数据类型的测试函数TypeName，测参数的数据类型，其使用格式为：TypeName(参数)，返回一个字符串，即参数的数据类型名字。

例 2-8 使用数据类型转换函数。运行程序后，单击窗体，则窗体上输出数据的情况如图2-7所示。

```
Private Sub Form_Click()
  x = "123":y = 123
  Print " x的类型为:"; TypeName(x)
  Print " y的类型为:"; TypeName(y)
  a = Chr(Asc(x) + 5)
  b = Str(Val(x) + 5)
  c = Val(Str(y) + "5")
  Print " a="; a; " 类型为:"; TypeName(a)
  Print " b="; b; " 类型为:"; TypeName(b)
  Print " c="; c; " 类型为:"; TypeName(c)
End Sub
```

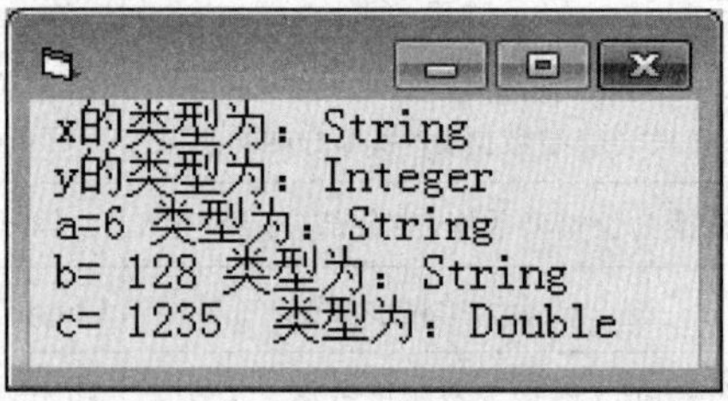

图 2-7 例 2-7 的运行情况

2.4.5 格式输出函数

使用格式输出函数Format()可以使数值、日期或字符串型数据按指定的格式输出。Format函数的语法格式为：Format(表达式，格式字符串)。

说明：

①表达式可以是数值型、日期型或字符串型表达式，即准备输出的内容。

②格式字符串是一个字符串常量或变量，由专门的格式说明符(格式化符号)组成。Format函数根据格式字符串的内容决定数据项(表达式)的显示格式和长度(占用的字符数)。

③当格式字符串是字符串常量时，必须放在双引号中。

④格式输出函数Format()返回一个String类型的值。

1. 数值数据的格式字符串

常用的数值格式化字符串如表2-9所示。

常用数值格式化符号　　　　表 2-9

符号	作　　用	数值表达式	格式化字符串	显示结果
0	实际数字小于格式符号位数时，数字前后加 0	1234.567 1234.567	"00000.0000" "000.0"	01234.5670 1234.6
#	实际数字小于格式符号位数时，数字前后不加 0	1234.567 1234.567	"#####.####" "###.#"	1234.567 1234.6
.	加小数点	12345	"00000.00"	12345.00
,	千分位	1234.567	"##,##0.00"	1,234.57
%	数值乘以 100，加百分号	1234.567	"####.##%"	123456.7%
$	在数字前强加$	1234.567	"$###.##"	$1234.57
+	在数字前强加＋	－124.567	"+###.##"	＋－124.57
－	在数字前强加－	1234.567	"－###.##"	－1234.57
E+	用指数表示	.1234	"0.00E+00"	1.23E－01
E－	用指数表示	1234.567	"0.00E－00"	1.23E03

例 2-9　运行程序后，单击窗体，输出如图 2-8 所示结果。

图 2-8　例 2-8 程序运行结果

```
Private Sub Form_Click()
  Dim n1 As Single
  n1 = 1234.567
  Print " "; Format(n1, "00000.00000")
  Print " "; Format(n1, "00.00")
  Print " "; Format(n1, "######.#####")
  Print " "; Format(n1, "##.##")
  Print " "; Format(n1, "##,##0.00000")
  Print " "; Format(n1, "####.##%")
  Print " "; Format(n1, "$###.##")
  Print " "; Format(n1, "+#####.##")
  Print " "; Format(n1, "-#####.##")
  Print " "; Format(n1, "0.00E+00")
```

```
    Print " "; Format(n1, "0.00E-00")
End Sub
```

注意:对于符号 0 和 #,若要显示的数值表达式的整数部分位数多于格式字符串的位数,按实际数值显示,若小数部分的位数多于格式字符串的位数,按四舍五入显示。

2. 日期和时间数据的格式字符串

常用的日期和时间格式化符号如表 2-10 所示。

常用日期和时间格式化符号 表 2-10

符号	作　用	符号	作　用
d	显示日期(1～31),个位前不加 0	yy	显示两位年份(00～99)
dd	显示日期(01～31),个位前加 0	yyyy	显示四位年份(0100～9999)
ddd	显示星期缩写(Sun～Sat)	q	显示季度数(1～4)
dddd	显示星期全名(Sunday～Saturday)	h	显示小时(0～23),个位前不加 0
ddddd	显示完整日期:日、月、年(mm/dd/yy)	hh	显示小时(00～23),个位前加 0
w	星期为数字(1～7,1 是星期日)	m	在 h 后显示分(0～59),个位前不加 0
ww	一年中的星期数(1～53)	mm	在 h 后显示分(00～59),个位前加 0
m	显示月份(1～12),个位前不加 0	s	显示秒(0～59),个位前不加 0
mm	显示月份(01～12),个位前加 0	ss	显示秒(00～59),个位前加 0
mmm	显示月份缩写(Jan～Dec)	ttttt	显示完整的时间:时、分、秒(hh:mm:ss)
mmmm	显示月份全名(January～December)	AM/PM	显示 12 小时时钟,午前 AM,午后 PM
y	显示一年中的天数(1～366)	A/P	显示 12 小时时钟,午前 A,午后 P

注意:

①时间分钟的格式说明符 m、mm 与月份的格式说明符相同,区分的方法是:跟在 h、hh 后的是分钟,否则为月份。

②非格式说明符-、/、:等原样显示。

例 2-10 运行下面程序后,窗体上输出日期和时间数据情况如图 2-9 所示。

```
Private Sub Form_Activate()
    Dim MyTime As Date, MyDate As Date
    FontSize = 12
    Print Format(Now, "yyyy 年 mm 月 dd 日 hh 点 mm 分 ss 秒")
    Print Format(Now, "yy 年 m 月 d 日 h 点 mm 分 ss 秒")
    Print Format(Now, "ddddd,dddd,mmmm,dd,yyyy h:mm")
    Print Format(Date, "ddddd,ddd,mmm,dd,yyyy")
    MyTime = #5:06:08 AM#
    MyDate = #4/25/2005#
    Print Format(MyDate, "mm/dd/yyyy")
    Print Format(MyDate, "m-d-yy")
    Print Format(MyDate, "mmmm/dddd/yyyy")
    Print Format(MyDate, "ddddd")
    Print Format(MyTime, "h-m-sAM/PM")
```

```
    Print Format(MyTime, "hh:mm:ssA/P")
    Print Format(MyTime, "h 点 m 分 s 秒 AM/PM")
    Print Format(MyTime, "hh 点 mm 分 ss 秒 AM/PM")
End Sub
```

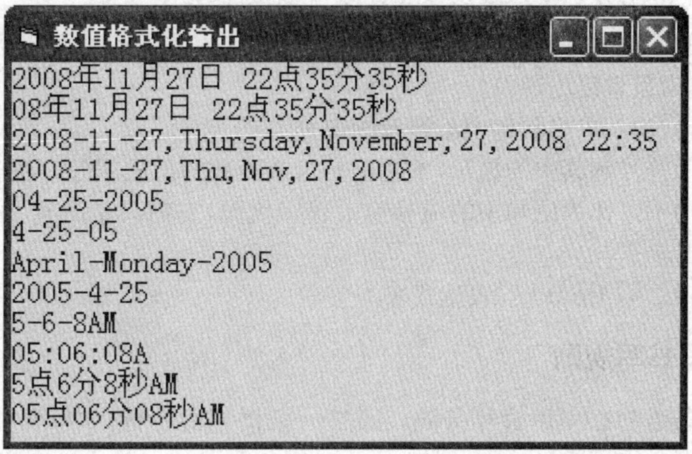

图 2-9 例 2-9 程序的运行结果

3. 字符串数据的格式字符串

常用的字符串格式化符号如表 2-11 所示。

常用字符串格式化符号 表 2-11

符号	作　用	字符串表达式	格式化字符串	显 示 结 果
<	强迫字母以小写显示	"Hello"	"<@@@@@"	"hello"
>	强迫字母以大写显示	"Hello"	">@@@@@"	"HELLO"
@	实际字符位数小于符号位数,字符前加空格	"Hello"	"@@@@@@@@"	" Hello"
&	实际字符位数大于符号位数,字符前不加空格	"Hello"	"&&&&&&&&"	"Hello"
!	与@配合使用,空格加在字符后	"Hello"	"! @@@@@@@@"	"Hello "

2.5 编 码 规 则

VB 与其他程序设计语言一样,有严格的编程规定。编程人员只有遵循 VB 的编程规定,编写的程序才能被 VB 正确地识别和执行。

2.5.1 语句及语法

程序语句是 VB 关键字、对象属性、函数、运算符以及其他 VB 编译解释器能识别的符号的有序组合,一般占用一行。编写程序语句时所必须遵循的格式规则称为语法。

为了便于说明,本书中对语句、方法及函数的语法格式中的符号将采用统一约定,专用符号如下:

(1)<>是必选参数表示符,尖括号中的中文是提示说明,使用者必须根据提示说明和所要解决的问题的需要提供具体的参数。如果缺少必选参数,语句则发生语法错误。有时为了使语法格式看上去更简洁些,一些必选参数直接写出,而不在<>中。

(2)[]是可选参数表示符,方括号中的内容由使用者根据提示说明和问题的需要决定提供或不提供该参数,如省略,则取系统缺省值,不影响语句本身的功能。

(3)|是多取一表示符,竖线分隔多个选择项,必须选择其中之一。

(4){}为多中取一定界符,花括号中包含有多个选择项,选择其中的一项。

(5),…为同类项目重复出现符。

(6)…为省略符,表示省略叙述中不涉及的部分。

注意:这些专用符号和其中的提示,不是语句行或函数的组成部分。在输入具体命令或函数时,上面的符号均不可作为语句中的成分输入程序代码,它们只是语句、函数格式的书面表达式的符号。例如:

[<对象表达式.>] Print [<表达式表>]{,|;}

2.5.2 代码书写规则

(1)一行写多条语句必须用冒号分隔。通常一条语句占一行,如果要在一行书写多条语句,则各条语句之间必须用冒号分隔,例如:tmp=a:a=b:b=tmp。VB规定,一个程序行的长度最多不能超过1023个字符。

(2)一条长语句可以用续行符(一个空格后面跟一个下划线" _")写成多行。例如:

```
Print Format(MyTime, "h点m分s秒 AM/PM"); _
                Format(MyTime, "hh点mm分ss秒 AM/PM")
```

但是要注意,续行符后面不能加注释,也不能将VB关键字或字符串分隔在两行。

(3)VB不区分应用程序代码中字母的大小写,用户可以随意使用大小写字母编写代码。为了方便阅读,VB会自动将代码中关键字的首字母转换为大写,其余字母转换为小写。对于用户自己定义的标识符,如变量名、函数名等,其中各字母的大、小写取决于用户定义或第一次使用时各字母是小写或大写,以后不论是用小写字母或大写字母书写,VB系统均会自动把它们转换为与定义或第一次使用时的情况相同,以方便用户识别。

(4)各关键字之间,关键字与变量名、常量名、过程名之间一定要有空格分隔。

(5)除注释外,语句中的标点符号不能使用中文的标点符号,必须使用英文的标点符号。

习　　题

一、单项选择题

1. 空字符串是指(　　)。

A. 长度为0的字符串　　　　B. 只包含空格字符的字符串

C. 长度为1的字符串　　　　D. 不定长的字符串

2. 使用变量x存放数据12345678.987654,应该将x声明为(　　)类型。

A. 单精度(Single)　　　　B. 双精度(Double)

C. 长整型(Long)　　　　D. 货币型(Currency)

3. 表达式 3^2*12-4^(2/4)的值为(　　)。

A. 104　　B. 106　　C. 108　　D. 出错

4. 表达式 33 Mod l7 \ 3 * 2 的值为(　　)。

A. 10　　B. 1　　C. 2　　D. 3

5. 表达式 Int(－20.9)＋Int(20.9 ＋ 0.5) － Fix(－17.9)的值为(　　)。

A. －17　　B. 16　　C. 17　　D. 18

6. 设 a＝3,b＝2,c＝－3,则表达式 Abs(b ＋ c) ＋ a * Int(Rnd ＋ 3) ＋ Asc(Chr(65 ＋ a))的值是(　　)。

A. 10　　B. 68　　C. 69　　D. 78

7. 设 m＝"morning",取值为"mor"的表达式是(　　)。

A. Mid(m,5,3)　　B. Left(m,3)　　C. Right(m,4,3)　　D. Mid(m,3,1)

8. 表达式 Sin(a＋b)^6 所表示的代数式是(　　)。

A. $\sin(a+b)^6$　　B. $\sin^6(a+b)$

C. $\sin^6(a+b)$　　D. $6\sin(a+b)$

9. 如果 x 是一个正实数,对 x 的第 3 位小数四舍五入的表达式是(　　)。

A. 0.01 * Int(100 * x ＋ 0.5)　　B. 0.01 * Int(10 * x ＋ 0.5)

C. 0.01 * Int(x ＋ 0.5)　　D. 0.01 * Int(x ＋ 5)

10. 求一个三位正整数 n 的十位数的方法是(　　)。

A. Int(n / 10) － Int(n / 100) * 10　　B. Int(n / 10) － Int(n / 100)

C. n － Int(n / 100) * 100　　D. Int(n － Int(n / 100) * 100)

11. 设 A＝"12345678",则表达式 Val(Left(A,4)＋Mid(A,4,2))的值是(　　)。

A. 123456　　B. 123445　　C. 8　　D. 6

12. 下列表达式中数值最大的是(　　)。

A. 10/3　　B. 10 \ 3　　C. Int (10/3)　　D. Fix (10/3)

13. 函数表达式 String(2, "ChongQing")的返回值是(　　)。

A. CQ　　B. ChongQing

C. CC　　D. ChongQingChongQing

14. 设 A＝－2,则(　　)函数的执行结果与其他三个不一样。

A. Val("A")　　B. Int(A)　　C. Fix(A)　　D. －Abs(A)

15. 要在窗体 Forml 的标题栏上显示"统计程序",可用的语句是(　　)。

A. Forml. Name＝"统计程序"　　B. Form1. Caption＝"统计程序"

C. Forml. Caption＝统计程序　　D. Forml. Name＝统计程序

16. 函数 String(n, "str")的功能是(　　)。

A. 把数值型数据转换为字符串

B. 返回由 n 个字符组成的字符串

C. 从字符串中取出 n 个字符

D. 从字符串中第 n 个字符的位置开始取子字符串

17. 设 x＝1,以下函数返回值最大的是(　　)。

A. Sin(x)　　B. Exp(x)　　C. Sqr(x)　　D. Log(x)

18. 将代数式 $\cos^2(c+d)$写成 VB 表达式的正确形式是(　　)。

A. Cos^2(c+d)　　B. Cos(c+d)^2

C. Cos((c+d) ^2)　　D. Cos(c^2+d^2)

19. 函数表达式 Val("16 Hour")的值为(　　)。

A. 1　　B. 16　　C. 160　　D. 960

20. 在 VB 中,可以使用未经声明的变量,在未赋值前,该变量的数据类型为(　　)。

A. Integer　　B. Long　　C. String　　D. Variant

21. 在 VB 中,对于没有赋值的数值变量,系统默认的值是(　　)。

A. 0　　B. 1　　C. "0"　　D. −1

22. 在 VB 中,对于没有赋值的字符串变量,系统默认的值是(　　)。

A. 0　　B. ""(长度为 0)

C. "0"　　D. " "(空格,长度为 1)。

23. X 是一个数值变量,下列函数表达式中要求 X 的值必须为正的是(　　)。

A. Sgn(X)　　B. Sqr(X)　　C. Abs(X)　　D. Sin(X)

24. 仅当 X 为小于 100 的非负数(包括 0)时取值才为 True 的表达式是(　　)。

A. 0<=X　And　X<100　　B. 0<X And X<100

C. 0<=X　And X<=100　　D. 0<X　Or X<=100

25. 能够从字符串 A="Visual Basic" 中取出子串"Basic"的函数表达式是(　　)。

A. Left(A,5)　　B. Right(A,5)

C. Mid(A,7,5)　　D. Instr(A,"Basic")

二、填空题

1. 把下列数学式写成等价的 VB 表达式。

(1) $\sin 50°$写成________________。

(2) $\frac{2+xy}{2-y^2}$写成________________。

(3) $a^2-\frac{3ab}{3+a}$写成________________。

(4) $\sqrt[8]{x^3}+\sqrt{y^2+4\frac{a^2}{x+y^3}}$写成________________。

2. 要产生 50~55 范围内(含 50 及 55)的随机整数,采用的 VB 表达式是__________。

3. 写出下列表达式的值。

(1)Val("15 3")−Val("15−1a3")的值是________。

(2)7 Mod 3 + 8 Mod 5 * 1.2−Int(Rnd)的值是________。

(3)Val("120")+Asc("abc")−Instr("JKLHG","LH")的值是________。

(4)Mid("China",3,2)+Lcase("China")的值是________。

(5)Len(Chr(70)+Str(0))+Asc(Chr(67))的值是________。

(6)Mid(Trim(Str(345)),2)的值是________。

(7)Year(Now)−Year(Date)的值是________。

第 3 章　程序设计基础

计算机的应用程序一般应该包含输入数据、计算处理、输出处理结果三大部分,即先要通过输入操作,向机器输入数据,然后进行问题要求的计算处理,最后通过输出操作,把处理的结果告诉用户或保存在磁盘文件中,供以后使用。计算机处理任何问题的过程都可以抽象为如图3-1所示的流程。

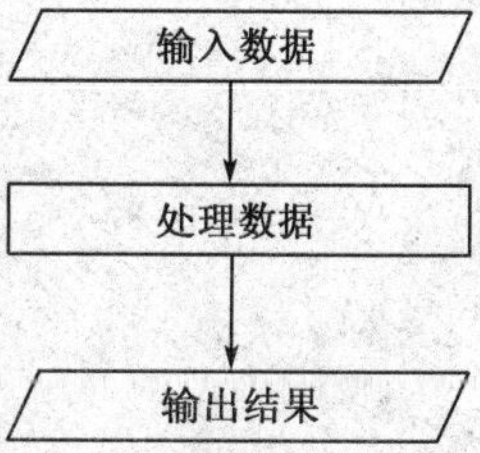

图 3-1　计算机处理问题的过程示意图

本章将介绍 VB 中设计顺序结构、选择结构和循环结构程序的基本方法、基本语句和基本技术。

3.1　顺序结构程序设计

VB 程序中常利用 Print 方法、消息框和控件实现数据输出,利用赋值语句、InputBox 函数和控件实现数据输入,由此可以设计包含顺序结构的程序。本节将详细介绍这几种方式书写的格式和规则。

3.1.1　实现数据输出的方法

1)用 Print 方法实现数据输出

Print 方法是 VB 程序中最常用的输出数据的方法,在第 2 章例题中已经频繁使用。这里系统讲述该方法的使用规则。

(1)使用 print 方法的规则

【格式】 [对象名.]Print [表达式列表]

【功能】 Print 方法用于在窗体、图片框和打印机上显示或打印输出文本。

说明:加[]项表示可选项。

①对象名可以是窗体(Form)、图片框(PictureBox)或打印机(Printer)的名称。如果省略对象名,则在当前窗体上直接输出。例如:运行下面程序时,单击窗体,则在窗体输出“VB 程序设计”。

```
Private Sub Form_Click()
  Print "VB 程序设计"                '省略对象名,默认在窗体上输出
End Sub
```

②关键字 Print 可以用“?”代替,VB 会自动翻译为 Print。

③表达式列表可以是一个或多个表达式,如果省略,则输出一个空行。输出数值数据时,前面有一个符号位,后面有一个空格,输出字符串数据时前后都没有空格。例如:运行下面程序后,单击窗体,则输出结果如图 3-2 所示。

```
Private Sub Form_Click()
  Print 123                    '输出数值数据
  Print "Visual Basic"         '输出字符串数据
  Print                        '输出空行
  Print 123 * 2                '输出表达式的值
End Sub
```

图 3-2　用 Print 在窗体上输出数据

④当输出多个表达式时，各表达式之间用分号“;”或逗号“,”分隔。

“;”分隔符： 各输出项按紧凑格式输出，即后一数据项紧跟前一数据项输出；

“,”分隔符：各输出项按分区格式输出，此时系统会将一个输出行分为若干个区段，每个区段有 14 个字符宽，逗号之后的数据项将在当前输出位置的下一个区段输出。

例如：运行下面程序后，单击窗体，则输出结果如图 3-3 所示。

```
Private Sub Form_Click()
  Dim a As Integer, b As Integer
  a = 4 : b = 8
  Print a, b, 2 + a,            '以逗号作分隔符并以逗号结尾
  Print 2 * b
  Print "a=";                   '以分号结尾
  Print a, "b="; b              '以逗号、分号作分隔符
End Sub
```

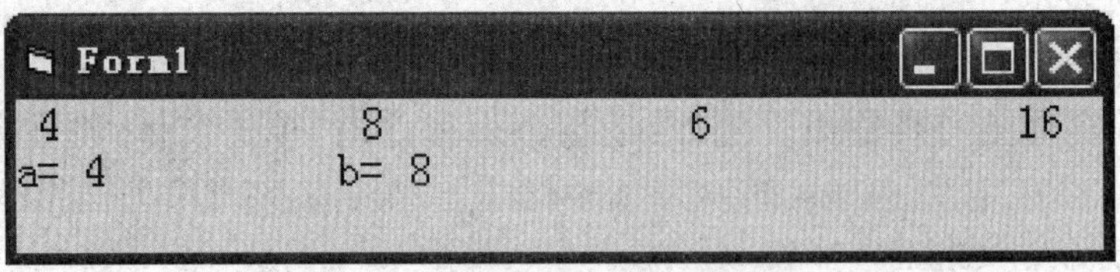

图 3-3　使用输出分隔符输出数据

可以看到，VB 在输出数值数据时将留出符号位，且在数值后自动留一个分隔位。

⑤若在 Print 语句行末尾没有分隔符，则输出当前输出项后自动换行。若 Print 语句以分号或逗号结束，则输出当前输出项后不换行，下一个 Print 输出的内容将按紧凑格式输出（以分号结尾）或输出在下一个输出区段上（以逗号结尾）。

在上面的例子中，第一个 Print 语句是以逗号结尾，使第二个 Print 语句输出的 16 显示在

与第一个 Print 语句在同一行的下一个分区段；第三个 Print 语句是以分号结尾，使第四个 Print 输出的数据都显示在与第一个 Print 语句在同一行，且输出的 4 紧随"a="之后显示。

(2)在 Print 方法中使用格式控制函数

尽管可以借助第 2 章介绍的格式化函数 Format()控制用 Print 方法输出的数据项的格式，VB 还提供了两个与 Print 配合的函数 Tab()和 Spc()，使数据项按指定的位置输出。

①Spc()函数

【格式】Spc(n)

【功能】作为 Print 方法中的输出项，输出 n 个空格。

其中，n 为整型数值表达式，表示在窗体上输出或在打印机上打印 n 个空格。Spc()函数与输出的数据项之间用分号分隔。

例如：下面程序运行后，结果如图 3-4 所示。

```
Private Sub Form_Activate()
  Print
  Print Spc(4); "欢迎学习"; Spc(4); "Visual"; Spc(2); "Basic"
End Sub
```

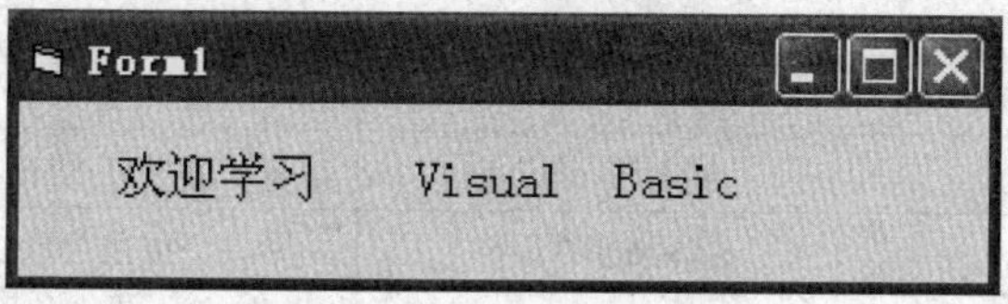

图 3-4　使用 Spc()函数

②Tab()函数

【格式】Tab(n)

【功能】作为 Print 方法中的输出项，确定当前行的输出位置(字符的列数)。

其中，n 为整型数值表达式。表示把显示或打印的位置移到由参数 n 所指定的列数，从此列开始输出数据。要输出的内容放在 Tab()函数之后，并用分号隔开。例如：运行下面程序后，结果与图 3-3 类似，只是这里用 Tab()函数控制每一个数据输出的起始列数。

```
Private Sub Form_Activate()
  Print
  Print Tab(6); "欢迎学习"; Tab(16); "Visual"; Tab(23); "Basic"
End Sub
```

③使用位置属性

要精确地把文本输出到窗体、图片框或打印页上，可以用其位置属性 CurrentX 和 CurrentY。这两个属性分别表示当前输出位置的横坐标和纵坐标(计量单位默认为缇)。

2)用消息对话框输出信息

【格式】　变量=MsgBox(提示[,按钮[,对话框标题]]),[]表示可选项

【功能】　函数 MsgBox 可以产生一个对话框显示消息，如图 3-5 所示。当用户单击某个按钮后，将返回一个整数以说明用户单击了哪个按钮。

说明：

①"提示"是一个字符串，指定对话框中显示的字符串。可以用回车符（Chr(13)）、换行符（Chr(10)）使显示的文本换行（或使用回车换行的符号常量 vbCrLf）。

②"对话框标题"是一个字符串，指定对话框的标题。

③"按钮" 是一个数值表达式，指定对话框中出现的按钮数目、形式、图标形式、缺省按钮和等待模式。如果省略此参数，默认为 0。按钮参数的取值和含义见表 3-1。

按钮参数的取值及含义 表 3-1

参数类型	参数值	符号常量	含义
显示的按钮	0	vbOKOnly	显示"确定"按钮
	1	vbOKCancel	显示"确定"和"取消"按钮
	2	vbAbortRetryIgnore	显示"终止"、"重试"和"忽略"按钮
	3	vbYesNoCancel	显示"是"、"否"和"取消"按钮
	4	vbYesNo	显示"是"和"否"按钮
	5	vbRetryCancel	显示"重试"和"取消"按钮
显示的图标	16	vbCritical	显示停止(X)图标
	32	vbQuestion	显示问号(?)图标
	48	vbExclamation	显示感叹号(!)图标
	64	vbInformation	显示消息(I)图标
默认按钮	0	vbDefaultButton1	第一个按钮为默认按钮
	256	vbDefaultButton2	第二个按钮为默认按钮
	512	vbDefaultButton3	第三个按钮为默认按钮
等待模式	0	vbApplicationModal	应用程序暂停运行，直到用户对消息框做出响应才继续执行下面的程序
	4096	vbSystemModal	全部程序都被挂起来，直到用户对消息框做出响应才能执行下面的程序

注意：

①参数表中的"按钮"，必须由表 3-1 中四种类型的按钮参数各取一个值求和。但在实际应用中，一般消息对话框的等待模式取 0 值，默认的活动按钮也常取 0 值（第一个按钮为默认按钮），即按钮参数一般由前两种类型的参数确定。

例如，显示图 3-5 所示的消息框，应书写为语句：

图 3-5 消息对话框

y = MsgBox("输入的文件名是否正确", 3+48, "请确认")

该按钮参数表达式也可以使用符号常量写成如下形式：

y = MsgBox("输入的文件名是否正确", vbYesNoCancel + vbExclamation, "请确认")

②MsgBox 函数的返回值反映了用户在对话框中选择了哪一个按钮，如表 3-2 所示。

消息函数的返回值　　表 3-2

返回值	符号常量	所对应的按钮
1	vbOK	"确定"按钮
2	vbCancel	"取消"按钮
3	vbAbort	"终止"按钮
4	vbRetry	"重试"按钮
5	vbIgnore	"忽略"按钮
6	vbYes	"是"按钮
7	vbNo	"否"按钮

例如，下面程序运行后，三次单击窗体，在弹出的消息对话框中分别选择"是"、"否"和"取消"三个按钮，则在窗体上分别显示 6、7 和 2。

```
Private Sub Form_Click()
  y=MsgBox("输入的文件名是否正确", vbYesNoCancel + vbExclamation, "请确认")
  Print y
End Sub
```

③在消息函数 MsgBox 的参数表中，如果省略了处于表中间的某个参数，必须加入相应的逗号分隔符，例如：

y = MsgBox("输入的文件名是否正确", , "请确认")

④若不需要消息函数的返回值，可以使用如下形式的 MsgBox 语句，其格式为：

MsgBox 提示[,按钮[,对话框标题]]

注意：MsgBox 语句中的参数与 MsgBox 函数相同，仅没有圆括号()，执行后无需返回值。

例 3-1　下面程序运行后，单击窗体，则分别在窗体上和消息框中输出圆的周长和面积，如图 3-6 所示。

```
Private Sub Form_Click()
  Dim r As Single, k As Single, s As Single
  Const pi = 3.14159
  r = 200
  k = 2 * pi* r
  s = r * r* pi
  Print "圆的周长="; k
  Print "圆的面积="; s
  MsgBox "圆的周长="& k & Chr(13) & "圆的面积=" & s, vbOKOnly, "计算结果"
End Sub
```

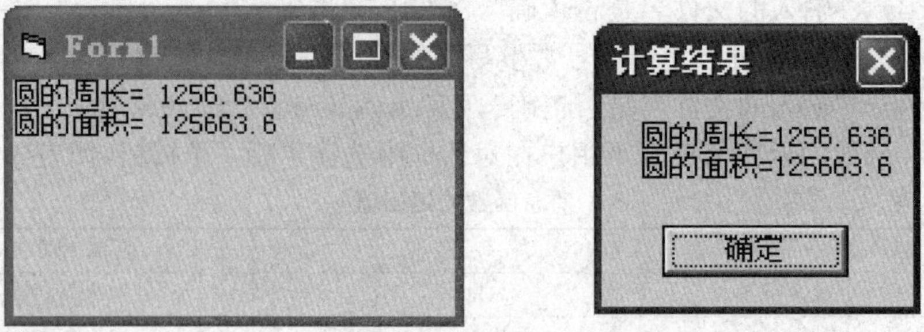

图 3-6　例 3-1 输出结果

3)用 VB 的控件输出信息

利用 VB 语言提供的标准控件，如文本框、标签等可以设计友好的界面，实现数据输出。详细情况请参见本章的 3.4 节。

3.1.2　数据输入的基本方法

1)赋值语句

【格式】 [Let] 变量名或对象属性名＝表达式

【功能】 计算赋值号右边表达式的值，再将其赋给赋值号左边的变量名或属性名。[]项是可选项。

说明：

①关键字 Let 表示赋值，通常可以省略。这里的"＝"称为赋值号，表示给予。

②赋值号"＝"右边的表达式可以是算术表达式、字符串表达式、关系表达式或逻辑表达式，计算所得的值将赋值给"＝"左边的变量或对象的属性。但必须注意，赋值号两边的数据类型必须一致，或右边表达式的数据类型能自动转换为与左边的变量和属性相同的数据类型，否则会出现 "类型不匹配"的错误。例如在程序中有下面两行代码：

```
Dim x As Integer
x = "12345"
```

VB 能正常执行，因为右边的表达式"12345"为数字字符串，赋值操作时，VB 系统会自动把数字字符串"12345"转换为数值 12345，再赋值给左边的整型变量 x。

如果将代码改为：

```
Dim x As Integer
x = "abcde"
```

程序执行到赋值语句时立即报出类型不匹配的错误，因为系统不能把英文字母串"abcde"转换为数值。一般来讲，不能将字符串表达式的值赋给数值变量，也不能将数值表达式的值赋给字符串变量。如果这样做，就会在编译时出现错误。

③赋值语句总是先计算右边表达式的值，然后再赋值。表达式中可以含已赋值的变量。

④在 VB 中的赋值号"＝"与数学中的等号具有完全不同的含义，这里要特别注意。例如

赋值语句：

x=x+1

表示把变量 x 的当前值加上 1 之后，将结果赋给变量 x。如果 x 的当前值为 5，执行该赋值语句后，变量 x 就变为 6。而在数学中，x=x+1 是不成立的。

2)用 InputBox 函数输入数据

【格式】 InputBox(提示串 [,标题] [,默认值][,xpos] [,ypos])

【功能】 执行时出现一个对话框，等待用户即时从键盘输入数据。InputBox 函数能获得用户从键盘输入的数据，返回一个字符串，书写时应该出现在表达式中。加[ ]项表示可选。

说明：

①“提示串”是一个字符串，其最大长度约为 1024 个字符。如果提示包含多行，可在各行之间用回车换行符的组合(Chr(13) & Chr(10))或回车换行符(vbCrLf)分隔。

②“标题”是对话框标题栏中的字符串表达式。默认“标题”是应用程序名。

③“默认值”是显示在输入框中的默认字符串表达式，在没有其他输入时作为缺省值。如果省略 “默认值”，则输入框为空。

④xpos 和 ypos 是可选参数，分别指定对话框左边和上边，即与屏幕左边和上边的距离。

⑤如果用户单击 “确定”或按下 Enter 键 ，则 InputBox 函数返回文本框中的内容。如果用户单击 “取消”，则此函数返回一个长度为零的字符串 ("")。

⑥如果要省略参数表中间某些位置的参数，则必须加入相应的逗号分界符，若省略的参数全在参数表的右边，则不用加逗号分界符。

例如，书写窗体的 Activate 事件过程如下，则执行程序时出现如图 3-7 所示对话框，等待用户从键盘输入数据，然后将此数据赋给 Str1 变量。

```
Private Sub Form_Activate()
  Dim Str1 As String
  Str1 ="请输入学生的籍贯名称" + Chr(13) + Chr(10) + "然后单击“确定”按钮或
        按回车键"
  Str1 = InputBox(Str1, "学生籍贯", "北京")
  Print Str1
End Sub
```

图 3-7 输入对话框

使用 InputBox 函数，可以在程序运行时即时输入数据，提高程序的通用性。对于前面介绍的例 3-1，如果将数据输入改为 InputBox 函数输入半径，则可以计算任意半径圆的周长和面积。程序代码修改如下：

```
Private Sub Form_Click()
  Dim r As Single, k As Single, s As Single
  Const pi = 3.14159
  r = Val(InputBox("请输入圆的半径:"))          '即时输入半径值
  k = 2 * pi* r
  s = r * r * pi
  Print "圆的周长="; k
  Print "圆的面积="; s
  MsgBox "圆的周长=" & k & Chr(13) & "圆的面积=" & s, vbOKOnly, "计算结
              果"
End Sub
```

3)用 VB 的控件输入数据

利用 VB 语言提供的标准控件，如文本框等，可以设计友好的界面，实现数据输入工作。详细情况请参见本章的 3.4 节。

3.1.3 常用基本语句

除了输入/输出语句外，程序中还会涉及到表示其他功能的语句。这里介绍几个简单的常用语句，更多语句将在后续各章中分别介绍。

1)注释语句 Rem

为了提高程序的可读性，通常在程序的适当位置加上必要的注释。在前两章的例题程序中，已经使用单撇号(')为程序添加了一些简要的注释。实际上在 VB 中为程序添加注释的语句有两种，其形式为：

【格式 1】 Rem 注释内容

【格式 2】 语句'注释内容

【功能】 仅为用户读程序提供注释，机器在编译程序时并不翻译注释内容，因此注释内容对程序执行没有任何影响。

说明：

①如果使用关键字 Rem，在 Rem 和注释内容之间要加一个空格，在程序中作为一个独立的语句行存在。如果把 Rem 语句用在其他程序语句之后，必须使用冒号(:)与前面的语句隔开。

②使用注释符号(单撇号')可以直接写在其他语句之后，较使用 Rem 更为方便，例如：

```
n = InStr(a, " ")        '查找空格位置
b = Left(a, n - 1)       '取符串变量 a 左边部分的 n-1 个字符
c = Mid(a, n + 1)        '取字符串变量 a 第 n+1 个字符开始的右边部分
```

2)加载对象语句 Load

在程序运行的过程中，有时需要添加新的窗体或为控件数组增加新的元素，这类操作可以通过加载对象语句 Load 完成。

【格式】 Load 对象名

【功能】 把对象名代表的对象，如窗体、控件数组元素等加载到内存中，以供程序使用。

说明：使用 Load 语句可以加载窗体，但不显示窗体。当 VB 加载窗体对象时，先把窗体属性设置为初始值，再执行 Load 事件过程。例如：

```
Load Form1            '加载窗体 Form1
```

3)卸载语句 Unload

在程序运行过程中要从程序移除某个不再使用的窗体或控件，可以使用卸载对象语句 Unload 完成。

【格式】 Unload 对象名

【功能】 从内存中卸载指定窗体或控件。

如果卸载的对象是程序中唯一的窗体，将终止程序的执行。例如，对于一个单窗体的程序，执行 Unload Me，立即终止程序的执行。

说明：Me 是系统关键字，用来代表当前窗体。如果程序的窗体名为 Form1，也可以写为 Unload Form1。

4)结束语句 End

【格式】 End

【功能】 强行终止 VB 程序的运行。

End 语句能够强制终止程序代码的执行，清除内存中的所有变量，并关闭所有数据文件。在程序运行中，用户也可以单击工具栏上的结束按钮■强行结束程序的运行。

5)暂停语句 Stop

在调试程序的过程中，有时希望程序运行到某一语句后暂停程序的执行，以方便用户检查运行中的某些动态信息。暂停语句为用户提供了这样的方便。

【格式】 Stop

【功能】 在解释方式下，暂停当前程序的执行，并切换到中断模式(Break)。

说明：

①如果在编译后生成的可执行文件(.exe)中含有 Stop 语句，则执行该语句时会弹出一个提示“遇到 Stop 语句”的对话框，如图 3-8 所示，点击确定后，关闭所有文件，退出程序。因此，当程序调试结束后，生成可执行文件之前，应删除程序代码中的所有 Stop 语句。

图 3-8　Stop 语句运行界面

②暂停程序运行，也可以通过单击工具栏上的中断按钮Ⅱ实现。Stop 语句就是在程序中设置断点，当程序执行到 Stop 语句时，在程序中的变量、打开的文件等都保持着当前的动态信息，不会丢失。如果用户执行 VB 的“启动”命令，程序可以继续运行。

③有时程序运行过程中进入“死锁”或“死循环”(均由程序错误引起)，而无法正常操作“中断”和“结束”命令，可以按 Ctrl+Break 键强制性暂停程序的运行。

3.1.4　常用标准控件及应用

VB 的工具箱(选菜单的“视图”→“工具箱”可控制是否出现在编辑窗口中)中，提供了应用程序的界面中常用的控件。了解控件的基本属性和一些最常用的控件，如命令按钮、标签、文本框等，就能完成一些简单程序的界面设计。

1)控件的基本属性

控件有很多共同的基本属性，与窗体的基本属性相同。下面对大多数控件所共有的这些基本属性作进一步的说明，以后介绍具体控件时将不再重复介绍这些属性。

(1)Name 属性：用于定义控件对象的名称。每当新建一个控件时，VB 会给该控件指定一个默认名，如 Command1、Command2、……，Text1、Text2、……，等等。控件的 Name(名称)属性值必须是标识符。名称长度不能超过 40 个字符。

用户可在属性窗口的“名称”栏中设置控件的名称。但在应用程序运行时，Name 属性是只读的，对它的修改只能在设计界面属性窗口中完成，不能写成赋值语句在执行程序时修改。

(2)Caption 属性：用于确定控件的标题。

(3)Enabled 属性：决定控件是否对用户产生的事件做出响应。如果将控件的 Enabled 属性值设置为 True(默认值)，则控件有效，允许控件对事件做出响应；当设置 Enabled 属性为 False 时，则控件变成浅灰色，不允许使用。

(4)Visible 属性：决定控件是否可见，默认值为 True。当设置 Visible 属性为 False 时，控件不可见。

(5)Height，Width，Top 和 Left 属性：Height 和 Width 属性确定控件的高度和宽度，Top 和 Lelf 属性确定控件在窗体中的位置。Top 表示控件到窗体顶部的距离，Lelf 表示控件到窗体左边框的距离。图 3-9 给出了控件这 4 个属性值与窗体的关系。

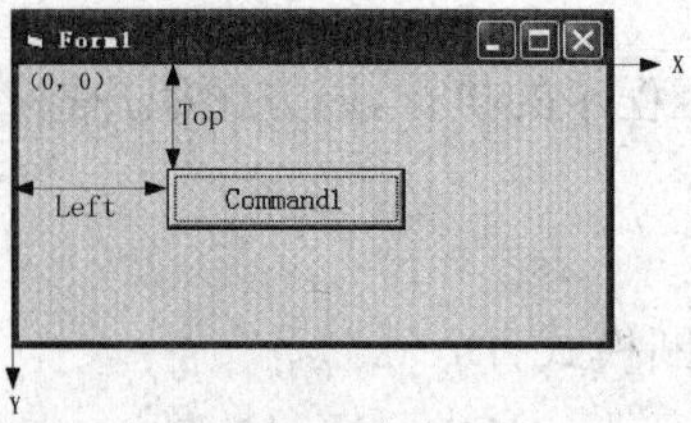

图 3-9　控件在窗体上的位置和大小

(6)BackColor 和 ForeColor 属性：这两个属性用于设置控件的背景色和前景色。

(7)Font 属性：确定控件中显示的文本所用字体的样式、大小、字体效果等。设置该属性时，先选定控件，从属性窗口中选择属性“Font”，再单击属性行右端的三点式按钮，然后在打开的“字体”对话框直接设置即可。

Font 属性也可以通过 FontName(字体名)、FontSize(字体大小)、FontBold(粗体)、FontItalic(斜体)、FontStrikethru(删除线)、FontUnderline(下划线)、FontTransparent(与背景重叠)等属性，在程序代码中进行设置。

2)焦点和 Tab 键序

(1)焦点

焦点(Focus)是描述对象接收鼠标或键盘输入的能力。一个应用程序可以有多个窗体，每个窗体上又可以有很多对象，但用户任何时候只能操作一个对象。我们称当前被操作的对象获得了焦点。当对象具有焦点时，才能接收用户的输入。

焦点在任何时候只能有一个。改变焦点将触发焦点事件。当对象得到或失去焦点时，分别产生 GotFocus 或 LostFocus 事件。要将焦点赋给对象(窗体或控件)，有以下几种方法：

- 用鼠标选定对象；
- 按快捷键选定对象；

• 按 Tab 键或 Shift+Tab 键在当前窗体的各对象之间切换焦点；
• 在代码中用 SetFocus 方法设置焦点。

注意：只有当对象的 Enabled 和 Visible 属性为 True 时，它才能接收焦点。

(2)Tab 键序

Tab 键序是指用户按 Tab 键时，焦点在控件间移动的顺序。当向窗体中设置控件时，系统会自动按顺序为每个控件指定一个 Tab 键序。Tab 键序也反映在控件的 TabIndex 属性中，其属性值为 0、1、2、……通过改变控件的 TabIndex 属性值，可以改变默认的按 Tab 键移动焦点的顺序。

3)命令按钮

命令按钮(CommandButton)用于接收用户的操作信息，并引发应用程序的某个操作。当用户用鼠标单击命令按钮，或者选中命令按钮后按回车键时，就会触发该命令按钮相应的事件过程。

(1)常用属性

命令按钮(CommandButton)除常用的 Name、Enabled、Visible、Height、Width、Top、Left、BackColor、ForeColor、Font 等属性外，特别要关注的属性有：

①Caption 属性：此属性保存的文字内容会出现在命令按钮的表面，可以是任意的字符串。

利用 Caption 属性可以为控件指定一个访问键(热键)。设置方法是：在想要指定为访问键的字符前加一个"&"符号，例如：

```
Private Sub Form_Load()
  Me.Caption = "热键设置"
  Command1.Caption = "&D 显示"
  Command2.Caption = "&C 清除"
End Sub
```

这样就为两个命令按钮分别定义了访问键 D 和 C，运行程序时的窗体外观如图 3-10 所示。用户同时按下 Alt 键和 D 或 C 键，就能执行该按钮相应的命令。

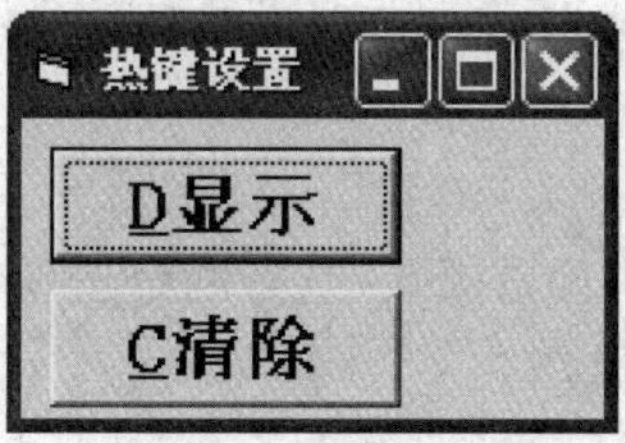

图 3-10　为按钮指定访问键

②Style 属性：设置命令按钮的外观，默认值为 0，表示以标准的 Windows 按钮方式显示；其值为 1 时，表示以图形按钮显示，此时可用 Picture、DownPicture 和 DisabledPicture 属性分别指定按钮在正常、被按下和不可用 3 种状态下的图片。

注意 Style 是只读属性，只能在 VB 的属性窗口中设置。如图 3-11 所示，Command1 是标准的 Windows 按钮，Command2 是图形按钮，表面可以加载图片。

③Cancel 属性：所谓“取消按钮”是指只要用户按下 Esc 键，就等价于单击该按钮，则自动执行该命令按钮的 Click 事件过程。

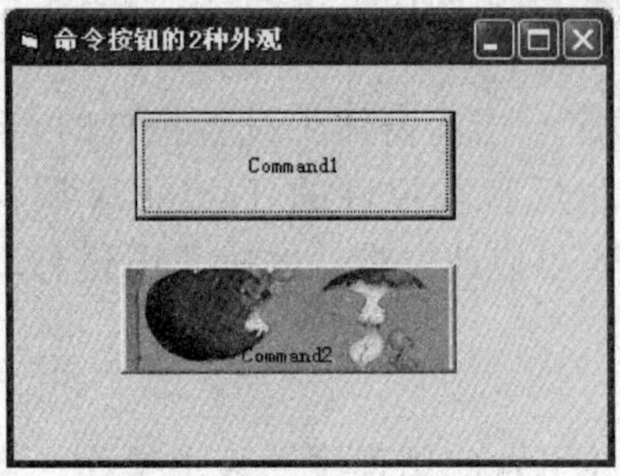

图 3-11 命令按钮的 Style 属性设置

Cancel 属性用于设置“取消按钮”，取值为布尔类型，如果该按钮的 Cancel 属性为 True，表示该按钮就是“取消按钮”。

④Default 属性：所谓“默认按钮”是指无论当前焦点处于何处，只要用户按下 Enter 键就等价于单击该按钮，则自动执行该命令按钮的 Click 事件过程。

Default 属性用于设置“默认按钮”，值为布尔类型，如果该按钮的 Default 属性为 True，表示该命令按钮就是“默认按钮”。

(2)常用事件和方法

命令按钮最常用的事件是 Click(单击)事件，但不支持 DblClick(双击)事件。

命令按钮常用的方法是 SetFocus。

4)标签控件

标签(Label)主要用于显示比较固定的提示性信息，常作为输出信息的控件。通常使用标签为文本框、列表框、组合框等控件附加说明或描述性信息，其默认名称(Name)为 Label1、Label2……

(1)常用属性

标签(Label)除常用的 Name、Enabled、Visible、Height、Width、Top、Left、BackColor、ForeColor、Font 等属性外，特别要关注的属性有：

①Caption 属性：这是标签的默认属性。此属性保存的文字内容将显示在标签内，可以是任意的字符串。

②AutoSize 属性：确定标签的大小是否根据标签内显示的内容自动调整。该属性值为布尔型，只可选取两个值：

False　　标签不自动调整大小(默认值)

True　　标签自动调整大小，以适应显示的文本

③BorderStyle 属性：设置标签的边框，可以取两种值：

0　　无边框(默认值)

1　　加边框

④BackStyle 属性：设置标签的背景模式，共有两个选项：

1　　标签将覆盖背景(默认值)

0　　标签是“透明”的

⑤Alignment 属性：设置标签中文本的对齐方式，共有 3 个可选项：

0　　左对齐(默认值)

1　　右对齐

2　　居中

(2)常用事件和方法

标签可触发 Click、DblClick 等事件。

标签支持 Move 方法，用于实现控件的移动。

5）文本框

文本框(TextBox)是一个文本编辑区域，用户可以在该区域中输入、编辑和显示文本内容。默认情况下，文本框只能输入单行文本，并且最多可以输入 2048 个字符。在程序中，文本框经常作为输出数据的控件使用，又常作为输入数据的控件使用。

(1)常用属性

文本框具备控件的常用属性，但文本框没有 Caption 属性。除常用的 Name、Enabled、Visible、Height、Width、Top、Left、BackColor、ForeColor、Font 等属性外，特别要关注的属性有：

①Text 属性：该属性反映了文本框中的文本内容，默认值为 Text1、Text2……该属性也是文本框的默认属性。例如，有一个文本框 Text1，在程序中引用属性 Text，使用“Text1. Text”或“Text1”均可。

②Multiline 属性：该属性指定文本框中是否允许显示和输入多行文本。该属性值为逻辑值：

False　　文本框只能输入或显示单行文本(默认值)

True　　文本框可以输入或显示多行文本

在多行文本框中，当显示和输入的文本超过文本框的右边界时，文本会自动换行，在输入时也可以按 Enter 键强行换行，按 Ctrl＋Enter 可以插入一个空行。

③PasswordChar 属性：该属性指定在文本框中显示的字符，也叫口令字。

如输入密码时，不想显示真实字符，则可执行语句：文本框对象名. PasswordChar＝“ * ”，以后用户输入到文本框中的任何字符都将以“ * ”替代显示，而在文本框中的实际内容仍是输入的文本，只是显示结果被改变了。

④ScrollBars 属性：该属性指定在文本框中是否出现滚动条(使文本框出现滚动条的前提是 Multiline 属性为 True)，共有四个取值：

0　表示不出现滚动条(默认值)

1　表示出现水平滚动条

2　表示出现垂直滚动条

3　表示同时出现水平滚动条和垂直滚动条

⑤Locked 属性：该属性设置文本框是否可以进行编辑、修改。当设置值为 False(默认值)，表示文本框可以编辑、修改；若设置为 True 时，表示文本框被锁定，只能读出文本，不能编辑、修改。

⑥Maxlength 属性：该属性确定文本框中文本的最大长度。对于单行显示的文本框，指定最大长度为 2KB；对于多行显示的文本框，指定最大长度为 32KB。若将其设置为正整数值，这一数值就是可容纳的最大字符数。

⑦SelStart、Sellength 和 SelText 属性：这三个属性用于标识用户选定的文本，只在程序运行时有效，用于反映用户选定文本框中文本的情况。

Selstart：　选定文本的开始位置，默认值为 0，表示从第一个字符开始

SelLength：选定文本的长度

SelText：　选定的文本内容

(2)常用事件和方法

文本框支持 Click、DblClick 等鼠标事件，同时支持 Change(内容改变)、GotFocus(获得焦点)、LostFocus(失去焦点)等事件。

当文本框的 Text 属性值发生变化时，触发文本框的 Change 事件，在该事件过程中编写程序代码对文本内容进行具体处理。

文本框常用方法有 SetFocus 方法和 Move 方法。

例 3-2　利用文本框输入密码。

设计步骤：

①在窗体上画一个文本框、一个标签、一个命令按钮，并调整大小和位置。

②书写程序代码如下：

```
Private Sub Command1_Click()
MsgBox "输入的密码是：" + Text1. Text, 64, "口令字的应用"
End Sub
Private Sub Form_Load()
  Form1. Caption = "用文本框输入密码"
  Label1. Caption = "密码："
  Text1. Text = ""
  Text1. PasswordChar = "*"
  Command1. Caption = "显示密码"
End Sub
```

程序运行后将出现如图 3-12 所示界面和消息框。看不见输入密码，但可以输出密码。

图 3-12　文本框“口令字”属性的应用

例 3-3　修改前面的例 3-1，将数据输入和输出均改为文本框，设计更友好的界面，计算圆的周长和面积。

设计步骤：

①在窗体上画三个文本框、三个标签、一个命令按钮，并调整大小和位置。

②书写程序代码如下：

```
Private Sub Command1_Click()
Dim r As Single, k As Single, s As Single
  Const pi = 3. 14159
```

```
    r = Val(Text1.Text)       '从文本框中获取半径值
    k = 2 * pi * r
    s = r * r * pi
    Text2.Text = k            '将周长值显示在文本框2中
    Text3.Text = s            '将面积值显示在文本框3中
End Sub
'以下的属性设置也可以直接在属性窗口中设置
Private Sub Form_Load()
Form1.Caption = "计算圆的周长和面积:"
Command1.Caption = "计算"
Label1.Caption = "输入半径:":Label2.Caption = "圆的周长为:"
Label3.Caption = "圆的面积为:"
Text1.Text = "":Text2.Text = "":Text3.Text = ""
End Sub
```

程序运行结果如图3-13所示。当在文本框1中输入半径后,单击"计算"命令按钮,则在文本框2和文本框3中分别显示计算后的周长和面积值。

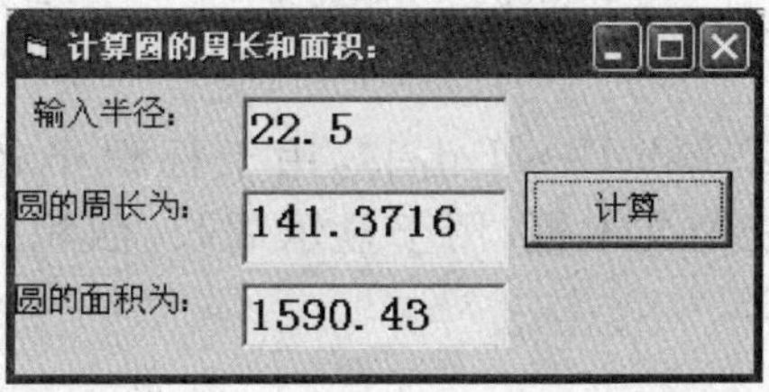

图3-13 用控件输入/输出数据

6)滚动条

在许多Windows程序中,如Word、Excel等都使用滚动条,用户可以通过拖动滚动条看到显示的全部信息。通常利用滚动条提供简便的定位,还可以利用滚动块位置的变化控制声音音量或调整图片的颜色,使其有连续变化的效果。

滚动条有水平滚动条(HScrollBar)和垂直滚动条(VScrollBar)。这两种滚动条除方向不同外,其功能和操作完全一样。垂直滚动条的最上方代表最小值(Min),从上往下移动滚动块(或称滚动框)时,代表的值随之递增,最下方代表最大值(Max)。水平滚动条的最左端代表最小值,从左往右移动滚动块时,代表的值随之增大,最右端代表最大值。

(1)常用属性

滚动条具有控件的常用属性,但没有Caption属性。除常用的Name、Enabled、Visible、Height、Width、Top、Left等属性外,特别要关注的属性有:

①Min、Max属性:设置滚动条所能代表的最小值和最大值,其取值范围为-32768~32767。Min属性的默认值为0,Max属性的默认值为32767。这两个属性界定了属性Value的取值范围。

②Value属性:返回或设置滚动块在滚动条中的当前位置(在Min和Max之间,包括这两

个值）。

③SmallChange（最小变动值）属性：表示单击滚动条两端箭头时，滚动块移动的增量值。

④LargeChange（最大变动值）属性：表示单击滚动条内空白处，滚动块移动的增量值。

（2）常用事件

滚动条控件可以识别 10 个事件，其中最常用的是 Scroll 和 Change 事件。

①Change 事件：当释放滚动块、单击滚动条内空白处或两端箭头时，触发 Change 事件。

②Scroll 事件：当用鼠标拖动滚动块时，即触发 Scroll 事件（虽然拖动滚动块会改变 Value，也不会发生 Change 事件）。

例 3-4 修改前面的例 3-1，用滚动条输入半径，再计算周长和面积。程序界面如图 3-14 所示。

图 3-14 例 3-4 界面

设计步骤：

①在窗体上画三个签标 Label1～Label3，用于标识半径等信息；一个水平滚动条 HScroll1，用于设置半径值；三个文本框，用于显示周长、面积、半径等数据；一个命令按钮 Command1。

②编写程序代码如下：

```
Private Sub Form_Load()
Form1. Caption = "用滚动条输入半径"
HScroll1. Max = 100：HScroll1. Min = 0
Label1. Caption = "半径："：Label2. Caption = "面积："：Label3. Caption = "周长："
End Sub
Private Sub HScroll1_Change()
Dim r As Single, s As Single, c As Single
r = HScroll1. Value
s = 3. 14159 * r *  r
c = 2 * 3. 14 * r
Text1. Text = r：Text2. Text = s：Text3. Text = c
End Sub
```

程序运行后，拖动滚动条，则计算相应圆的面积和周长。由于设置滚动条的取值范围为 0～100，SmallChange 默认为 1，故 r 的取值为 1、2、3、……、100 等整数。

例 3-5 设计程序，用滚动条设置红、绿、蓝颜色值，再用 RGB 函数调兑出一个颜色，实现调色板功能。

设计步骤：

①在窗体上画三个签标 Label1～Label3，用于显示红、绿、蓝说明；三个水平滚动条 HScroll1～Hscroll3，用于设置三个颜色值；一个文本框 Text 1，用于显示调色值；一个命令按钮 Command1。

②编写程序代码，运行结果如图 3-15 所示。

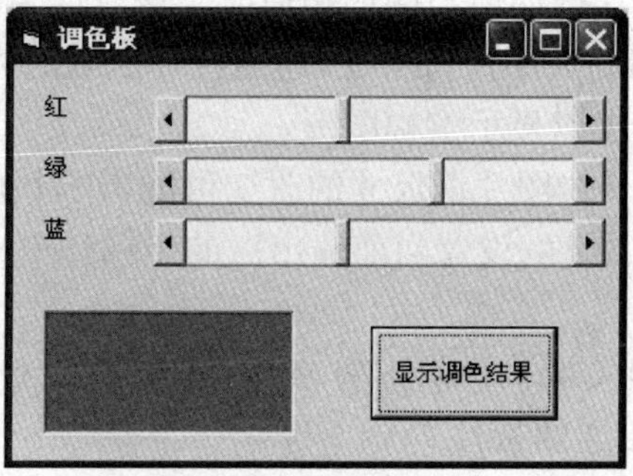

图 3-15　用滚动条设置颜色值

```
'以下的属性设置也可以直接在属性窗口中设置
Private Sub Form_Load()
  Form1. Caption = "调色板"
  Label1. Caption = "红"：Label2. Caption = "绿"：  Label3. Caption = "蓝"
  Text1. Text = ""
  Command1. Caption = "显示调色结果"
  HScroll1. Min = 0：HScroll1. Max = 255
  HScroll2. Min = 0：HScroll2. Max = 255
  HScroll3. Min = 0：HScroll3. Max = 255
End Sub
Private Sub Command1_Click()
Dim r As integer，g As integer，b As Integer
r = HScroll1. Value：g = HScroll2. Value：b = HScroll3. Value
Text1. BackColor = RGB(r，g，b)
End Sub
```

7)图片框

图片框(PictureBox)控件主要作用是显示图片、作为其他控件的容器、显示图形方法输出的图形、显示 Print 方法输出的文本。其作用和窗体相似，是在窗体中的小窗体。

(1)常用属性

图片框具有控件的常用属性。除常用的 Name、Enabled、Visible、Height、Width、Top、Left、BackColor、ForeColor、Font 等属性外，特别要关注的属性有：

①Picture 属性：用于设置图片框中要显示的图形文件(可以是含路径的文件名，类型可以是. jpg，. bmp，. gif)。可以在属性窗口设置 Picture 属性值，也可以在程序运行时用函数设置

Picture 属性值。

格式 1:将图形文件显示在图片框中。

图片框对象名. Picture=LoadPicture("图形文件名")

格式 2:清除图片框图像。

图片框对象名. Picture=LoadPicture

②AutoSize 属性:确定图片框如何与图形相适应。该属性为一个逻辑值:

False(默认):图片框控件的大小保持不变,超出控件区域的内容被裁剪掉;

True:图片框自动调整大小以显示整幅图形。

注意,当 AutoSzie=True 时,图片框尺寸的改变可能影响其他控件在窗体上的正常显示。

③CurrentX 和 CurrentY 属性:设置当前输出点的坐标。

(2)常用事件和方法

图片框也能响应 Click、DbClick、Resize 等事件,还能使用 Cls、Print、Move 等方法,在充当输出控件时与窗体有很多相通的特性。

8)图像框

图像框(Image)控件主要作用是显示图片,不能作为容器使用。

(1)常用属性

图像框具有控件的常用属性。除常用的 Name、Enabled、Visible、Height、Width、Top、Left、BackColor、ForeColor、Font 等属性外,特别要关注的属性有:

①Picture 属性:用于设置图片框中要显示的图形文件(可以是含路径的文件名,类型可以是.jpg,.bmp,.gif)。可以在属性窗口设置 Picture 属性值,也可以在程序运行时用函数设置 Picture 属性值,用法与图片框一样。

②Stretch 属性:使载入的图形与图像框如何相适应。该属性为一个逻辑值:

False(默认):图片的大小不变,图像框改变以适应图片大小。

True:图片自动调整大小,以适应图像框大小,此时图片会变形。

另外,图像框与图片框的另一个重要区别是它们对背景颜色的处理。图像框用来显示具有透明背景的.gif 图片时,能透过背景显示其容器上的内容。图片框则只能通过 BackColor 属性选择一种背景颜色,却无法使背景透明。因此,图像框更适合于表现画面的叠加和简单的动画。

(2)常用事件和方法

图像框也能响应很多事件,但实际应用中基本不使用。

3.2 选择结构程序设计

在 3.1 介绍了最简单的 VB 语言程序,机器执行语句的顺序就是语句书写的顺序,写在前面的语句先执行,写在后面的语句就后执行,这种程序结构叫顺序结构。只包含顺序结构的程序像流水账一样,只能解决简单的、顺序性的问题,而"计算税款问题"一类则会用到"选择结构"。

引例:根据税法,当某人月收入超过 3500 元时,超过部分应缴纳个人所得税。现假设按

5%纳税,要求写程序完成根据月收入 INCOME,计算应交税款 TAX 的程序。

分析:根据题意,得到税款计算公式,并书写计算税款的流程如图 3-16 所示:

$$tax=\begin{cases}0\ldots\ldots\ldots\ldots\ldots\ldots\ldots\ldots\ldots\ldots\ldots\ldots\ldots & income<3500\\(income-3500)*0.05\ldots\ldots\ldots\ldots\ldots\ldots & income\geqslant 3500\end{cases}$$

从流程图可以看出,问题求解的过程不再是顺序性的了,需要对输入的月收入 INCOME 进行判断,再决定按哪种方式计算其应该交纳的税款,出现了选择(分支)结构。为了描述选择结构,VB 语言提供了对应的能描述选择结构的语句。

If…Then

If…Then…Else

Select Case

选择结构的特点是:根据所给定的选择条件为真(即条件成立)与否,决定从不同操作分支中选择执行某一分支的相应操作,并且任何情况下均有"无论分支多寡,必择其一;纵然众多,仅选其一"的特征。

关于选择结构的意义及流程图的描述方法在《大学计算机基础》课程中已经讲过,这里不再赘述。

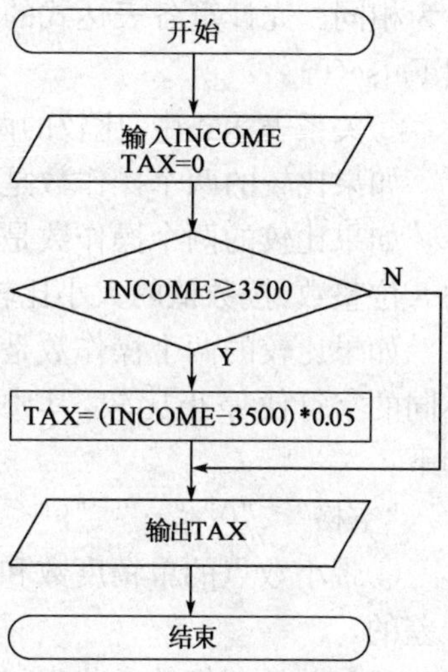

图 3-16　计算税款流程图

3.2.1　条件表达式

使用选择结构语句时,需要用"条件表达式"描述选择条件。条件表达式一般分为关系表达式和逻辑表达式两类。条件表达式的取值为逻辑值(也称为布尔值),即真(True)或假(Flase)。

在 VB 中,如果需要出现逻辑数的地方为一个整数,机器会自动进行转换:True 转换为数值-1,False 转换为数值 0。如果需要出现整数的地方为一个逻辑数,机器也会自动进行转换:非 0 转换为 True,0 转换为 Flase。

1)关系表达式

在条件表达式中,表示相等、不等、大于、小于等关系的运算称为关系运算或比较运算,用关系运算符把两个表达式连接起来的式子叫关系表达式。在 VB 中使用的关系运算符共有六种,如表 3-3 所示。

关系运算符　　表 3-3

运算符	名称	关系表达式示例	结果
<	小于	3<5	True
<=	小于或等于	"3"<="5"	True
>	大于	3>5	False
>=	大于或等于	3>=5	False
=	等于	"ab"="a"	False
<>	不等于	3<>5	True

说明：

①关系运算符的两侧可以是数值表达式、字符型表达式或日期型表达式，也可以是常量、变量或函数。

②关系表达式正确编译的条件是：关系运算符两侧表达式的数据类型相同或可以自动转换为相同。先计算各表达式的值，然后进行关系比较，若关系成立，则返回 True(－1)，否则返回 False(0)。

③关系表达式中，比较的两个操作数类型不同，比较的方式不同：

如果比较的两个操作数是数值型，则按其值的大小比较；

如果比较的两个操作数是日期型数据，将日期看成“yyyymmdd”(年 4 位、月 2 位、日 2 位)的 8 位整数，按数值的大小比较；

如果比较的两个操作数是字符型，则按字符的 ASCII 码值从左到右一一比较，一旦出现不同的字符便停止比较，其中 ASCII 码值大的字符所在的字符串大。常见字符值的大小如下：

"空格"＜"0"＜…＜"9"＜"A"＜…＜"Z"＜"a"＜…＜"z"＜"任何汉字"

④带小数点的单精度数和双精度数不能进行相等比较，因为计算机进行浮点运算总是有误差的。

⑤各关系运算符的优先级相同，运算时按其出现的顺序从左到右执行。

2)逻辑表达式

逻辑表达式也称为布尔表达式，是用逻辑运算符(也称为布尔运算符)连接若干关系表达式或逻辑值而构成的式子。例如，数学中的不等式：0≤x＜10，在 VB 程序中用关系表达式和逻辑表达式等价写为：x＞＝0 And x＜10。

VB 提供的逻辑运算符如表 3-4 所示。逻辑运算符中，只有 Not 是单目运算符(只有一个数参加运算)，其余都是双目运算符(有两个数参加运算)。

逻辑运算符 表 3-4

运算符	名称	说明	例子	结果
And	与	两个表达式均为真，结果才为真。两个表达式中只要有一个为假，结果为假	(4＞5) And (3＜4) (4＜5) And (3＜4)	False True
Or	或	两个表达式中只要有一个为真，结果为真。只有两个表达式均为假，结果才为假	(4＞5) Or (3＜4) (4＞5) Or (3＞4)	True False
Not	非	表达式为真，结果为假，表达式为假，结果为真，进行取“反”操作	Not(1＞0) Not(1＜0)	False True
Xor	异或	两个表达式的逻辑值不同时，结果为真。两个表达式的逻辑值相同时，结果为假	(4＞5) Xor (3＜4) (4＜5) Xor (3＜4)	True False

说明：

①逻辑运算符两侧都是数值数据，则将数值数据转换为二进制的补码数，1 表示真，0 表示假，进行按位逻辑运算，结果为一个十进制数。

例如，把各表达式中数值转换为 8 位二进制补码数，最高为符号位，0 表示正数，1 表示负数，则：

(10 And 7)相当于(00001010 And 00000111)，结果为00000010，即十进制数的2

(10 Or 7)相当于(00001010 Or 00000111)，结果为00001111，即十进制数的15

②如果在一个表达式中含有算术运算、字符串运算、关系运算和逻辑运算，则按运算符的优先级先作算术运算，其次作字符串运算，再作关系运算，最后作逻辑运算(参见表3-4)。

3)运算符的优先顺序

VB语言中各种运算符的优先顺序如表3-5所示。

运算符的优先顺序　　表3-5

优先顺序	运算符类型	运算符
1	算术运算符	^　(指数运算)
2		－　(负数运算)
3		*，/　(乘除运算)
4		\　(整数除法)
5		Mod　(求余数运算)
6		＋，－　(加减运算)
7		&，＋　(字符串连接运算)
8	关系运算符	＝，<>，<，>，<＝，>＝
9	布尔运算符	Not　(非运算)
10		And　(与运算)
11		Or，Xor(或运算，异或运算)

说明：

①同级运算按照它们从左到右出现的顺序进行计算。

②可以用括号改变优先顺序，强令表达式的某些部分优先执行。

③括号内的运算总是优先于括号外的运算，在括号内运算符的优先顺序不变。

例3-6　设变量x＝4，y＝－1，a＝7.5，b＝－6.2，求表达式x＋y>a＋b And Not y<b的值。

分析：可以用括号来说明表达式实际的运算顺序：

x＋y>a＋b And Not y<b运算顺序为：((x＋y)>(a＋b)) And (Not(y<b))

创建一个工程，为窗体编写一个Click事件过程输出该表达式的值，运行程序后，结果如图3-17所示。结果说明VB程序在执行时，是严格按规定的优先顺序执行各种运算操作的。

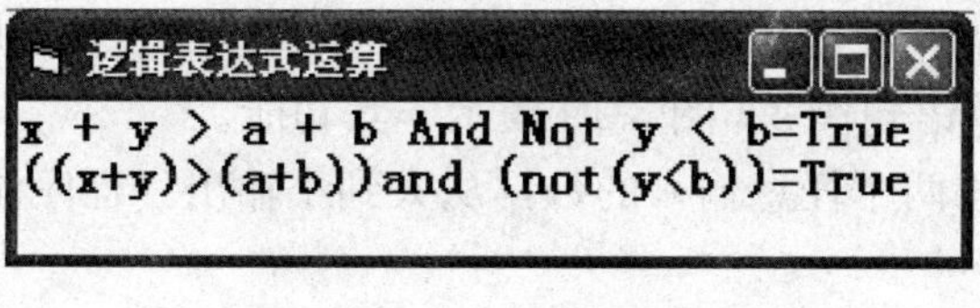

图3-17　例3-6程序的运行情况

```
Private Sub Form_Click()
x = 4: y = -1: a = 7.5: b = -6.2
```

```
Print "x + y > a + b And Not y < b="; x + y > a + b And Not y < b
Print "((x+y)>(a+b))and (not(y<b))="; ((x + y) > (a + b)) And (Not (y <
b))
End Sub
```

3.2.2 选择结构程序设计

选择(条件)语句可以实现包含选择结构的程序。下面讲解 VB 中提供的几种选择语句及其应用。

1)选择语句

(1)If…Then 语句

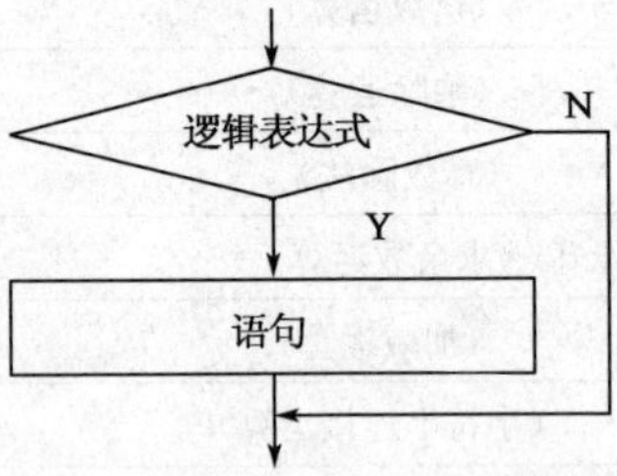

图 3-18 单分支结构语句功能

①单行结构格式

If 条件表达式 Then 语句

②块结构格式

```
If 条件表达式 Then
        语句块
End If
```

【功能】 计算“条件表达式”,如果为“真”,则执行“语句”。图 3-18 表示了其功能。

说明:这里的“条件表达式”可以是逻辑表达式、关系表达式或数值表达式。

当程序执行到该语句时,首先计算条件表达式的值,若条件表达式的值为 True,则执行 Then 后面的语句或语句块,否则(条件表达式的值为 False)直接执行下一语句(单行结构)或“End If”后的下一条语句(块结构)。

(2)If…Then…Else 语句

①单行结构格式

If 条件表达式 Then 语句 1 Else 语句 2

②块结构格式

```
If 条件表达式 Then
        语句块 1
Else
        语句块 2
End If
```

【功能】 首先计算条件表达式的值,如果值为 True,执行 Then 后面的语句块 1;如果值为 Fale,执行 Else 后面的语句块 2。图 3-19 表示了其功能。

例 3-7 编写程序,将两个任意输入的数据从大到小输出。程序流程如图 3-20 所示。

设计步骤:

①新建一个工程。在窗体上画两个文本框,用于输入两个数据;一个标签,用于输出结果;一个命令按钮。

②根据流程图编写代码,运行结果如图 3-21 所示。

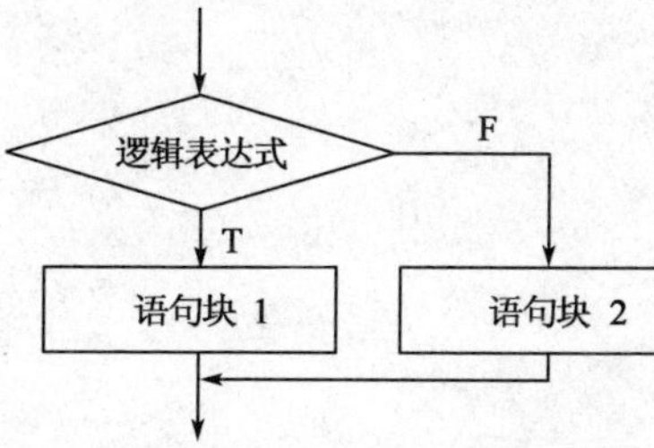

图 3-19　双分支结构语句功能

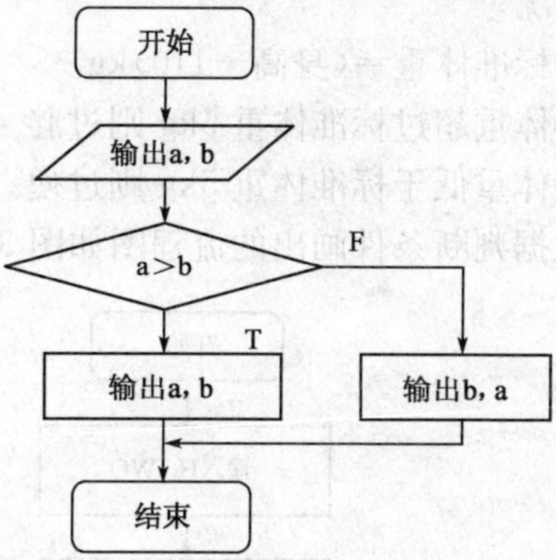

图 3-20　例 3-7 流程图

图 3-21　例 3-7 运行结果

```
Private Sub Command1_Click()
Dim a As Integer, b As Integer
a = Val(Text1. Text): b = Val(Text2. Text)
If a > b Then Label3. Caption = a & "   " & b Else Label3. Caption = b & "   " & a
End Sub
Private Sub Form_Load()
Form1. Caption = "将 2 个数从大到小输出"
Label1. Caption = "第一个数:":Label2. Caption = "第二个数:"
Text1. Text = "":Text2. Text = ""
Label3. Caption = ""
Label3. BorderStyle = 1
Command1. Caption = "从大到小输出"
End Sub
```

说明:程序中的 If…Then…Else 语句也可以换成块 If…Then…Else…End…If 结构。

(3)条件语句嵌套及多分支条件语句

为了在程序中实现多分支选择结构,在 VB 中可以嵌套使用 If 语句,以及带 Else、If 块的 If 语句,以方便处理一些较复杂的分支问题。

A. If 语句的嵌套

在 If 语句的语句块中含有 If 语句称为 If 语句嵌套。

例 3-8　判断肥胖问题。输入某人的身高(H,cm)和体重(W0,kg),按照下列方法判断其体重情况。

①标准体重=(身高-110)kg。

②体重超过标准体重 5kg 则过胖。

③体重低于标准体重 5kg 则过瘦。

根据判断条件画出的流程图如图 3-22 所示。

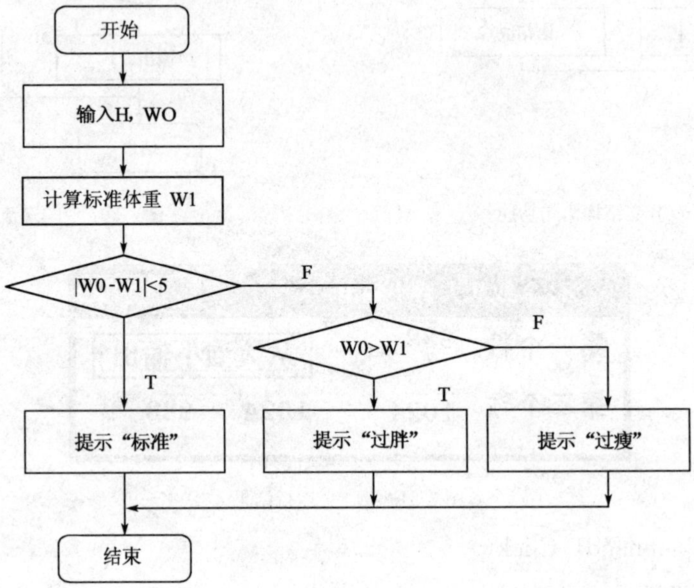

图 3-22　例 3-8 程序流程图

设计步骤：

①在窗体上画三个标签 Label1～Label3，两个显示说明信息，一个显示结果，且 Label3. BorderStyle = 1，一个命令按钮。

②编写 Command1_Click 事件过程如下。程序运行后结果如图 3-23 所示。

```
Private Sub Command1_Click()
h = Val(Text1. Text): W0 = Val(Text2. Text)
W1 = h - 110
If Abs(W0 - W1) < 5 Then
  MsgBox "标准身材", , "判断结果"
Else
  If W0 > W1 Then
    MsgBox "偏胖身材", , "判断结果"
  Else
   MsgBox "偏瘦身材", , "判断结果"
  End If
End If
End Sub
```

```
Private Sub Form_Load()
  Form1.Caption = "判断肥胖问题"        '以下的属性值也可以直接在属性窗口中设置
  Label1.Caption = "身高:"
  Label2.Caption = "体重:"
  Command1.Caption = "开始判断"
  Text1.Text = "": Text2.Text = ""
End Sub
```

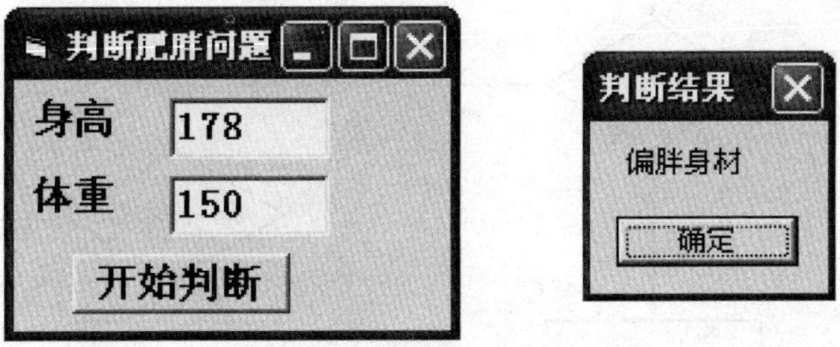

图 3-23　例 3-8 运行结果

说明：

①程序最外层的块 IF 结构中，Else 后的语句块又是一个两分支的块 If 结构。注意各自都有自己的 End If 出口语句。

②书写语句时为了区分嵌套的层次关系，最好将每一个内嵌的块 If 结构向右缩进几格，同一层的块 If 语句、Else 语句和 End If 语句对齐。

③使用块 If 嵌套结构时，一定要注意 If…Then 和 End If 语句的配对关系，如果嵌套层数多了就容易漏掉 End If 语句。其实，VB 语言对 ELSE 语句后再嵌套块 If 结构的形式提供了简化的语句，专门用于表示“否则，如果……”这种情况。

B. 带 ElseIf 的 If 语句的嵌套

【格式】

```
If 条件表达式 1 Then
      语句块 1
ElseIf 条件表达式 2 Then
      语句块 2
ElseIf 条件表达式 3 Then
      语句块 3
……
ElseIf 条件表达式 n-1 Then
      语句块 n-1
[Else
      语句块 n]
End If
```

【功能】　图 3-24 说明了带 ElseIf 的 If 语句的功能。

①程序依次测试各条件表达式 1、条件表达式 2、……执行第一个条件为真的语句块，

随后便执行 End If 之后的语句。如果条件表达式都为假，程序执行 Else 后面的[语句块n]。

②ElseIf 不能写成 Else If。

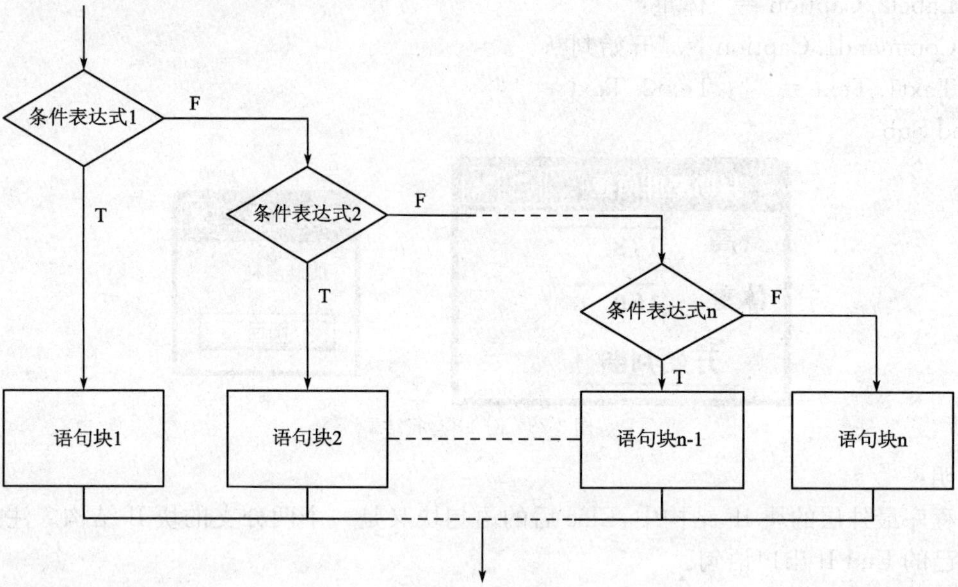

图 3-24　带 ElseIf 块多分支结构的流程图

说明：判断肥胖问题的 Command1_Click()事件过程也可以改写为不嵌套的 IF 语句，结果不变。

```
Private Sub Command1_Click()
h = Val(Text1.Text): W0 = Val(Text2.Text)
W1 = h - 110
If Abs(W0-W1) < 5 Then
  MsgBox "标准身材",, "判断结果"
ElseIf W0 > W1 Then                    '引入 ElseIf 语句后，取消嵌套
    MsgBox "偏胖身材",, "判断结果"
Else
   MsgBox "偏瘦身材",, "判断结果"
End If
End Sub
```

例 3-9　在文本框中输入一个字符，单击命令按钮后用消息框给出该字符是数字、字母或其他字符的提示。

设计步骤：

①在窗体上画一个标签、一个文本框、一个命令按钮。

②据求解问题的流程图 3-25，编写程序代码如下，运行结果如图 3-26 所示。

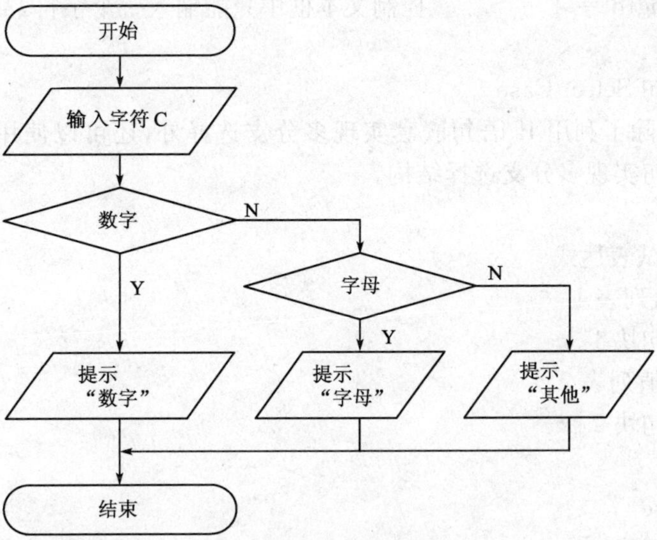

图 3-25 例 3-9 算法流程图

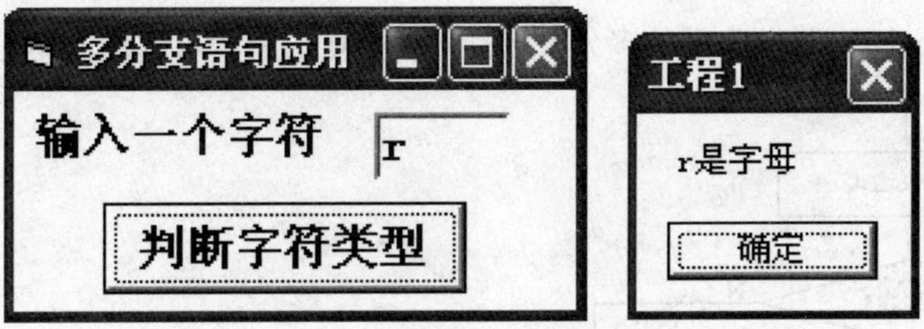

图 3-26 例 3-9 运行结果

```
Private Sub Command1_Click()
Dim c As String
c = Text1. Text                    '注意这里没有使用 val 函数,为什么?
If c >= "0" And c <= "9" Then
    MsgBox c & "是数字"
ElseIf c >= "a" And c <= "z" Or c >= "A" And c <= "Z" Then
    MsgBox c & "是字母"
Else
    MsgBox c & "是其他字符"
End If
End Sub
Private Sub Form_Load()
Form1. Caption = "多分支语句应用"
Label1. Caption = "输入一个字符:"
Command1. Caption = "判断字符类型"
Text1. Text = ""
```

```
Text1. MaxLength = 1          '控制文本框中只能输入一个字符
End Sub
```

2)情况选择语句 Select Case

在 VB 程序中,除了利用 If 语句嵌套实现多分支选择外,还可以使用更为方便的 Select Case(情况选择)语句实现多分支选择结构。

【格式】

```
Select Case 测试表达式
    Case 取值列表 1
        语句块 1
    [Case 取值列表 2
        语句块 2]
    ……
    [Case Else
        语句块 n]
End Select
```

【功能】 用 Select Case 实现的多分支选择结构操作的流程可以用图 3-27 描述。

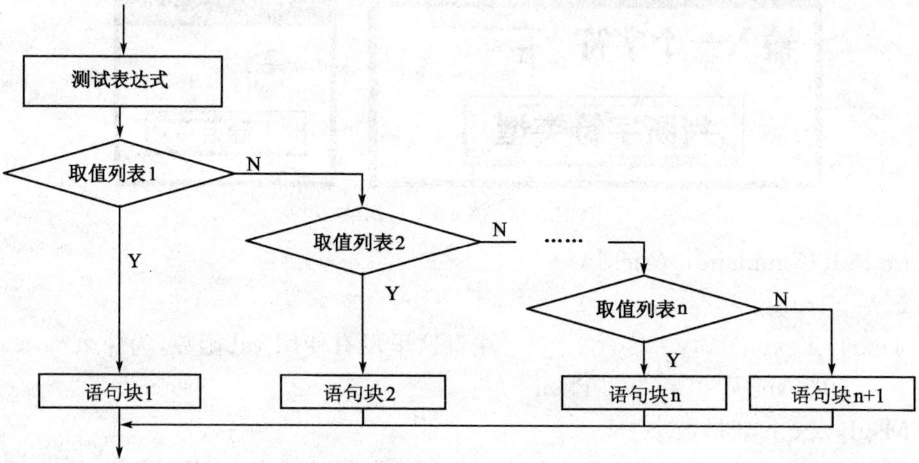

图 3-27 多条件多分支选择结构的流程

说明:

①Select Case 情况语句的执行过程:

依次检测各 Case 子句中的"取值列表 1"、"取值列表 2"、……、"取值列表 n",确定哪一个 Case 子句中的"取值列表"与"测试表达式"的值匹配,一旦遇到某个 Case 子句中的"取值列表"与之匹配便终止测试;

程序执行"取值列表"与"测试表达式"匹配的 Case 子句中的语句块;

跳过随后的所有 Case 子句,执行 End Select 之后的程序;

如果没有检测到与"测试表达式"匹配的"取值列表",在 Case Else 子句存在的情况下,程序执行其随后的语句块 n,若没有 Case Else 子句,则放弃所有 Case 子句,执行 End Select 之后的程序。

②“测试表达式”为必要参数，是任何数值表达式或字符串表达式。

③在 Case 子句中，“取值列表”为必要参数，是“测试表达式”可能取值的列表，用来测试其中的值是否与“测试表达式”的值匹配。

“取值列表”的格式有以下三种：

第一种，一组用逗号分隔的数值或字符串表达式的列表：

Case 表达式 1，表达式 2，……

各表达式取值之间是逻辑“Or”关系，在程序执行时，任何一个值与“测试表达式”的值相等，程序都执行该 Case 子句之后的语句块。

例如：Case 1，3，5

“测试表达式”值等于 1、3、5 中的任何一个数，程序都会执行随后的语句块。

第二种，使用 To 指定“取值列表”的取值范围：

Case 低值表达式 To 高值表达式

只要“测试表达式”的值在指定的低值与高值之间，程序便执行该 Case 子句之后的语句块。

例如：Case 30 To 70

“测试表达式”的值满足“30≤测试表达式≤70”，程序执行该 Case 子句后的语句块。

第三种，使用 Is 关系表达式，指定“测试表达式”值要满足的条件：

Case Is 关系运算符 表达式

这里的 Is 就是指的“测试表达式”，检测“测试表达式”是否满足该关系，即关系表达式的值为 True，程序执行该 Case 子句后的语句块。

例如：Case Is<10

表示“测试表达式”的值小于 10，程序执行该 Case 子句后的语句块。

例 3-10 可以用 Select Case 语句改写例 3-9，程序如下：

```
Private Sub Command1_Click()
Dim c As String
c = Text1. Text
Select Case c                    '获得的字符作为比较的对象
  Case "0" To "9"                '如果该字符是 0～9 的数字字符
    MsgBox c & "是数字"
  Case "a" To "z", "A" To "Z"    '如果该字符是小写或大写的字母
    MsgBox c & "是字母"
  Case Else                      '如果该字符是其他字符
    MsgBox c & "是其他字符"
End Select
End Sub
Private Sub Form_Load()
Form1. Caption = "情况语句应用"
Label1. Caption = "输入一个字符："
Command1. Caption = "判断字符类型"
```

```
Text1.Text = ""
Text1.MaxLength = 1
End Sub
```

程序功能不变,但语句精练许多。读者也可以将例 3-8 判断肥胖问题改写为 Select Case 语句书写的程序。

3)IIf 函数

VB 语言还提供了能描述双分支关系的 IIf 函数。

【格式】 IIf(条件表达式,“真”的返回值,“假”的返回值)

【功能】 函数分别返回“条件表达式”为真和为假时的取值。“真返回值”和“假返回值”可以是任何表达式。

4)配合选择程序的控件

如果程序需要提供选项让用户选择,可以利用 VB 提供的单选按钮和复选框等控件,在选择程序中配合这些有选择功能的控件设计出友好、方便的界面。

(1)框架

框架(Frame)控件是容器控件,可以对窗体中各种功能控件进一步分组摆放。例如,将各种选项按钮控件分隔开,使其各组之间的选择操作不相互影响。

框架使用最多的属性是 Name、Caption 和 Font,能响应 Click 和 DblClick 事件。

说明:

①框架控件主要对控件进行分组,一般不会响应它的事件。

②用框架控件对其他控件分组时,要先绘出框架控件,再绘制框架内部的其他控件。这样在移动框架的时候,可以同时移动它包含的控件。

(2)单选按钮

单选按钮(OptionButton)是一个标有文字说明的圆圈“○”,选中后圆圈中出现一个黑点;单选按钮必须成组出现,用户在一组单选按钮中必须选择一项,并且最多只能选择一项。

①常用属性

单选按钮(OptionButton)除常用的 Name、Enabled、Visible、Height、Width、Top、Left、BackColor、ForeColor、Font 等属性外,特别要关注的属性有:

Value 属性:返回或设置 OptionButton 控件的选择状态,该属性值为逻辑值:

True　　表示已选择该按钮

False　　表示没有选择该按钮(缺省值)

Alignment 属性:决定 OptionButton 控件中的文本与控钮的位置关系。该属性取值为:

vbLeftJustify　0　　文本在右边,控件钮在左边(缺省值)

vbRightJustify　1　　文本在左边,控件钮在右边

Caption 属性:设置单选按钮边上的文本标题。默认值为 Option1、Option2、……

Style 属性:设置单选按钮的外观,在程序运行时是只读的,只能在设计时设置,其值为:

VbButtonStandard　0　　标准方式,显示为带标签的选项按钮(缺省的)

VbButtonGraphical　1　　图形方式,显示为上下切换的按钮(表示选中与否)

②常用事件

单选按钮最常用的事件是 Click。当程序运行时单击单选按钮，或在代码中改变单选按钮的 Value 属性值（从 False 改为 True），将触发 Click 事件。

例 3-11　利用单选按钮设计如图 3-28 所示功能的程序。要求单击某个单选按钮时，文本框内的文字就变成相应字号大小。

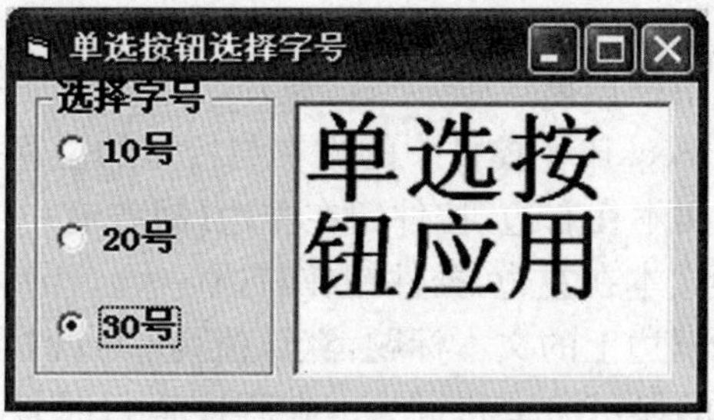

图 3-28　例 3-11 运行结果

设计步骤：

①在窗体上画一个框架，然后在框架中画三个单选按钮、一个文本框，将文本框的 MultiLine 设置为 true。

②编写 Option1、Option2、Option3 的 Click 事件过程如下：

```
Private Sub Form_Load()
Form1. Caption = "单选按钮选择字号"
Frame1. Caption = "选择字号"
Text1. Text = "单选按钮应用"
Option1. Caption = "10 号":Option2. Caption = "20 号":Option3. Caption = "30 号"
End Sub
Private Sub Option1_Click()
Text1. FontSize = 10
End Sub
Private Sub Option2_Click()
Text1. FontSize = 20
End Sub
Private Sub Option3_Click()
Text1. FontSize = 30
End Sub
```

程序运行后，单击某个单选按钮，则文本框中文字将变成相应字号大小。

(3)复选框

复选框(CheckBox)又称为选择框或检查框，它是一个标有文字说明的方框“□”，选中它后方框中出现打钩标记“√”，未选中则为空。利用复选框可以列出供用户选择的多个选择项，用户根据需要选中其中的一项或多项，也可以一项都不选。

复选框控件与单选按钮控件在使用方面的主要区别是：在一组单选按钮控件中只能选中一项，而且必须选择一项；而在一组复选框控件中，可以同时选中多个选项，也可以一项都不选。

①常用属性

复选框(CheckBox)除常用的 Name、Enabled、Visible、Height、Width、Top、Left、BackColor、ForeColor、Font 等属性外,特别要关注的属性有:

Value 属性:返回或设置 CheckBox 控件的状态。该属性有三种取值:

0　没有被选中(缺省值)

1　已被选中

2　变灰(变暗),禁止用户选择

Alignment 属性:决定 CheckBox 控件中的文本与控钮的位置关系。该属性的取值为:

VbLeftJustify　0　文本在右边,控件钮在左边(缺省值)

VbRightJustify　1　文本在左边,控件钮在右边

Caption 属性:设置复选框边上的文本标题,默认值为 Check1、Check2、……

Style 属性:设置复选框的显示类型和行为。在程序运行时是只读的,只能在设计阶段时设置。Checkbox 控件 Style 属性的设置值为:

VbButtonStandard　0　标准方式,显示为带标签的复选框(缺省的)

VbButtonGraphical　1　图形方式,显示为能上下切换按钮(表示选中与否)

②常用事件

复选框与单选按钮一样,最常用的事件是 Click。程序运行时单击复选框,或在代码中改变复选框的 Value 属性值(从 0 改为 1),都将触发 Click 事件。

例 3-12　用复选框控制文本框中显示文字的格式,如图 3-29 所示。

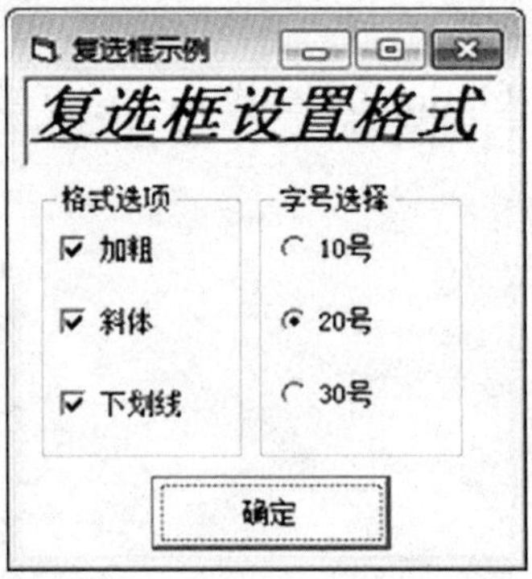

图 3-29　复选框的使用情况

设计步骤:

①在窗体上画两个框架,然后在框架中分别画三个复选框和三个单选按钮、一个文本框、一个命令按钮。

②编写命令按钮的 Click 事件过程如下:

```
Private Sub Command1_Click()
Select Case True
  Case Option1. Value
    Text1. FontSize = 10
  Case Option2. Value
```

```
        Text1.FontSize = 20
    Case Option3.Value
        Text1.FontSize = 30
End Select
If Check1.Value = 1 Then Text1.FontBold = True Else Text1.FontBold = False
If Check2.Value = 1 Then Text1.FontItalic = True Else Text1.FontItalic = False
If Check3.Value = 1 Then Text1.FontUnderline = True Else Text1.FontUnderline =
            False End Sub
Private Sub Form_Load()
Form1.Caption = "复选框示例"
Text1.Text = "复选框设置格式"
Frame1.Caption = "格式选项"
Check1.Caption = "加粗":Check2.Caption = "斜体":Check3.Caption = "下划线"
Frame2.Caption = "字号选择"
Option1.Caption = "10 号":Option2.Caption = "20 号":Option3.Caption = "30 号"
Command1.Caption = "确定"
End Sub
```

说明：

在 Command1_Click 过程中，由于字号选择是单项的，故使用 Select Case 语句在多个选择中必选一项且只选一项。而加粗、斜体、下划线等格式可以同时出现多项，并且也可以一项也不出现，故使用顺序的双分支语句设置，某项的出现与其他项是否出现没有任何关系。由此，也提醒读者对复选框编写程序时应特别注意这个问题。

(4)计时器控件

计(定)时器(Timer)是 VB 工具箱中的一个标准控件，默认的 Name(名称)为 Timer1、Timer2、……计(定)时器(Timer)的特点主要有两点：

在设计时显示为一个小时钟图标，其大小是不能改变的，程序运行时不会在窗体上显示。

每隔一定时间间隔自动产生一次计时(Timer)事件。

①常用属性

Interval 属性：用于设置或返回计时器控件在两个 Timer 事件之间的时间间隔，其值以毫秒为单位。

Enabled 属性：确定计时器是否可用。当取值为 True(默认值)时，计时器工作；当取值为 False 时，计时器会停止工作。

说明：

计时间隔 Interval 的取值在 0～64767(包括这两个数值)，这意味着即使是最长的间隔也不比一分钟长多少(大约 64.8 秒)。当该属性设置为 0 时，计时器停止工作。

间隔并不一定十分准确。系统每秒生成 18 个时钟信号，所以即使用毫秒衡量 Interval 属性，间隔实际的精确度不会超过 1/18 秒。

②事件

计时器控件只响应 Timer 事件。也就是说，计时器控件在每间隔一个 Interval 设定时间后，自动触发一次 Timer 事件。应用计时器控件的程序，都要编写 Timer 事件过程。

例 3-13　设计程序，定时改变窗体的背景色。

设计步骤：

①在窗体上画一个计时器 Timer1，计时器控件 Timer1 可以放在窗体的任何位置。

②编写程序代码如下。

```
Private Sub Form_Load()
  Me.Caption = "定时改变窗体背景色"
  Timer1.Interval = 1000
End Sub
Private Sub Timer1_Timer()
Dim color As Integer
Randomize
color = Int(Rnd * 16)                    '随机产生颜色参数
Form1.BackColor = QBColor(color)
End Sub
```

运行程序后，窗体的背景色将自动定时地改变。本例中，产生的颜色参数值控制在 0～15，是因为 QBColor 函数要求在此区间，详细内容请查阅 VB 中颜色值的附录。

说明：凡是使用计时器控件，必定要设置 Interval 属性的值和编写 Timer 事件过程代码。

例 3-14　设计程序实现标签中文字自动改变大小的效果，且标签在窗体上始终水平居中，如图 3-30 所示。

图 3-30　文字自动放大和缩小

(1)创建一个工程，在窗体上画一个标签 Label1 和一个计时器控件 Timer1。

(2)在通用段定义窗体级的变量 x，保存字号减小或增大的标志，编写窗体的 Load 事件过程，设置变量的初值和控件的有关属性。代码如下：

```
Dim x As Integer, f As Integer              'f 是标志放大或缩小状态的变量
Private Sub Form_Load()
   x = 50: f = -1                           '初始字号为 50,要求缩小
   Me.Caption = "文字自动变大小"
Timer1.Interval = 100                       '每 1/10 秒发生一次 Timer 事件
   Label1.AutoSize = True
   Label1.FontSize = x
   Label1.Caption = "有趣的计时器"
   Label1.BorderStyle = 1
```

```
    Label1.Left = (Me.ScaleWidth - Label1.Width) / 2 '把标签放置在窗体的中间
    Label1.Top = (Me.ScaleHeight - Label1.Height) / 2
End Sub
Private Sub Timer1_Timer()
    Select Case f
        Case -1
            If x > 10 Then x = x - 1 Else f = 1   '如果是缩小状态且字号大于10则继续
                                                   缩小,否则要求字号增大
        Case 1
            If x < 70 Then x = x + 1 Else f = -1  '如果是增大状态且字号小于70则继
                                                   续增大,否则要求字号缩小
    End Select
    Label1.FontSize = x
    Label1.Left = (Me.ScaleWidth - Label1.Width) / 2  '重新调整标签在窗体上的位
                                                       置
    Label1.Top = (Me.ScaleHeight - Label1.Height) / 2
End Sub
```

说明：

①为了使存放字号的变量 x 和存放字号增大或减小标志的变量 f，在各次 Timer 事件过程中连续变化，必须在代码编辑窗口的通用段声明这两个变量，使这两个变量成为在窗体代码窗口中各过程共享的窗体级（模块级）变量，否则程序将不能达到预期的效果。

②本例题也可以利用两个计时器控件实现，取消标志变量，但需要书写两个 Timer 事件，部分代码会重复书写，可能会繁琐些。代码如下：

```
Dim x As Integer
Private Sub Form_Load()
    x = 50: Timer2.Enabled = True: Timer1.Enabled = False'初始字号为50,要求缩
                                                           小
    Me.Caption = "文字自动变大小"
    Timer1.Interval = 100: Timer2.Interval = 100   '每1/10秒改变一次大小
    Label1.AutoSize = True
    Label1.FontSize = x
    Label1.Caption = "有趣的计时器"
    Label1.BorderStyle = 1
    Label1.Left = (Me.ScaleWidth - Label1.Width) / 2 '把标签放置在窗体的中间
    Label1.Top = (Me.ScaleHeight - Label1.Height) / 2
End Sub
Private Sub Timer1_Timer()
    If x < 70 Then          '如果是增大状态且字号小于70则继续增大,否则要求字号缩小
```

```
    x = x + 1
  Else
    Timer2.Enabled = True: Timer1.Enabled = False   End If
  Label1.FontSize = x
  Label1.Left = (Me.ScaleWidth - Label1.Width) / 2   '重新调整标签在窗体上的位置
  Label1.Top = (Me.ScaleHeight - Label1.Height) / 2
End Sub
Private Sub Timer2_Timer()
If x > 10 Then        '如果是缩小状态且字号大于10则继续缩小,否则要求字号增大
  x = x - 1
Else
  Timer1.Enabled = True: Timer2.Enabled = False
End If
Label1.FontSize = x
Label1.Left = (Me.ScaleWidth - Label1.Width) / 2   '重新调整标签在窗体上的位置
Label1.Top = (Me.ScaleHeight - Label1.Height) / 2
End Sub
```

3.3 循环结构程序设计

顺序结构和选择结构部分讲述的所有程序,每发一次执行程序的命令就只能处理一个(或一组)数据,如果需要处理多个(或多组)数据势必只能一次又一次地发执行程序的命令,这就失去了用计算机处理问题的优势。其实可以在程序中安排控制重复执行一组指令(或一个程序段),这种操作称为循环操作。导致循环操作的语句结构叫循环结构。

循环结构分为无条件循环和有条件循环。无条件循环就是无休止地反复执行一个程序段,而有条件循环就是每次执行程序段之前需要根据设置的条件判断是否继续循环。

3.3.1 循环结构及循环程序

循环结构有两个特点:一是有一个重复操作的程序块或语句组,称为循环体;二是能根据设定的条件满足否选择继续进入循环体操作,或是不满足时退出循环体终止循环操作,称为循环出口设置。

程序对循环体的操作只能是有限次的,如果程序对循环体的操作不能终止,就是所谓的"死循环",会导致程序无法正常执行结束,这是设计程序时必须避免的。

例 3-15 已知数列的第一、第二项均为1,从第三项开始,以后各项的值均为其前两项之和,写程序输出该数列的前10项值或末项的值超过10^4为止。

分析:设a表示第1项,b表示第2项,c表示第3项,可以用递推法不断得到后面各项,具体过程如下:

次 数	a 的 值	b 的 值	c 的 值
初始	1	1	0
第 1 次	1	1	2
第 2 次	1	2	3
第 3 次	2	3	5
第 4 次	3	5	8
…	…	…	…

用流程图表示此过程如图 3-31 所示。

从流程图看，为了得到要求的数列项，经过不断递推得到新的第一、第二项，可以顺利得到新的第三项，周而复始，可以得到数列的若干项。问题是何时结束程序呢？在图上确实也没有“结束”框。显然根据这样的流程图写出的程序会出现“死循环”，这是设计程序时必须解决的问题之一。

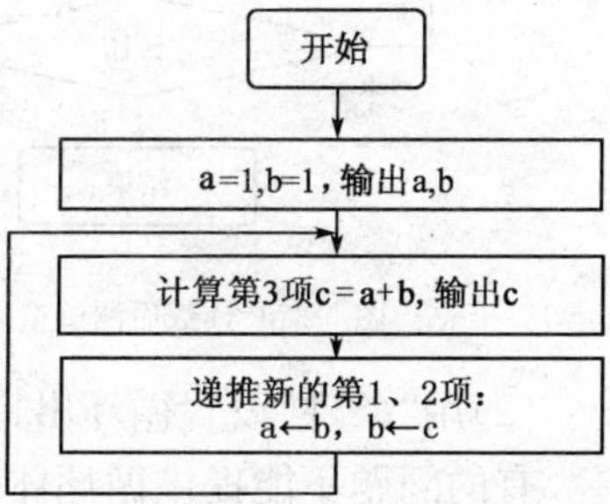

图 3-31 产生数列项的流程

解决程序“死循环”的办法就是采用“条件循环”，即根据问题提供的条件为循环结构人为“设置出口”，当问题得到解答后程序自动结束，退出程序执行状态，返回操作系统。

1)设计循环结构的基本原理

通过分析例 3-14，可以总结出构造循环结构的三个要素：

①初始化。为进入循环结构作好准备，对变量赋初值。

②设计循环体。常用的方法是递推、迭代、穷举。

③设置循环出口。采用“计数”或“设置条件”等方法。

在面对实际问题时，首先要弄清楚需做的“循环体”工作是什么，怎么控制循环体执行的次数，哪些工作应该在循环体外做准备。本节将通过例子进行说明。

(1)用“计数”方法设置循环出口

如果题目中已经提供了“循环体”将要循环的次数 n，则可以使用“计数”的方式为循环结构设置出口，具体方法如下：

任意设置一个变量 I(当然也可以是其他变量)作为计数器，I 的初值设为 0，每执行一次“循环体”，计数器就计数一次(I=I+1)，然后判断 I 的值是否已经达到 n(是否已经计满?)，如果没有计满则返回“循环体”继续执行，否则不再返回“循环体”，直接跳出循环结构。计数器的值逐步递增称为“正向计数”。如果将 I 的初值设为 n，然后 I 的值逐步递减，直到 I 的值变为 0，则称为“反向计数”。

对例 3-14 提出的“产生数列前 10 项”，则可以用计数方式为循环结构设置出口，避免出现“死循环”。

设计数器 I=0，画出流程图如图 3-32 和图 3-33 所示的判断过程。这两个流程都能自动地控制产生数列的前 10 项。

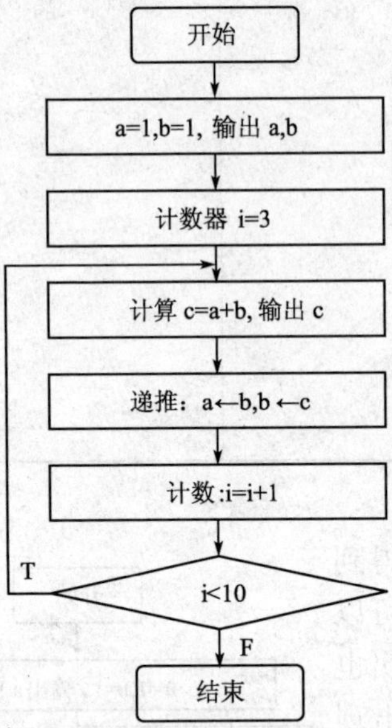

图 3-32　计数后测试型循环

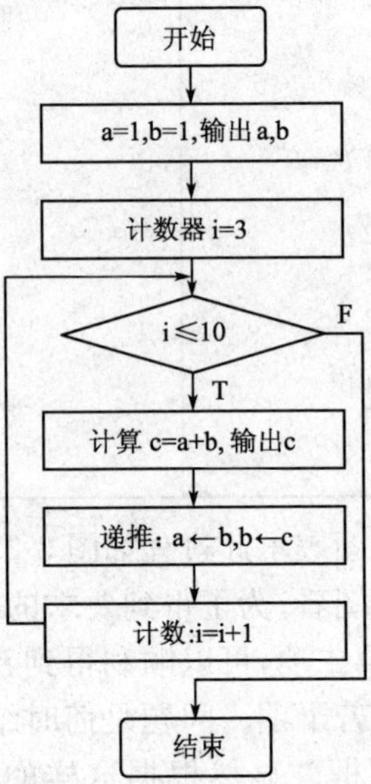

图 3-33　计数前测试型循环

(2)用“条件”设置循环出口

有的问题不能提供循环体执行的次数，程序设计者可以针对问题的特点人为设置“条件”，约定其作为跳出循环结构的信号。

假设例 3-14 改为要求末项的值超过 10^4 为止。由于不知道将产生多少数据项，则可以用条件“末项的值超过 10^4”作为控制循环结束的依据。流程图如图 3-34 和图 3-35 所示。

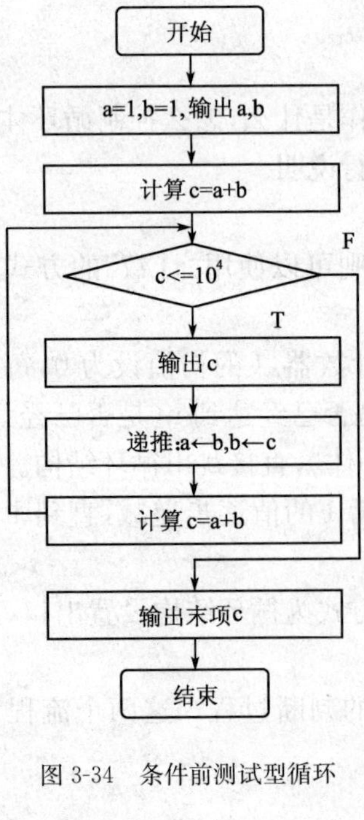

图 3-34　条件前测试型循环

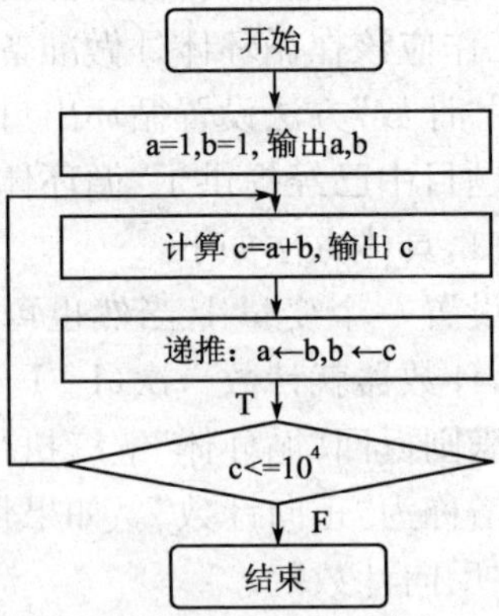

图 3-35　条件后测试型循环

2)用循环语句书写循环程序

为了描述循环结构,可以用 VB 语言的分支和转向语句书写出循环程序。例如,图 3-34 所示功能的程序如下:

```
Private Sub Form_Click()
  a = 1: b = 1
  Print a; b;
  c = a + b
lop:  If c <= 10000# Then
        Print c;
        a = b: b = c
        c = a + b
        GoTo lop
     End If
     Printc
End Sub
```

其中,lop 称为语句标号,用于指示语句位置;GoTo lop 称为转向语句,功能为转向 lop 所指语句去执行。但在实际应用中,几乎不用这种方式书写循环程序,所有计算机语言均提供了专门的描述循环结构的循环语句。利用循环语句可以更简捷地书写循环程序,免去书写判断、转向语句的麻烦。

(1)While…Wend 循环语句

【格式】　While 条件
　　　　　　循环体
　　　　Wend

【功能】　当条件成立(为 True)时,执行循环体的操作;当条件不成立(为 False)时,终止循环体的操作。用流程图描述如图 3-36 所示。

利用 While…Wend 语句可以将图 3-34 所示功能程序修改如下:

```
Private Sub Form_Click()
  Dim a As single, b As single, c As Single
  a = 1: b = 1
  Print a; b;
  c = a + b
  While c <= 10000#
        Print c;
        a = b: b = c
        c = a + b
  Wend
  Printc
End Sub
```

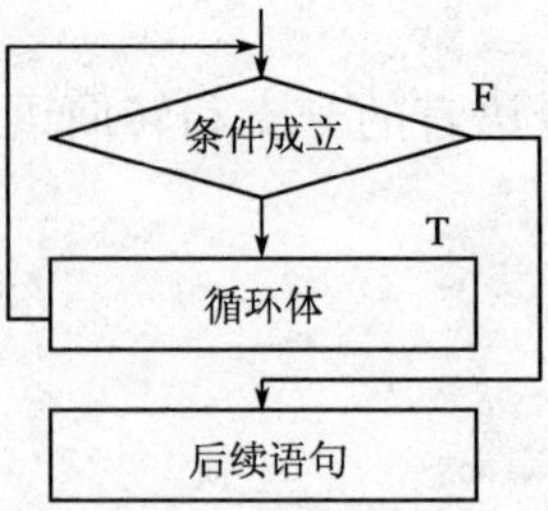

图 3-36　While…Wend 语句功能

(2)Do…Loop 循环语句

VB 提供的 Do…Loop 循环语句具有完整的语法格式,能实现各种形式的循环程序。细分起来,Do…Loop 循环语句共有五种语法格式,下面分别介绍它们。

①无条件循环型

【格式】 Do

　　　　　循环体

　　　　Loop

【功能】 语句功能用流程图描述如图 3-37 所示。

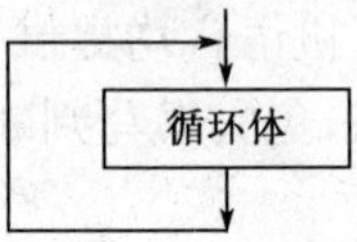

图 3-37　无条件循环

说明:由于该语句结构无条件重复执行循环体中的操作,使程序无法正常结束。为了避免发生此类情况,可以在循环体中通过 If 语句测试循环操作的结束条件,当条件满足时,用 Exit Do 语句退出循环操作,执行 Loop 语句后的语句。

②当型循环

前测试型	后测试型
[格式]　Do Until　条件 　　　　　循环体 　　　Loop	[格式]　Do 　　　　　循环体 　　　Loop　Until　条件

当型循环语句的功能如图 3-38 所示。

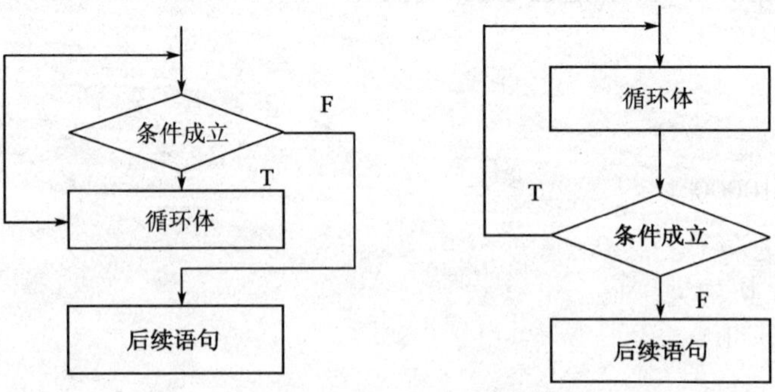

图 3-38　当型循环功能流程图

“当条件成立(True)时,执行循环体的操作;当条件不成立(False)时,终止循环操作”。所以带“While 条件”的 Do…Loop 循环语句结构称为当型循环。前测试型结构在每次执行循环体的操作之前测试条件，称为当型循环前测试型。后测试型结构是在每次循环体的操作执行完之后才测试条件，称为当型循环后测试型。

实际上，前测试型的 Do While…Loop 和 While…Wend 语句功能是相同的，只是 Do While…Loop 语句中允许用 Exit Do 语句退出循环操作，而 While…Wend 语句不行。

比较流程图结构，可以看到图 3-32 的流程图可以用 Do…Loop While 后测试型语句翻译如下：

```
Private Sub Form_Click()
  a = 1: b = 1
  Print a; b;
  i = 3
  Do
        c = a + b
        Print c;
        a = b: b = c
        i = i + 1
  Loop While i < 10
End Sub
```

显然，不管 Do…Loop While 语句中条件是否成立，循环体的操作至少被执行一次。

③直到型循环

前测试型	后测试型
[格式]　Do Until　条件 　　　　循环体 　　Loop	[格式]　Do 　　　　循环体 　　Loop　Until　条件

Do Until…Loop 语句中给出的条件是终止循环操作的条件，即：当条件不成立(Fasle)时，执行循环体的操作；直到条件成立(True)时，才终止循环操作。带“Until 条件”的 Do…Loop 循环语句结构称为直到型循环。前测试型在程序每次执行循环体的操作之前，首先测试条件，称为直到型循环前测试型。后测试型是在每次循环体的操作执行完之后才测试条件，称为直到型循环后测试型(图 3-39)。

显然，不管 Do…Loop Until 语句中条件是否成立，循环体的操作至少被执行一次。

其实，对于采用“计数”方式设置循环出口的“当型前测试型”循环结构，VB 语言还专门提供了一个循环语句来对应描述，这就是下面要介绍的 For 循环结构语句。

(3)For…Next 循环语句

如果知道要执行的循环操作次数，或间接知道要执行循环操作的次数，这样的循环程序常用 For…Next 语句实现。

【格式】　For v=e1 To e2 [Step e3]
　　　　　　循环体
　　　　Next [v]

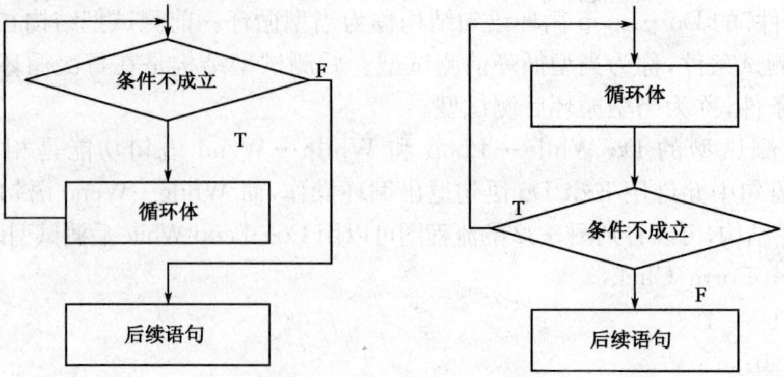

图 3-39　直到型循环功能流程图

【功能】 For…Next 语句的功能可用图 3-40 所示的流程图描述。

说明：

For…Next 语句组成了一种循环结构，必须成对出现，For 语句必须在 Next 语句之前。

For 语句中的循环变量与 Next 语句中的循环变量必须为同一变量，Next 语句中的循环变量可以省略。若 e3 为＋1，则“Step1”可以省略。

e1、e2 和 e3 都是数值表达式，是循环的初值、终值和步长值。

如果 e3＞0，则为递增循环，图中的“v 不超过 e2”，意义为“v≤e2”；

如果 e3＜0，则为递减循环，图中的“v 不超过 e2”，意义为“v≥e2”；

如果 e3＝0，将出现死循环。

可以在循环体中的任何位置放置 Exit for 语句，随时退出循环操作。

对照 For…Next 语句功能，例 3-14 产生数列问题的几种方法中，只有图 3-33 可以用 For…Next 语句翻译程序如下：

```
Private Sub Form_Click()
  a = 1: b = 1
  Print a; b;
  For i = 3 To 10
    c = a + b
    Print c;
    a = b: b = c
  Next i
End Sub
```

For…Next 语句将计数器初始化、循环条件判断和计数器递增 3 个工作都包含在语句中了，书写的循环程序结构清晰，简捷。

3)循环程序设计综合举例

本节将用例子说明构造循环结构时完成循环体的组织、设置循环出口的方法和初始化工作设置。

例 3-16　求 $\sum_{n=1}^{100} n$，即求 S＝1＋2＋3＋4＋…＋100

分析：这是一个等差数列求和的问题，如果使用等差数列求和公式当然可以很轻松地求出结果，但是现在不用公式，而是采用循环结构程序解决。

解决“求和”问题，往往采用“累加”的方式。

可以设置一个累加器 S，初值为 0。循环体的操作为“得到一个加数 N，完成累加 S＝S＋N”，循环体执行的次数为 100（用“计数”方式设置循环出口），计数器的初值为 0（表示一次都没累加）。在循环体内只要变化加数 N，累加操作的对象也随之变化。

根据上述思路，画出流程图如图 3-41 所示。由于每次要得到的加数就是当前的 I，因此循环变量的当前值也是加数。另外，如果将循环次数通过 InputBox 函数在执行程序时确定，可以将这个程序修改成更具有通用性。利用 For…Next 语句可以写出对应程序如下：

```
Private Sub Form_Click()
Dim s As Single, n As integer, i As Integer
s = 0
n = Val(InputBox("输入 n:"))        '用键盘读数方式获得加数的个数
For i = 1 To n
s = s + i                          '累加求和
Next i
Print s
End Sub
```

执行程序时，如果输入的 n＝100，则 s＝1＋2＋3＋…＋100，如果输入的 n＝500，则 s＝1＋2＋3＋…. ＋500。

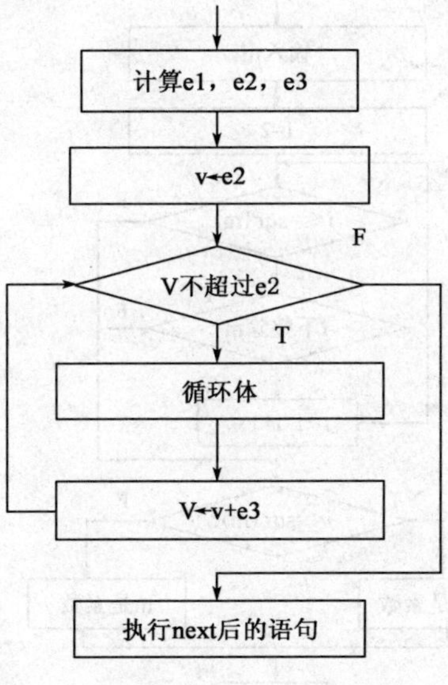

图 3-40　For…Next 语句执行过程

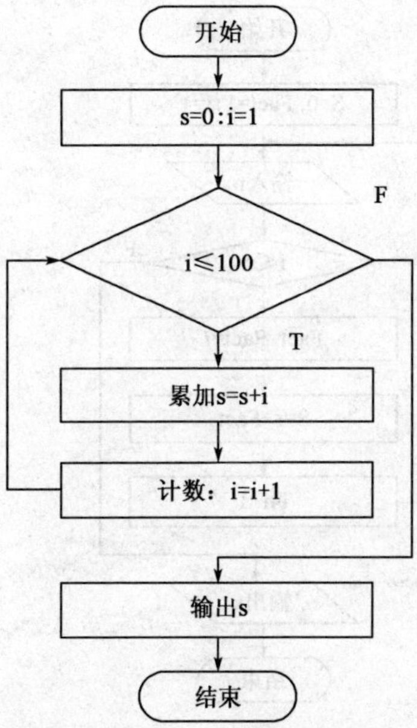

图 3-41　例 3-16 程序流程图

例 3-17　求$\sum_{n=1}^{100} n!$

分析：这也是一个求和问题，只是加数的获得需做点工作。仍然可以设置一个累加器 s=0，由于 2！=1！＊2、3！=2！＊3，因此采用递推方式可以依次得到加数项 1!、2!、…、100!，故设加数项 FACT=1。循环体的工作是“得到加数项，求和”。循环体循环的次数是 100 次。

画出流程图如图 3-42 所示。VB 语言程序代码如下：

```
Private Sub Form_Click()
Dim n As integer, i As Integer
s = 0: fact = 1
n = Val(InputBox("请输入 n:"))          '输入求和的项数
For i = 1 To n
  fact = fact * i                       '获得加数项
  s = s + fact
Next i
Print s
End Sub
```

如果要将输入改为从文本框获得数据，在标签中显示结果，可以自己写出程序试一试。

例 3-18　判断键盘输入的数 m 是否为素数。

分析：根据数学知识，整数 m 如果是素数，则它只能有 1 和 m 两个约数。换一种说法，整数 m 是否素数，可以考察它是否能被 2、3、…、m－1 整除，如果 2、3、…、m－1 都不能整除 m，则 m 是素数，否则 m 不是素数。另外，根据数的特性，可以只考察 2，3，…，m/2 或$\sqrt{m}$。画出流程图如图 3-43 所示。

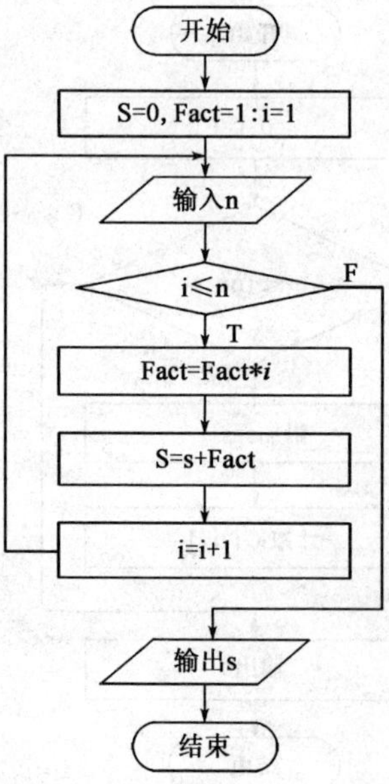

图 3-42　例 3-17 程序流程图

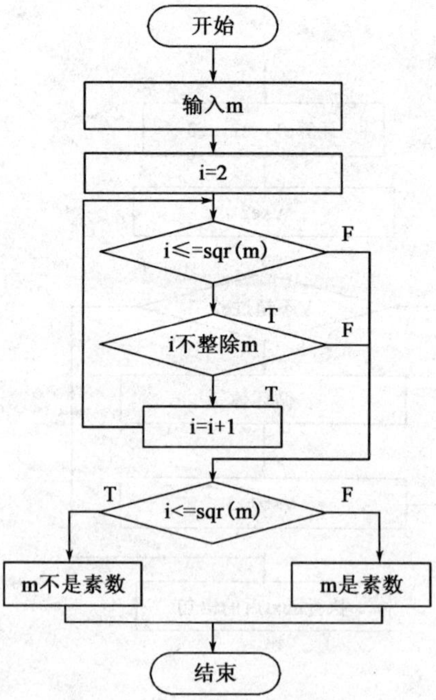

图 3-43　判断素数的流程图

从图 3-43 可以看出，当发现某个数 i 是 m 的约数时将不再继续循环(非正常出口，此时还有未考察到的数)，直接跳出循环结构。由于循环结构出现了两个出口，为了判断是哪个出口出来的，所以紧接着还要判断一次，如果此时"i≤k"成立，说明找到了 m 的一个约数，是非正常出口出来的，m 不是素数，否则 m 是素数。

书写 VB 程序代码如下：

```
Private Sub Form_Load()
Form1. Caption = "判断素数"
Frame1. Caption = "请输入一个大于 2 的整数"
Command1. Caption = "开始判断"
End Sub
Private Sub Command1_Click()
Dim m As Integer
m = Val(Text1. Text)
For i = 2 To Int(Sqr(m))
    If m Mod i = 0 Then Exit For    'm 被某个数整除，不是素数，结束循环
Next
If i <= Sqr(m) Then                 'm 已经被某数整除，不是素数
    Label1. Caption = m & "不是一个素数。"
Else
    Label1. Caption = m & "是一个素数。"
End If
Text1. SetFocus
End Sub
Private Sub Text1_GotFocus()
  Text1. SelStart = 0
  Text1. SelLength = Len(Text1. Text)
End Sub
```

例 3-19 按格式打印如图 3-44 所示的"九九表"。

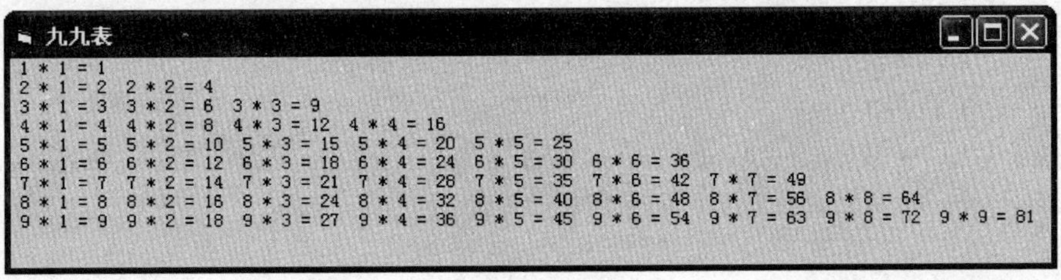

图 3-44 九九表

每个算式中的第一个乘数用 i 表示，则 i=1～9，表示一共有 9 行，处于外层循环；算式中的第二个乘数用 j 表示，则 j=1、2、…、i，表示每一行有 1、2、…、i 列，处于内层循环。配合格式输出，写出程序如下：

```
Private Sub Form_Click()
For i = 1 To 9
For j = 1 To i
  Print i; "*"; j; "="; i * j;   '以分号(;)结束,控制不换行
Next j
Print                            '输出空行,取消"不换行"的控制
Next i
End Sub
Private Sub Form_Load()
Form1.Caption = "九九表"
End Sub
```

循环嵌套结构的意义很简单,也很容易掌握。在循环嵌套结构中,外层循环执行一次,内层循环变量的值就要从头至尾变化一圈。如果外层循环的次数是 r1 的话,则内层循环体就要做 r1 圈,所以内层循环体的执行次数,应该是其所有外层循环次数与内层循环次数的乘积值。

在循环嵌套结构中,内层、外层的概念是相对的,第一层循环是第二层循环的外层,第二层循环又是第三层循环的外层。搞清楚基本的循环结构执行过程,要处理多层循环结构也就比较容易了。

例 3-20 搬砖问题。36 块砖,36 人搬;男搬 4,女搬 3,两个小孩抬一砖。要求一次搬完,问男、女、小孩各多少?

分析:设男士 x 人,女士 y 人,小孩 z 人。根据题意可以得到方程式:

$x+y+z=36$

$4x+3y+z/2=36$

3 个未知数、2 个方程式,这是一个不定方程组,应该有多组解,无法用数学方法解,只能拿所有可能的 X、Y、Z 值(即采用"穷举"的办法)一个一个地去试,看是否满足上面的方程组,满足则得到一组解。

根据题意可知 x 的取值范围为 0~9,y 的取值范围为 0~12,z 的取值范围为 0~72。利用三重循环可以罗列出所有的取值组合。

```
Private Sub Form_Click()
For x = 0 To 9
For y = 0 To 12
  For z = 0 To 72
    If (x + y + z = 36 And 4 * x + 3 * y + z / 2 = 36) Then Print x, y, z
  Next z
Next y
Next x
End Sub
```

程序逻辑简单易懂,但运行效率很低,因为循环体中 If 语句执行次数高达 10×13×73=949 次。可以发现,当 x,y 的取值确定以后,z 的取值就可以用 z=36-x-y 算出,从而可以减

少一层循环，再将作为“条件”的方程变换为 8x+6y+z=72，可以保证只有偶数的 z 才有可能被选中。程序修改如下：

```
Private Sub Form_Click()
For x = 0 To 9
For y = 0 To 12
    z = 36 - x - y
    If 8 * x + 6 * y + z = 72 Then Print x, y, z
Next y
Next x
End Sub
```

内层的循环体为两个语句，执行的次数为 10×13=130 次，提高了效率。可见只要对问题稍做分析，便可写出更优质的程序。

例 3-21　设我国人口 2006 年统计为 12.9 亿，如果年增长率为 r，问从 2006 年起经过几年人口会翻一番。

分析：设人口初值为 p=12.9，可以用递推方法设计循环体，依次推出经过一年后、二年后、……、n 年后的人口值。由于循环的次数不知道，所以用条件“人口达到或超过 2＊12.9 亿”作为控制循环结束的条件。流程图如图 3-45 所示。使用 Do While…Loop 语句书写程序如下：

```
Private Sub command1_click()
p = 12.9: year = 0
r = Val(Text1.Text)
Do
p = p * (1 + r)
year = year + 1
Loop While p < 2 * 12.9
Label1.Caption = "经过" & year & "年人口会翻一番"
End Sub
Private Sub Form_Load()
Form1.Caption = "人口问题"
Frame1.Caption = "输入增长率"
Command1.Caption = "计算"
End Sub
```

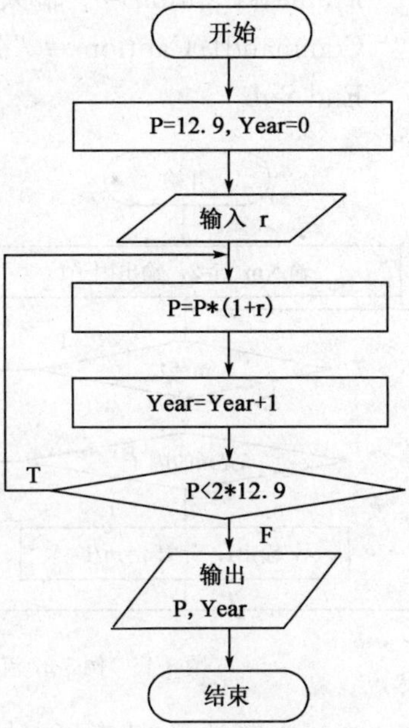

图 3-45　例 3-21 程序流程图

例 3-22　输入一个自然数，要求打印出各因子。例如，输入 24，则输出：24=1×2×2×2×3。

分析：分解一个数的各个因子，可以从 2 开始去除该数，如果 2 是它的因子则输出 2，并且不改变除数继续去除，直到 2 不是它的因子，然后用 3 去除，依次类推。循环考察该数是否还有因子的条件是：该数不等于 1。流程图如图 3-46 所示。根据流程图结构，使用 Do While…Loop 语句写出程序如下，程序运行结果如图 3-47 所示。

```
Private Sub command1_Click()
Dim str As String
str = ""
m = Val(Text1.Text)
i = 2
str = m & "=" & 1
Do While m <> 1
   If m Mod i = 0 Then
      str = str & "*" & i
      m = m \ i
   Else
      i = i + 1
   End If
Loop
Label1.Caption = str
End Sub
Private Sub Form_Load()
Form1.Caption = "将正整数分解成因子的积"
Frame1.Caption = "输入正整数"
Command1.Caption = "分解"
End Sub
```

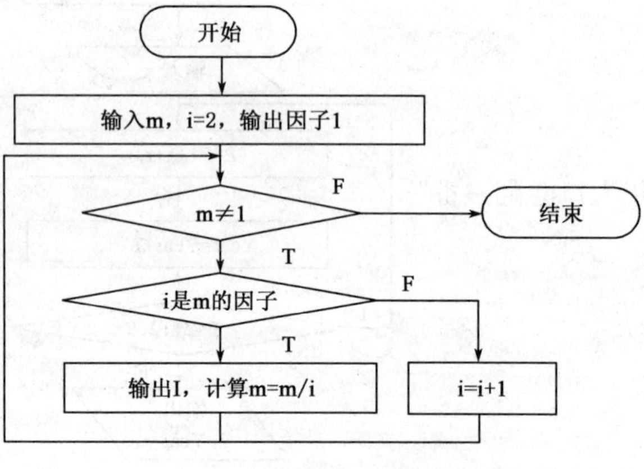

图 3-46　例 3-22 流程图

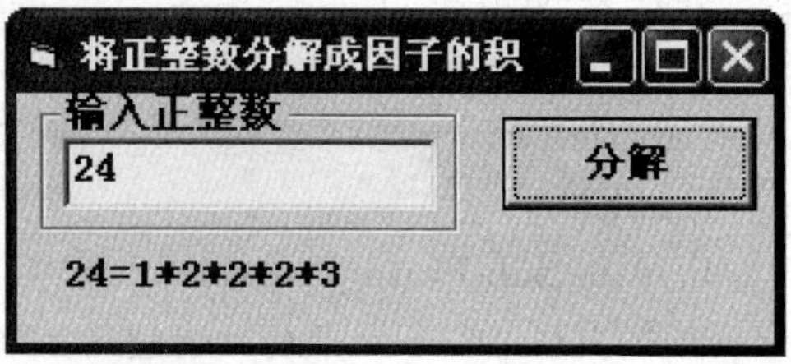

图 3-47　例 3-22 运行结果

通过本节学习，读者可以体会到，循环程序设计包含两步工作：

第一步是设计循环结构，第二步是用语句将循环结构翻译成程序。前者是解决问题的根本，后者是解决问题的形式。如果读者熟悉其他计算机程序设计语言，只要理解了语句的功能，也可以将解决问题的流程图翻译成其他语言的程序，照样能让计算机运行。

循环结构程序设计是程序设计技术的具体体现，对于每个初学者来说都是一个难点。学习过程中可以通过阅读程序(或流程图),慢慢领会构造循环结构的方法,然后试着编写一些简单程序。遇到问题时从循环结构的三个要素入手考虑构造循环结构的方法,通过练习逐步掌握本节内容,为深入学习后续内容打下基础。

3.4 列表框和组合框控件

使用列表框(ListBox),可以制作选择数据项的滚动列表。组合框(ComboBox)则是将文本框和列表框的功能结合在一起,可通过在组合框中输入文本选定项目,也可从列表中选定项目。

3.4.1 列表框

列表框控件显示一个项目列表,让用户从其中选择一项或多项。如果项目总数超过了可显示的空间,列表框会自动添加滚动条。列表框最主要的特点是只能从其中选择,而不能直接写入或修改其中的内容,因此,它能满足从现有选项中快速选择数据项的要求。

列表框内的项目称为表项,表项的加入是按一定的顺序号进行的,这个顺序号称为该表项的索引(号)。

1)常用属性

(1)Name 属性:设置控件对象的名称。列表框的默认名称为 List1、List2,……

(2)List 属性:这是一个字符型(String)数组,用于存放列表框的表项。该属性引用的格式为:

object.List(index)[= string]

其中:

object 一个列表框对象名称;

index 列表中具体某一项的索引号;

string 字符串表达式,指定列表项目。

List 数组的下标(index)规定从 0 开始,也就是说,第一个元素的下标是 0。可以在设计状态通过如图 3-48 所示的属性窗口添加数据项,每输入一项按 Ctrl+Enter 键换行,全部输入完后按 Enter 键,所输入的数据项将会出现在列表框中。

图 3-48 list 属性值的输入

(3)ListIndex 属性:返回或设置控件中当前选择项目的索引(号),在窗体设计时不可用,只能在程序中设置和引用。若未选定任何项目,则 ListIndex 的值为-1。

表达式 List(List1.ListIndex)返回当前在列表框 List1 中选择项目的字符串。若选中列表中的第一项,则 ListIndex = 0。

(4)ListCount 属性:返回控件列表项目的个数。该属性只能在程序中设置和引用。列表中最后一个元素的索引号 index=ListCount-1。

(5)Selected 属性:返回或设置在 ListBox 控件中的一个表项的选择状态。该属性是一个与 List 属性一样、有相同项数的布尔值数组。在窗体设计时是不可用的。引用格式为：

object. Selected(index)[= boolean]

其中：

object　列表框对象名称；

index　控件中数据项的索引号；

boolean 一个用来指定数据项是否被选中的布尔表达式。该属性值为 True 表示 index 指定的表项被选中，为 False(缺省值)表示该表项没有被选中。

(6)Sorted 属性：返回一个布尔值，指定控件的元素是否自动按字母表顺序排序。该属性只能在设计状态设置。当值为：

True 列表中的项目按字符码顺序排序。

False　(缺省值)列表中的项目不按字母表顺序排序。

(7)Text 属性：存放在 ListBox 的列表框中选定项目的文本，返回值与表达式 List(ListIndex)的返回值相同。该属性为只读属性。

(8)MultiSelect 属性：返回或设置一个值，该值指示是否能够在 ListBox 控件中进行复选以及如何进行复选。在运行时是只读的。其设置值为：

0　(缺省值)不允许复选。

1　简单复选。鼠标单击或按下 SpaceBar(空格键)在列表中选中或取消选中项(箭头键移动焦点)。

2　扩展复选。按下 Shift 键并单击鼠标，或按下 Shift 键以及一个箭头键(上箭头、下箭头、左箭头和右箭头)将在以前选中项的基础上扩展选择到当前选中项。按下 Ctrl 并单击鼠标可以在列表中选中或取消选中项。

(9)Style 属性：确定控件的样式。该属性值为：

VbListBoxStandard　0　(缺省值)标准形式，为简单的文本项的列表。

VbListBoxCheckbox 1 复选框形式，每一个文本项的旁边都有一个复选框。

2)常用事件

列表框最常发生的事件是 Click、DblClick。注意，如在程序运行时向属性 ListIndex 赋值，也将触发列表框的 Click 事件。

3)方法

列表框中的数据项可以在设计时通过 List 属性设置，也可以在程序中用 AddItem 方法添加，用 RemoveItem 或 Clear 方法删除。

(1)AddItem 方法：用于将项目添加到 ListBox 控件的列表中。语法格式为：

object. AddItem item[,index]

其中：

object 列表框对象名称；

item　一个字符串表达式，用以指定添加到该对象的项目；

index　一个整数，用以指定新项目或行在该对象中的位置(顺序号)。

说明：如果所给出的 index 值有效，则 item 将放置在 object 中相应的位置。如果省略 index，当 Sorted 属性设置为 True 时，item 将添加到恰当的排序位置；当 Sorted 属性设置为

False时,item将添加到列表的尾部。

(2)RemoveItem方法:从ListBox控件中删除一个表项。语法格式为:

object. RemoveItem index

其中:

object 列表对象名称;

index 一个整数,指定要删除的项或行在对象中的位置(顺序号)。

(3)Clear方法:用于清除ListBox的内容,语法格式为:

object. Clear

4)列表框表项的输出

输出列表框中的表项,有3种常用方法:

(1)用鼠标单击列表框内某一表项,则该表项值存放在Text属性中。例如:

x=List1. Text '把选定的表项值存放在变量x中

或者:

x=List1. List(List1. ListIndex)

(2)指定索引号以获取表项的内容。例如:

List1. ListIndex=4

x=List1. Text

或者:

x=List1. List(4)

例3-23 求出1000~1100的所有素数,并从大到小显示在列表框中。程序运行结果如图3-49所示。

```
Private Sub Form_Load()
   Frame1.Caption = "1100到1000的素数"
   Command1.Caption = "计算"
   List1.Clear                    '用clear方法清空列表框
End Sub
Private Sub Command1_Click()
  For n = 1099 To 1000 Step -2
      For i = 2 To Int(Sqr(n))
          If n Mod i = 0 Then Exit For
     Next
     If i > Sqr(n) Then
          List1.AddItem n
     End If
  Next
End Sub
```

说明:输出批量数据时,列表框比文本框更方便、简单。直接使用AddItem方法将数据添加到列表框即可。

例 3-24 选择和移动数据,用户界面如图 3-50 所示。窗体上有两个标签、两个列表框和两个命令按钮。左边列表框(List1)列出 10～99 的整数,右边列表框(List2)列出被选中的数。程序运行时,按“选项右移”或“选项左移”可将已选择项移动到右边或左边列表框。

图 3-49 用列表框输出批量数据

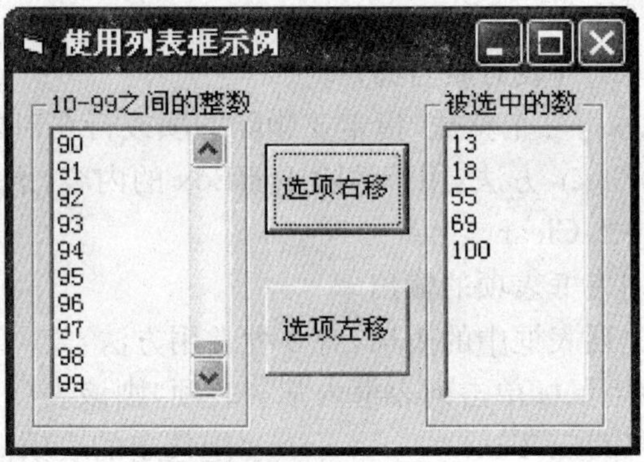

图 3-50 列表框应用示例

(1)为了简化程序,在窗体的 Activate 事件过程中产生 10～99 的整数。

(2)编写程序代码如下:

```
Private Sub Command1_Click()       '选项右移
k = 0
Do While k < List1. ListCount      '第 i 项被选中
  If List1. Selected(k) Then      '被选中项移到右边列表框
     List2. AddItem List1. List(k) '从左边列表框中移除被选中项
     List1. RemoveItem (k)
  Else
     k = k + 1
  End If
Loop
End Sub
Private Sub Command2_Click()
k = 0
Do While k < List2. ListCount
  If List2. Selected(k) Then
     List1. AddItem List2. List(k)
     List2. RemoveItem (k)
  Else
     k = k + 1
  End If
Loop
End Sub
Private Sub Form_Activate()
```

```
Form1.Caption = "使用列表框示例":Frame1.Caption = "10—99 的整数"
Frame2.Caption = "被选中的数"
Command1.Caption = "选项右移":Command2.Caption = "选项左移"
For i = 1 To 100
   List1.AddItem i
Next i
End Sub
```

3.4.2 组合框(ComboBox)

组合框是输入控件中使用相当广泛的一种,比文本框规范,比列表框灵活,节省窗体的空间。用户可通过在组合框中输入文本选定项目,也可从列表中选定项目。用组合框进行规范化的输入是一个很好的途径。

组合框具有列表框和文本框的大部分属性和方法,还有一些自己的属性。

组合框用 3 种样式,每种样式都可在设计或运行时用 Style 属性设置,而且每种样式都可用数值或符号常数进行设置。这 3 种样式的 Style 设置值为:

下拉式组合框	0	vbComboDropDown
简单组合框	1	vbComboSimple
下拉式列表框	2	vbComboDropDownList

1)下拉式组合框(Dropdown Combo)

在缺省设置 (Style = 0) 下,组合框为下拉式组合框,在屏幕上只显示文本编辑框和一个下拉箭头。用户可以(象在文本框中一样)直接输入文本,也可单击组合框右侧的附带箭头打开选项列表。可以认为控件由一个文本框和一个下拉列表组成。选定的数据项将显示在组合框顶端的文本部分中。当控件获得焦点时,也可按 ALT+↓键打开列表。

2) 简单组合框

如果 Style 属性设置为 1,组合框为简单组合框样式,顶部是一个文本框(没有下拉的箭头),可以输入数据,下面便是一个列表框,不能收起。

3) 下拉式列表框

如果 Style 属性设置为 2,组合框为下拉式列表框,外观象下拉式组合框,功能与单纯的列表框相似,它只显示数据项目的列表,用户只能选择数据项,不能输入数据项(它没有文本框部分)。

3.5 进 度 条

进度条控件(ProgressBar)常用于监视一个较长时间操作完成的进度,通过从左到右的方块或直条填充形式表示操作处理的进度。

进度条不能直接在工具箱中找到,要选菜单"工程"→"部件",在"控件"选项卡下选择 Microsoft Windows Common Controls 5.0(6.0)→"确定",则工具箱中会添加更多控件类,ProgressBar 就在其中。进度条与滚动条的使用大致相同,常用重要属性如下:

Min、Max:进度条的起点和终点值;

Value:进度条的填充值;

Visible:进度条是否可见;

Align:进度条在容器中的位置,0 为任意,1 为顶部,2 为底部,3 为左部,4 为右部;

Orientation:进度条以水平放置(0)或垂直放置(1);

Scrolling:填充方式为虚线(方块)填充(0)或实线(条状)填充(1)。

ProgressBar 控件主要表现一个冗长工作的行程和当前位置。行程代表该操作的整个持续时间,由 Max 、Min 的值确定。当前位置则代表应用程序在完成该工作时的进度,由 Value 属性表明。

如果用方块填充,则由进度条的 Height 和 Width 决定方块的数量和大小。方块数量越多,控件就越能精确地描述操作进度。为了增加显示方块的数量,需要减少控件的 Height 或增加 Width。BorderStyle 属性的设置值同样影响方块的数量和大小。为了适应边框要求,方块尽可能要更小一点。任一时刻所填充的方块数只能是接近当前 Value 值。

例 3-25 制作一个进度条。程序运行界面如图 3-51 所示。

```
Private Sub Command1_Click()
With ProgressBar1  '为 ProgressBar1 设置属性值
.Min = 1        '设置最小值
.Max = 10000 '设置最大值
.Visible = True
.Value = 1 '设置进度值为 min
End With
For i = 1 To 10000     '从 1-25000 进行处理
  ProgressBar1.Value = i           'Value 属性值依次为 1、2、…、25000
  If i Mod 100 = 0 Then           '显示进度条完成的比例情况
    Picture1.Cls: Picture1.FontSize = 15
    Picture1.CurrentX = 0
    Picture1.CurrentY = 0
    Picture1.Print Format(ProgressBar1.Value / 10000, "00%") '以百分比形式显示
    进度
  End If
Next i
ProgressBar1.Visible = False '进度条完成后隐藏
End Sub
Private Sub Form_Load()
ProgressBar1.Visible = False
ProgressBar1.Scrolling = 1
End Sub
```

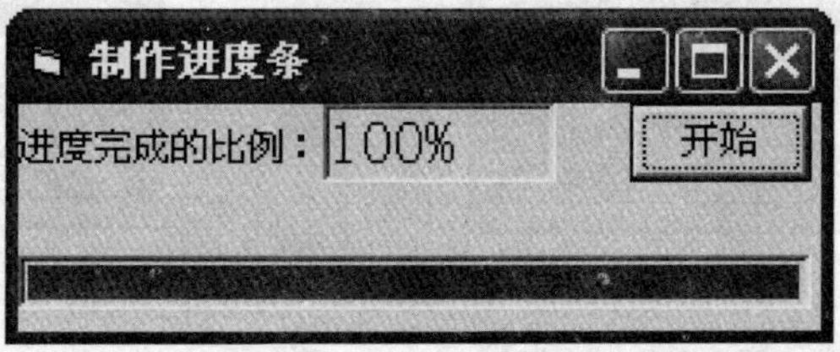

图 3-51 进度条应用示例

习 题

一、单项选择题

1. 语句 s＝s＋1 的正确含义是(　　)。

A. 变量 s 的值与 s＋1 的值相等

B. 将变量 s 的值存到 s＋1 中去

C. 将变量 s 的值加 1 后赋给变量 s

D. 变量 s 的值为 1

2. 语句 Print "Sqr(16)＝";Sqr(16)的输出结果为(　　)。

A. Sqr(16)＝Sqr(16)　　B. Sqr(16)＝4

C. "4＝"4　　D. 4＝Sqr(16)

3. 设 a＝"12",b＝"34",下列语句能显示"34－12"的是(　　)。

A. Print Val(b)－Val(a)

B. Print b－a

C. Print b;Chr(45);a

D. Print Asc(a) & "－" & Asc(b)

4. 以下程序段的输出结果是(　　)

```
x = "ABC": y = "abc"
m = LCase(x): n = UCase(y)
Print Mid(m + n, 3, 2)
```

A. Ca　　B. cA

C. cea　　D. ca

5. 设有语句：Label1. Caption＝InputBox("输入标题","新标题","旧标题"),执行后,在输入对话框中不输入内容就直接按下回车键,则(　　)。

A. 标签 Labell 的标题内容是“新标题”

B. 标签 Labell 的标题内容是“旧标题”

C. 标签 Labell 的标题内容不能确定

D. 标签 Labell 的标题内容为空白

6. 执行语句 M = MsgBox("结束运行吗?", vbYesNoCancel + vbQuestion)时,显示的消息框是(　　)。

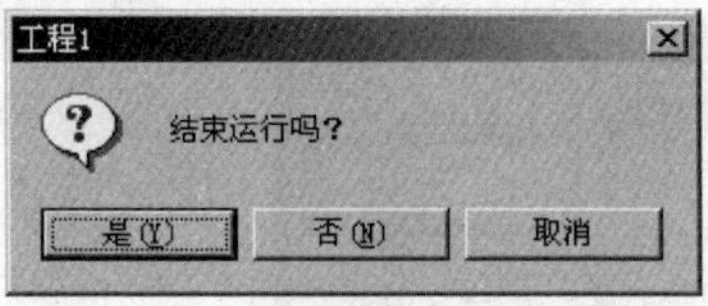

A.

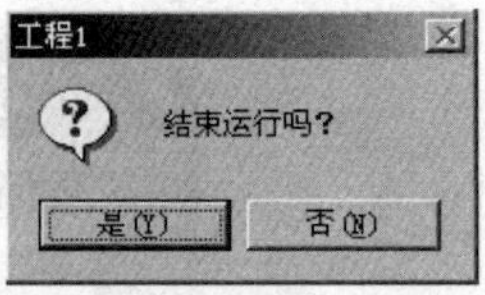

B.

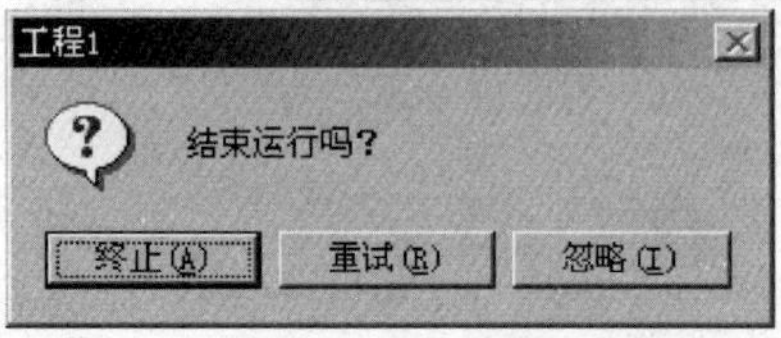

C.

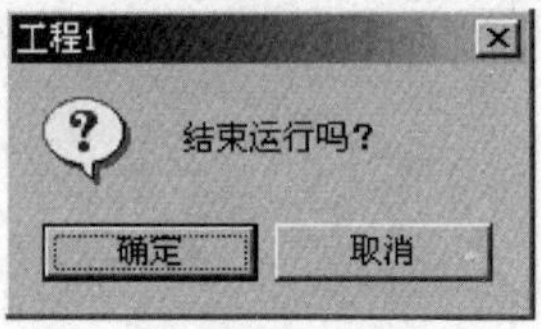

D.

7. 能够产生下图所示对话框的正确 VB 语句是(　　)。

A. x = InputBox("请输入一个整数:+ vbCrLf + (10－99 之间)", "计算", 10)

B. x = InputBox("请输入一个整数:" + vbCrLf + "(10－99 之间)", "计算", 10)

C. x = InputBox("请输入一个整数:(10－99 之间)" + vbCrLf, "计算", 10)

D. x = InputBox("请输入一个整数:(10－99 之间) + vbCrLf ", "计算", 10)

8. 程序运行时,要使文本框(TextBox)获得焦点,则需使用(　　)方法。

A. Change　　B. SetFocus　　C. GotFocus　　D. Move

9. 在窗体上画出一个名为 HScroll1 的水平滚动条和一个名为 Label1 的标签。要想通过改变滚动条滑块的位置来调节标签中显示文字的大小,可满足此功能的语句是(　　)。

A. Label1. FontName = HScroll1. Max　　B. Label1. FontSize = HScroll1. Min

C. Label1. FontSize = HScroll1. Value　　D. Label1. FontBold = HScroll1. Value

10. 为了使文本框(TextBox)能够显示多行文字,必须设置的关键属性是(　　)。

A. MaxLength>0　　B. MultiLine=True

C. ScrollBars=Both　　D. BorderStyle=None

11. 单击滚动条两端的任一个滚动箭头,将触发该滚动条的(　　)事件。

A. Scroll　　B. KeyDown　　C. Change　　D. DragOver

12. 标签和文本框都可以显示文本,它们的主要区别是:(　　)中文本是只读文本,(　　)中的文本为可编辑文本。

A. 标签;文本框　　B. 文本框;标签

C. 标签;标签　　D. 文本框;文本框

13. 描述条件"a 是大于 b 的奇数"的逻辑表达式是(　　)。

A. a > b And Int((a - 1) / 2) = (a - 1) / 2

B. a > b Or Int((a - 1) / 2) = (a - 1) / 2

C. a > b And a Mod 2 = 0

D. a > b Or (a - 1) Mod 2 = 0

14. 表示条件“X 是大于等于 5，且小于 95 的数”的条件表达式是（　　）。

A. 5 <= X < 95　　　　B. 5 <= X, X < 95

C. X >= 5 And X < 95　　　　D. X >= 5 而且　x < 95

15. 执行语句 Check1. Value = 1 之后，复选框 Check1 的状态应为（　　）。

A. 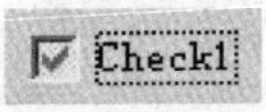

B. 

C. 

D. 出错

16. 设置计时器 Timer1 触发的时间间隔为 0. 5 秒，应将 Timer1 的 Interval 属性置为（　　）。

A. 0. 5　　　　B. 5　　　　C. 500　　　　D. 5000

二、分析下面的程序段，写出输出结果

1. 下列程序段的执行结果是：

```
x = 2: y = 1
If x * y < 1 Then y = y - 1 Else y = y + x
Print y - x > 0
```

2. 下列程序段的执行结果是：

```
a = "abcde": b = "cdefg"
c = Right(a, 3): d = Mid(b, 2, 3)
If c < d Then y = c + d Else y = d + c
Print y
```

3. 下列程序段的执行结果是：

```
a = 0: b = 1
a = a + b: b = a + b
Print a; b
a = a + b: b = a + b
Print a; b
a = b - a: b = b - a
Print a; b
```

4. 下列程序段的执行结果是：

```
  x = -3
If Abs(x) <= 2 Then x = x - 1 Else x = x + 8
Select Case x
  Case Is < 5
        x = x + 1
  Case 5 To 10
```

```
        x = x + 2
    Case Else
        x = x + 3
    End Select
    Print x + 1
```

5. 下列程序段的运行结果是:

```
x = 5:y = -20
If Not x > 0 Then x = y - 3 Else y = x + 3
Print x - y; y - x
```

6. 下列程序段的执行结果是:

```
a = 75
If a > 60 Then i = 1
If a > 70 Then i = 2
If a > 80 Then i = 3
If a > 90 Then i = 4
Print "i="; i
```

7. 下列程序段的执行结果是:

```
x = Int(Rnd() + 4)
Select Case x
  Case 5
    Print "优秀 "
  Case 4
    Print "良好"
  Case 3
    Print "通过"
  Case Else
    Print "不通过"
End Select
```

8. 下列程序段的执行结果是:

```
For I = 0 To 10 Step -2
  I = I + 2
  Next
Print I
```

9. 下列程序段的执行结果是:

```
s = 0
For k = 10 To 50 Step 15
  s = s + k
Next
```

```
  Print s
```

10. 下列程序段的执行结果是：

```
  n = 1: s = 1
  Do While n < 6
     s = s + n
     If n < 3 Then n = n + 1 Else n = n + 2
  Loop
  Print s
```

11. 下列程序段的执行结果是：

```
  s = "0123456789": c = ""
  For k = 2 To Len(s) Step 3
      a = Left(s, k)
      b = Right(a, k)
      c = Mid(b, k, 1) + c
  Next
  Print c
```

12. 下列程序段的执行结果是：

```
  s = 0
  For m = 1 To 3
      n = 1
      Do While n <= m
         s = s + n
         n = n + 1
      Loop
  Next
  Print s
```

13. 下列程序段的执行结果是：

```
x = 1:y = 1
For i = 1 To 3
 f = x + y
 x = y
 y = f
 Print f;
Next i
```

14. 下列程序段的执行结果是：

```
i = 4:a = 5
Do
 i = i + 1
```

```
 a = a + 2
Loop Until i >= 7
Print "i="; i;
Print "a="; a
```

15. 下列程序段的执行结果是：

```
a = 0: b = 1
Do
 a = a + b
 b = b + 1
Loop While a < 10
Print a; b
```

16. 下列程序段的执行结果是：

```
a = 20: b = 2: k = 2
Do While k <= a
 b = b * 2
 k = k + 5
Loop
Print b
```

17. 下列程序段的执行结果是：

```
For i = 1 To 3
For j = 0 To i - 1
  s = s + 1
Next j, i
Print s
```

18. 下列程序段的执行结果是：

```
mun = 0
Do While mun <= 3
 mun = mun + 1
 Print mun
Loop
```

19. 下列程序段的执行结果是：

```
a = 0
Do While a <= 10
 a = a + 2
Loop
```

20. 下列程序段的执行结果是：

```
a = 5
For i = 2 To 4.2 Step 0.4
```

```
  a = a + 2
Next i
Print a
```

三、填空题

1. 窗体上有一个命令按钮(Command1)和一个标签(Label1),运行时标签内显示命令按钮被单击的次数,即当第一次单击按钮时,标签显示为"第 1 次单击",当第二次单击按钮时,标签显示为"第 2 次单击",依此类推。当单击次数超过 10 次时,则又从 1 开始算起,相应地标签显示的内容也随之改为"第 1 次单击"、"第 2 次单击"、……完善下列程序代码。

```
Dim n As Integer                    '模块级变量
Private Sub Command1_Click()
______(1)______
  Label1.Caption = "第" & Str(n) & "次单击"
  If ____(2)____ Then
______(3)______
  End If
End Sub
```

2. 以下程序段从文本框 Text1 中输入一个字符串,把该字符串按相反的次序显示在文本框 Text2 中。如输入"ABCDE",输出"EDCBA"。

```
Private Sub Command1_Click()
  Dim s As String, t As String, c As String
  s = Trim(Text1.Text): t = ""
  For k = 1 To ____(1)____
    c = ____(2)____
    t = ____(3)____
  Next
____(4)____ = t
End Sub
```

3. 设 m 和 n 都是正整数,输入 m,求当 2^n大于等于 m 时,求 n 的最小值是多少?

```
Private Sub Command1_Click()
  Dim m As Long, t As Long, n As Integer
  m = Val(InputBox("输入大于 1 的正整数 m:", "输入数据"))
  n = ____(1)____
  t = 0
  Do While True
     n = ____(2)____
     t = ____(3)____
     If t >= m Then
        Print "2 的"; n; "次方≥"; m
```

```
        Exit Do
      End If
    Loop
End Sub
```

4. 从字符串中查找子字符串“123”，将该子字符串删除，但“1234”子字符串保留，如将“AB123C1234DE123F”处理成“ABC1234EF”。

```
Private Sub Form_Load()
  x = InputBox("输入字符串")
  p = InStr(x, "123")
  Do While p > 0
      If Mid(x, p + 3, 1) <> "4" Then
          x = Left(x, p - 1) + ____(1)____
      Else
          p = p + ____(2)____
      End If
      p = InStr(____(3)____, x, "123")
  Loop
  MsgBox ("处理结果:" + x)
  Unload Me
End Sub
```

5. 在窗体上已经建立了两个文本框(Text1 及 Text2)和一个命令按钮(Command1)，用户在文本框 Text1 中输入文本，单击命令按钮后，从文本框 Text1 中取出英文字母，并按输入顺序显示在文本框 Text2 中。例如，输入“ 12aA3b4B5”，在文本框 Text2 中显示为“aAbB”。

```
Private Sub Command1_Click()
  Dim s As String, y As String
  s = Trim(____(1)____ )
  y = ""
  For k = 1 To ____(2)____
    x = Mid(s, k, 1)
    If ________(3)________ Then
        y = ______(4)______
    End If
  Next
  Text2. Text = y
End Sub
```

四、设计程序题

1. 设计程序，任意输入两个数 x 和 y，输出 x 和 y 的值。将 x 和 y 的值交换以后，再输出 x 和 y 的值。

2. 设计程序，任意输入三个数 x，y 和 z，输出三个数中的最大数。

3. 设计程序实现购物折扣支付，具体折扣公式如下：

$$y=\begin{cases} x & x<1000 \\ 0.9x & 1000\leqslant x<2000 \\ 0.8x & 2000\leqslant x<3000 \\ 0.7x & x\geqslant 3000 \end{cases}$$

4. 公用电话收费标准如下：通话时间在 3 分钟以内，收费 0.5 元；3 分钟以上，则每超过 1 分钟加收 0.15 元。设计程序，计算某人通话 S 分钟，应缴多少电话费。

5. 输入年份与月份，判断该年是否闰年，并根据给出的月份判断是什么季节和该月有多少天？（注：闰年的条件是：年号能被 4 整除但不能被 100 整除，或者能被 400 整除。）

6. 设计程序计算某学生获得奖学金的等级，奖学金以 3 门课成绩为评奖依据，具体方案如下：

(1)符合下列条件之一可获得一等奖：

①平均分大于 95 分者；

②有两门成绩为 100 分，且第三门课成绩不低于 80 分者。

(2)符合下列条件之一的可获得二等奖：

①平均分大于 90 分者；

②有一门课成绩为 100 分，且其他功课成绩不低于 75 分者。

(3)各门课成绩不低于 70 分可获得三等奖。

(4)符合条件者就高不就低，只能获得高的那项奖学金。

7. 设计屏幕保护程序，要求：

(1)运行程序时，窗体上无任何控件；

(2)单击窗体，则在窗体上出现一个文本框，且文本框的位置和颜色定时随机变化（文本框一定落在窗体中）；

(3)双击窗体结束程序。

8. 单击窗体，程序将标签 Label1 中的字符"程序设计很有趣"逐个在文本框中显示。当所有字符显示完以后，清空文本框，又重复以上过程。双击窗体时结束程序。

9. 设计程序，单击窗体时使文本框在窗体上象走马灯似流动，当文本框碰到窗体边框时，又向反方向流动。双击窗体时结束程序。

10. 设计模拟红绿灯效果的程序（提示：使用多个计时器控件）。

11. 从键盘输入一行字符，分别统计其中英文字母、空格、数字和其他字符的个数。

12. Sn＝a＋aa＋aaa＋aaaa＋…＋aaaa…a。最后一项表示 n 个 a，a 是键盘输入的 1－9 之间的数字，n 由键盘输入。

13. 找出 1000 内满足下面条件的数：个位数字与十位数字之和除以 10 所得余数刚好是其百位数字。

14. 产生 20 个两位随机整数，按五个数一行在图片框中显示，并计算这些数的和。

15. 设计程序，计算并输出一个长整数的各位数字之和。

16. 设计程序，求级数 S＝1/(1＋4)＋1/(1＋2×4)＋1/(1＋3×4)＋…＋1/(1＋n×4)＋…

的前 100 项之和。

17. 有一堆苹果，个数在 1000 至 5000 之间，按 5 人均分余 4 个，按 6 人均分余 3 个，按 7 人均分余 2 个。用穷举法设计程序，计算并输出苹果有多少个？共有几种分法？

18. 从三个红球、五个白球、六个黑球中任意取出八个球，且其中必须有白球，统计有多少种取法。

19. 如果一个三位整数等于它的各位数的立方和，则此数称为“水仙花数”，如 $153=1^3+5^3+3^3$。编写程序输出所有的水仙花数。

20. 凡是满足 $x^2+y^2=z^2$ 的正整数数组(x,y,z)就称为勾股数组(如 3,4,5)。请找出任意一个正整数 n(n 通过输入获得)以内的所有不重复的勾股数组。

21. 有一根长度为 321m 的钢材，要将其截取为两种规格的短料，规格的长度分别为 17m 和 27m，每种至少一段，设计程序，求分割成各多少段后剩余的残料最少。

22. 一个正整数与 3 的和是 5 的倍数，与 3 的差是 6 的倍数。设计程序，求出符合此条件的最小正整数。

23. 已知有一批书共 1020 本，以后每天都卖掉一半还多 2 本，写程序求几天能卖完？

24. 酒会上，如果每人与其他与会者只碰杯一次，并且知道碰杯声为 903 下，写程序求出席酒会的人数。

25. 写程序找出被 2,3,5 除时余数均为 1 的最小的 10 个自然数。

26. 用迭代法求 $x=\sqrt{a}$。求平方根的迭代公式为：

$$x_{n+1}=\frac{1}{2}\left(x_n+\frac{a}{x_n}\right)$$

要求：通过 InputBox 函数输入 a 值，并以 a 作为 x 的初值。要求前后两次求出的 x 的差的绝对值小于 10^{-5}。

第 4 章　数　　组

在本章以前使用的变量都是一个名字对应一个存储单元，称为简单变量。有些问题仅有简单变量根本无法完成。例如，"求一批数的平均值，并输出大于其平均值的数"。显然，应该先计算这批数的平均值，再在这批数中筛选出大于平均值的数输出。如果仍用简单变量保存数据，那得用 A、B、C、……很多个变量才能保存，无法用循环过程实现求和筛选，而借助数组就可以方便地实现此过程。

4.1　数组的概念

数组是 VB 语言提供的一种组合类型数据。如果面对的问题不仅要处理大批数据，而且必须反复使用这批数据才能完成，此时可以使用数组实现。

4.1.1　数组与数组元素

数组是由任何一种简单数据类型按照一定的组织规则构造出来的数据类型，是有序数据的集合。数组中可以包含很多个相同或不同类型的变量，称为"数组元素"、"数组分量"或"下标变量"。

如果定义 a 是整型数组，则数组中的每一个元素都是整型数据类型。如果数组的数据类型为 Variant，则各元素可以是不同类型的数据(对象、字符串、数值等)。

数组在内存中占用一片连续的存储单元，每个单元都用同样的名字(即数组名)，但编号不同。数组的命名方式与简单(基本)变量命名方式相同。例如有整型数组 A，包含四个元素，则每个元素占据一个存储单元(每个存储单元包含两个字节)，在内存中的排列如图 4-1 所示。

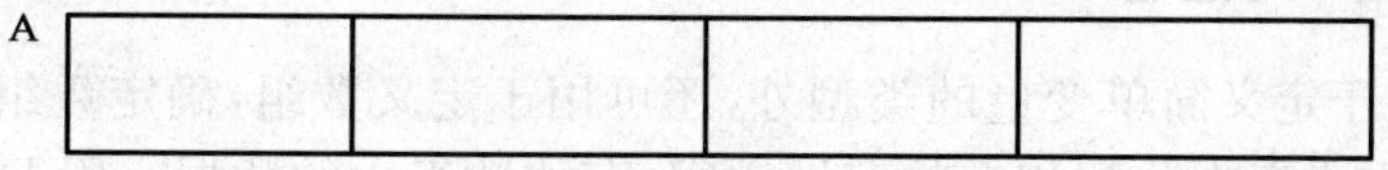

图 4-1　内存中数组元素排列

由于四个元素的名字均为 A，故用编号区分这四个存储单元，记为：

A(1),A(2),A(3),A(4)

A(1,1),A(1,2),A(2,1),A(2,2)

编号方式可以有多种，第一种用一个数字编号称为一维数组，第二种用两个数字编号称二维数组，用 n 个数字对数组的元素编号则称为 n 维数组。在 VB 中数组维数最多可达 16 维。

数组使用之前一定要声明，事先告诉机器所使用数组的类型，包含分量的个数、分量的编号方式等，以便机器为数组预留内存空间。

引入数组就不需要在程序中定义大量的变量,大大减少程序中变量的数量,使程序精炼。数组含义清楚,使用方便,明确地反映了数据间的联系。许多好的算法都与数组有关。熟练地利用数组,可以大大提高编程和解题的效率,加强程序的可读性。

4.1.2 数组的下标与维数

1)数组的下标

由上面的分析可知,在数组中的一个元素相当于一个普通变量,用以存放一个数据项,由数组名和下标确定,下标必须用圆括号括起来。数组元素又称为下标变量。

下标可以是常数、变量、表达式或另一个数组的元素。下标值可以是正整数、0 和负整数,如果带有小数,VB 将自动对其四舍五入取整。

正因为数组元素的下标可以是变量,所以与简单变量相比,下标变量有不少方便之处。例如 $a(i)$是数组 a 的一个元素,当 i 取不同的值时,它就表示不同的数组元素,如 $i=0$ 表示 $a(0)$,$i=1$ 表示 $a(1)$,……使用时只要有规则地改变下标值,就可以方便地用 $a(i)$引用数组 a 中的所有元素。

2)数组的维数

如果数组元素只有一个下标,则称这个数组为一维数组。如果数组元素有 n 个下标,则称这个数组为 n 维数组。

数组元素在内存中占用一片连续的存储空间,而分配空间的大小由数组维数及下标的最大值和最小值确定。因此,又把数组下标的最大值称为下标的上界,下标的最小值称为下标的下界。

若一个数组定义之后,元素个数在程序运行过程中保持不变,这样的数组称为固定大小数组,简称固定数组;若一个数组定义之后,元素个数在程序运行过程中可以改变,这样的数组称为动态数组。

4.2 数组的声明和应用

4.2.1 数组声明语句

Dim 语句除用于定义简单变量的类型外,还可用于定义数组,确定数组的维数及每一维元素的个数,以便在内存中分配相应的存储空间,存放数组中的数据。用 Dim 定义数组有两种方式:

1)指定下标的上界,而下标的下界默认为 0。

一维数组的定义格式:Dim 数组名(下标上界) As 类型名

二维数组的定义格式:Dim 数组名(第一维的下标上界,第二维的下标上界) As 类型名

说明:

①这里只给出了下标的上界,下标的下界默认为 0。

②可以借助 Option Base 命令人为地选择下标从 0 开始或从 1 开始,格式为:

Option Base n

该语句只能写在通用段，且 n 只能是 0 或 1。若 n=1，则程序中定义的所有数组的所有下标都从 1 开始；若 n=0，则该语句是多余的，因为默认下标值从 0 开始。

③定义数组下标的上、下界值不得超过 Long 数据类型能表示的范围，且只能为常量形式。

例如：

```
Dim x(n) As Long          '由于 n 不是常量，程序运行时将出错
Dim Sum(10) As Long       '定义长整型一维数组，共 11 个元素，下标为 0～10
Dim M(3,4) As Integer     '定义整型 4×5 的二维数组，共 20 个元素
```

2)指定下标的取值范围，定义数组时指定下标的上界、下界(－32768～32768)。

一维数组的定义格式：Dim 数组名(下标下界　To 下标上界)

二维数组的定义格式：Dim 数组名(下标下界 To 上界，第二维的下界 To 上界)

例如：

```
Dim a(－3 to 6) As Integer             '定义整型一维数组，共 10 个元素，下标从－3～6
Dim M(1 To 10,1 To 10) As Double      '定义 10×10 的二维数组，共 100 个元素
Dim D(1 To 3,1 To 10,1 To 5)          '定义 3×10×5 的三维数组，共 150 个元素
```

数组一旦定义，机器将分配存储单元并初始化各元素。数值型数组的各元素都初始化为 0，字符型数组的各元素都初始化为空。

引用数组元素时，数组名、数组类型、数组维数、使用的下标(索引号)的范围都必须与数组声明一致。

针对本章开始提出的问题，“求一批数的平均值，并输出大于其平均值的数”，可以书写 VB 程序实现。其运行结果如图 4-2 所示。

```
Private Sub command1_Click()
List1. Clear：List2. Clear
Const n = 10                           '设有 n 个数据，n 必须是常量
Dim sum As Single, aver As Single
Dim a(1 To n) As Integer               '定义有 n 个元素的一维数组
sum = 0
Randomize
For i = 1 To n                         '产生 n 个随机数依次存放到 a(1)、a(2)、…、
                                        a(n)中
  a(i) = Int(Rnd * 90 + 10)
  List1. AddItem a(i)                  '在列表框中输出 a(i)
  sum = sum + a(i)
Next i
aver = sum / n                         '计算 n 个数的平均值
Label1. Caption = "平均值是：" & aver
For i = 1 To n                         '筛选出大于平均值的数据输出在列表框 2 中
  If a(i) > aver Then List2. AddItem a(i)
```

```
Next i
End Sub
Private Sub Form_Load()
Form1. Caption = "数组应用初步"
Frame1. Caption = "初始数据"
Frame2. Caption = "大于平均值的数"
Command1. Caption = "开始"
End Sub
```

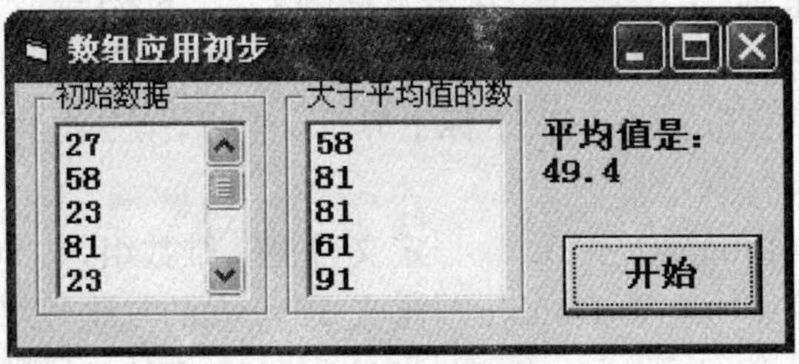

图 4-2 引例程序结果

另外,在 VB 中数组与变量一样,随着定义的位置和形式的不同,有着不同的作用范围,具体规划请参见变量部分相应内容。

4.2.2 Array 函数

在 VB 程序中常通过赋值语句或 InputBox 函数为变量或数组元素赋值。也可以用 Array 函数,根据数据表生成一个一维数组。Array 函数返回一个包含数组的 Variant,其使用格式为:

变体名=Array(数据表)

其中,"变体名"是预先定义的类型为变体的变量名,"数据表"是一个用逗号隔开的值表,这些值用于给函数返回的 Variant 所包含的数组各元素赋值。例如,创建一个工程,为窗体编写 Load 事件过程如下:

```
Private Sub Form_Load()
  Dim a As Variant, b As Variant
  Show
  a = Array(1, 2, 3, 4)                                    '生成数组 a
  b = Array("This", "Array", "String", "Variant")          '生成数组 b
  For i = 0 To 3
    Print a(i); Spc(2); b(i)
  Next
End Sub
```

程序运行后,窗体上显示结果如图 4-3 所示。

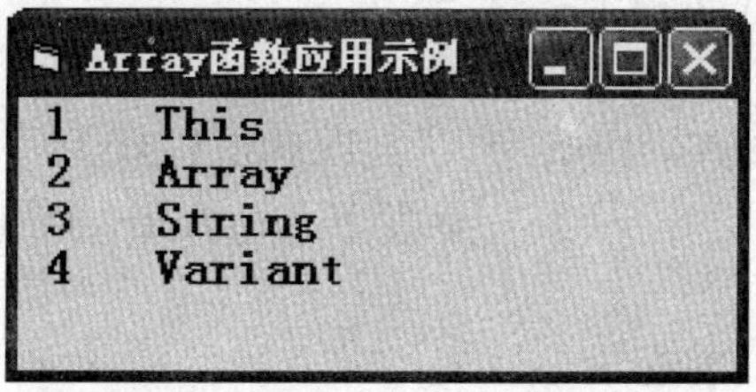

图 4-3 使用 Array 函数生成数组

说明：

①使用 Array 函数时，“变体名”后面不能有括号，也没有维数和上界，下界默认为 0 或由 Option Base 语句决定。

②Array 函数只能根据数据表生成一个一维数组，不能生成二维数组或多维数组。数据表中各个数据的类型可以相同，也可以不同。

4.2.3 数组应用

例 4-1 随机产生 10 个两位整数，找出其中的最大数、最小数和平均数。

分析：定义一个一维数组存放 10 个随机数。然后在这 10 个数中找出最大值、最小值和平均值。

设计步骤：

(1)窗体上添加一个框架(Frame1)、一个列表框(List1)、三个标签(Label1～Label3)、三个文本框(Text1～Text3)、三个命令按钮(Command1～Command3)。

(2)书写程序，运行界面如图 4-4 所示。

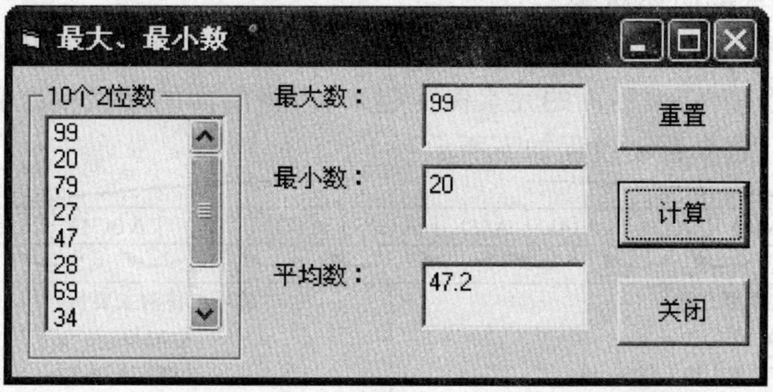

图 4-4 求 10 个数中的最大、最小数和平均数

```
Dim a(1 To 10) As Integer              '多个事件过程共用数组
Private Sub Form_Activate()
  Randomize Time
  For i = 1 To 10                      '产生 10 个随机整数显示在 List1 中
     a(i) = Int(Rnd * 90) + 10
     List1.AddItem a(i)
  Next
End Sub
```

```
Private Sub Command1_Click()
  List1. Clear
  Text1. Text = "": Text2. Text = "": Text3. Text = ""
  Form_Activate                          '触发 Form_Activate 事件过程,重新产生数据
End Sub
Private Sub Command2_Click()
  Dim max As Integer, min As Integer, s  As Single, i As Integer
  min = 100: max = 10: s = 0    '设置变量保存最大数、最小数
  For i = 1 To 10               '在保存的 10 个数中找最大、最小数,求平均数
    If a(i) > max Then max = a(i)
    If a(i) < min Then min = a(i)
    s = s + a(i)
  Next
  Text1. Text = max
  Text2. Text = min
  Text3. Text = s / 10
End Sub
Private Sub Command3_Click()
Unload Me
End Sub
```

例 4-2 数组元素的循环移动。

数组元素的循环移动,包括循环左移动和循环右移动。这里以循环右移动为例加以说明。

循环右移动过程是:将最后面的元素保存起来,再将前面的元素依次右移动,最后将保存的数据放入 A(1)中,这个移动过程如下所示:

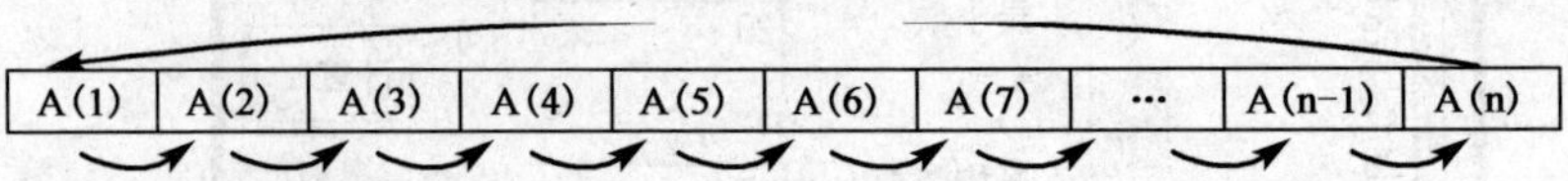

循环右移的主要代码:

```
x=a(n)
For i=n-1 to 1 step  -1
   a(i+1)=a(i)
Next  i
a(1)=x
```

或者:

```
x=a(n)
For i=n to 2 step  -1
   a(I)=a(I-1)
Next  i
a(1)=x
```

循环左移的主要代码:

```
x=a(1)
For i=1 to  n-1
   a(i)=a(i+1)
Next  i
a(n)=x
```

或者:

```
x=a(1)
For i=2 to n
   a(I-1)=A(I)
Next  i
a(n)=x
```

对于循环右移,如果赋值是按照从前向后的顺序进行的,则会得出错误的结果。下面是循环移动数据(左移或右移动)的程序,运行结果如图 4-5 所示。

```
Const n = 10                  '定义多个过程共用的符号常量和数组
```

```
Dim a(1 To n) As Integer
Private Sub Command1_Click()
For i = 1 To n                    '产生 n 个整数
a(i) = Int(Rnd * 90 + 10)
Next i
For i = 1 To n
Print a(i);
Next i
Print
End Sub
Private Sub Command2_Click()
temp = a(1)                       '保存 a(1)
For i = 1 To n - 1                '循环左移
a(i) = a(i + 1)
Next i
a(n) = temp
Print "循环左移结果:"
For i = 1 To n
Print a(i);
Next i
Print
End Sub
Private Sub Command3_Click()
temp = a(n)                       '保存 a(n)
For i = n To 2 Step -1            '循环右移
a(i) = a(i - 1)
Next i
a(1) = temp
Print "循环右移结果:"
For i = 1 To n
Print a(i);
Next i
Print
End Sub
Private Sub Form_Load()
Form1.Caption = "循环移动数据":Command1.Caption = "产生数据"
Command2.Caption = "循环左移":Command3.Caption = "循环右移"
End Sub
```

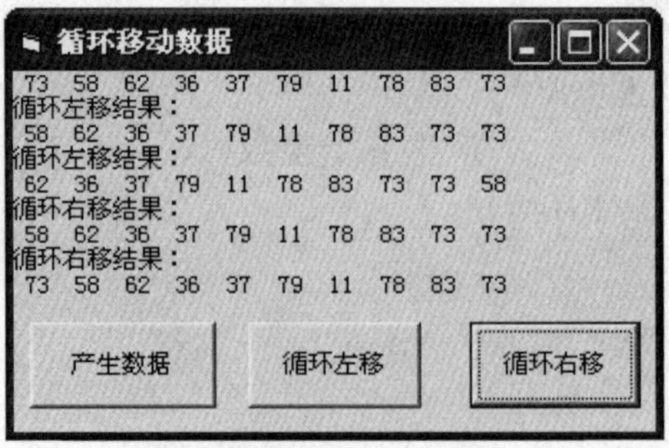

图 4-5　循环移动数据操作

例 4-3　顺序查找。

将一批数据放在一维数组 a 中，待查找的数据放在变量 x 中，将 x 与数组 a 中所有元素一一进行比较，以便判断 x 是否在 a 数组中出现，这个过程称为顺序查找。

查找的方法很多，一种是找到一个与 x 匹配的数就结束查找，另外一种是找到所有满足条件的数。但不管哪种查找，如果没有找到符合条件的数均要给出说明。程序中设置了一个标志变量，用于标示是否找到符合条件的数。

设计步骤：

①在窗体上画两个列表框(分别显示原始数据和符合条件的数及其位置)、两个框架、两个命令按钮、一个文本框(输入拟查找的数)、一个标签。程序界面如图 4-6 所示。

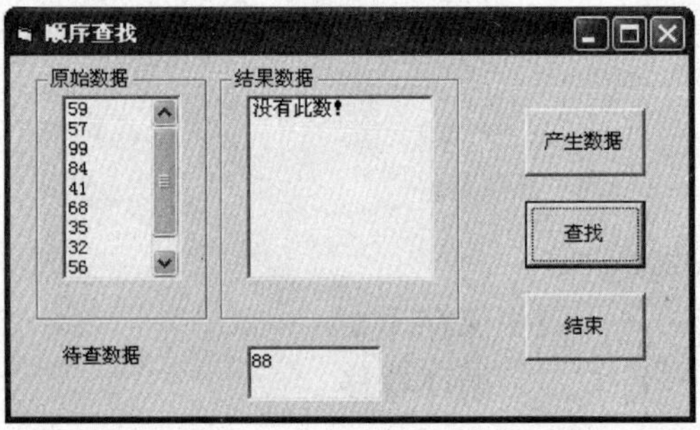

图 4-6　顺序查找界面

②书写程序代码如下：

```
Const n = 10
Dim a(1 To n) As Integer
Private Sub Command1_Click()
Randomize
List1. Clear
For i = 1 To n
a(i) = Int(Rnd * 90 + 10)
List1. AddItem a(i)                    '将原始数据显示在列表框 1 中
Next i
End Sub
```

```
Private Sub Command2_Click()
Dim x As Integer
Dim flag As Boolean
flag = False
x = Val(Text1. Text)
List2. Clear
For i = 1 To n
If a(i) = x Then
    List2. AddItem "第" & i & "个数是" & a(i)  '将找到的数及索引号显示在列表框
                                                2 中
    flag = True
End If
Next i
If flag = False Then List2. AddItem "没有此数!"  '如果没有此数应该给出说明
End Sub
Private Sub Command3_Click()
Unload Me
End Sub
```

程序完成的功能是找到所有满足条件的数。假设要求找到第一个符合条件数就结束查找过程,程序应该怎样修改?

另外,为了对没有找到数据的情况给出说明。程序中设置了标志变量。使用标志变量是程序设计的一种技巧,可以自己约定一个变量的两种取值,用以标志程序运行的两种状态,以便区分自己想识别的两种情况。读者可以学习使用。

例 4-4 从数组中删除指定元素。

从数组中删除数据实际是完成查找和移动两个操作过程。程序运行界面如图 4-7 所示。

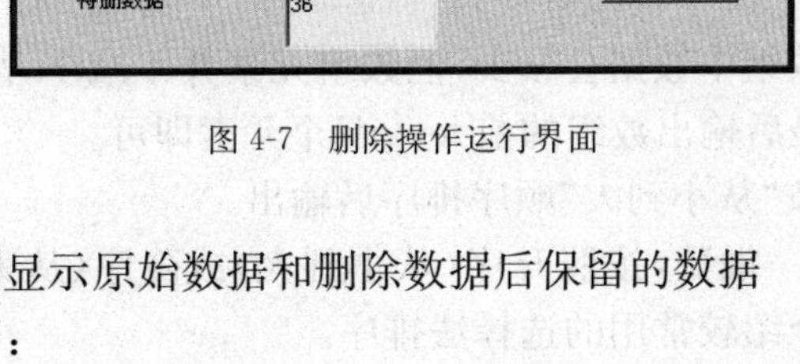

图 4-7 删除操作运行界面

设计步骤:

①用两个列表框分别显示原始数据和删除数据后保留的数据

②书写程序代码如下:

```
Const n = 10
```

```
Dim a(1 To n) As Integer
Private Sub Command1_Click()
Randomize
List1. Clear：List2. Clear：Text1. Text = ""
For i = 1 To n
a(i) = Int(Rnd * 90 + 10)
List1. AddItem a(i)                '将原始数据显示在列表框 1 中
Next i
End Sub
Private Sub Command2_Click()
Dim x as integer，length as integer，i As Integer
length = n
x = Val(Text1. Text)
List2. Clear
i = 1
Do While i <= length
If a(i) = x Then                   '如果 a(i)应该删除则后面元素往前移动
    For j = i To length - 1
     a(j) = a(j + 1)
    Next j
    length = length - 1            '元素个数减 1
Else
    i = i + 1
End If
Loop
For i = 1 To length                '删除数据实际是只输出剩余的数
   List2. AddItem a(i)
Next i
End Sub
Private Sub Command3_Click()
Unload Me
End Sub
```

随着删除操作进行，数组中数据会减少，但数组元素并不减少，故程序中设置了一个存放数据个数的变量 length，最后输出数组的前 length 个元素即可。

例 4-5 将一批数据按"从小到大"顺序排序后输出。

排序是将无序存放的一批数，按照升序（从小到大）或降序（从大到小）重新存放的过程。排序的算法有很多，这里介绍较常用的选择法排序。

选择法排序的思路是：

将数组的第一个元素 A(1)依次与它后面的元素进行比较，若存在比 A(1)小的数，则将它与 A(1)交换，即把小的数据放在 A(1)中，大的数放在对应位置上。这样就能保证把数组中的最小数放到数组的第一个位置 A(1)上；

第二步，将数组的第二个元素 A(2)依次与它后面的元素进行比较，方法同上，即可在数组的第二个位置 A(2)中存放除开第一个元素之外的最小数；

第三、第四、……位置上的数据依次重复采用上述方法即可找到。每个位置上存放的数都确定下来也就排好序了。

上述每一步中的比较、交换操作都可以用一个循环实现。而第一步、第二步……又是在做重复的工作，所以应该使用二重循环实现上述排序过程。

利用两个列表框分别显示原始数据和排序后数据，程序运行结果如图 4-8 所示，代码如下：

```
Const n = 10
Dim a(1 To n) As Integer
Private Sub Command1_Click()
Randomize
List1. Clear: List2. Clear
For i = 1 To n
a(i) = Int(Rnd * 90 + 10)
List1. AddItem a(i)                    '将原始数据显示在列表框 1 中
Next i
End Sub
Private Sub Command2_Click()
Dim temp As Integer
List2. Clear
For i = 1 To n - 1
  For j = i + 1 To n
      If a(i) > a(j) Then
          temp = a(i): a(i) = a(j): a(j) = temp
      End If
  Next j
Next i
For i = 1 To n
  List2. AddItem a(i)
Next i
End Sub
Private Sub Command3_Click()
Unload Me
End Sub
```

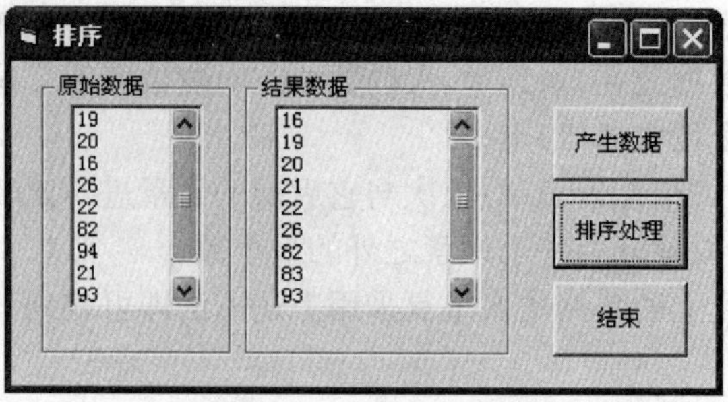

图 4-8　排序操作结果

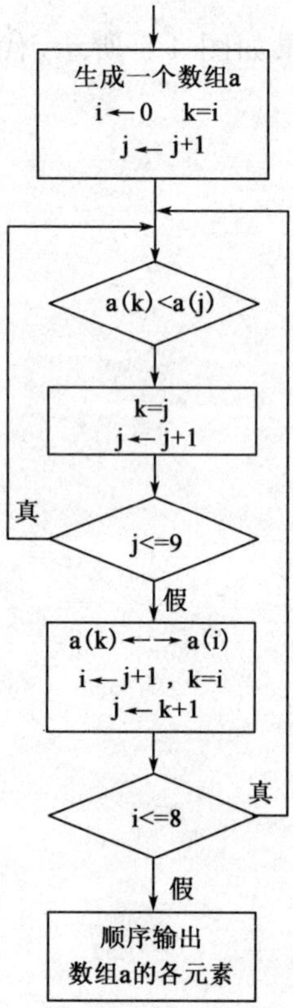

图 4-9　改进选择法排序流程图

程序逻辑清晰、简单，但每次找到一个需要交换的数就马上交换，以后可能还要被后面新的数交换，做了一些无用工作，算法效率较低，可以做些改进。改进的具体方法是寻找每一轮中最小数的位置，每当第 i 轮比较完成，仅将第 i 轮中最小数和 a(i)交换，算法流程图如图 4-9 所示，读者可以写出对应代码。

例 4-6　设计程序，实现矩阵自身的转置运算，规定不能借助其他矩阵。运行界面如图 4-10 所示。

分析：由于二维数组的逻辑结构与矩阵一致，所以矩阵运算可以利用二维数组实现。程序代码如下：

```
Dim a(1 To 4, 1 To 4) As Integer    '定义模块级二维数组
Private Sub Command1_Click()
For i = 1 To 4                      '产生 4×3 的原始矩阵
For j = 1 To 3
   a(i, j) = Int(Rnd * 9 + 1)       '元素的值为1～9之间的
                                     随机正整数
Next j
Next i
Picture1.Cls
Picture1.Print "4×3 的原始矩阵"
For i = 1 To 4
For j = 1 To 3
   Picture1.Print a(i, j);
Next j
Picture1.Print
Next i
End Sub
Private Sub Command2_Click()
For i = 1 To 3                      '实现矩阵内转置
For j = i + 1 To 4
   t = a(i, j): a(i, j) = a(j, i): a(j, i) = t
```

```
Next j
Next i
Picture2. Cls
Picture2. Print "3×4 的结果矩阵"
For i = 1 To 3
For j = 1 To 4
  Picture2. Print a(i, j);
Next j
Picture2. Print
Next i
End Sub
```

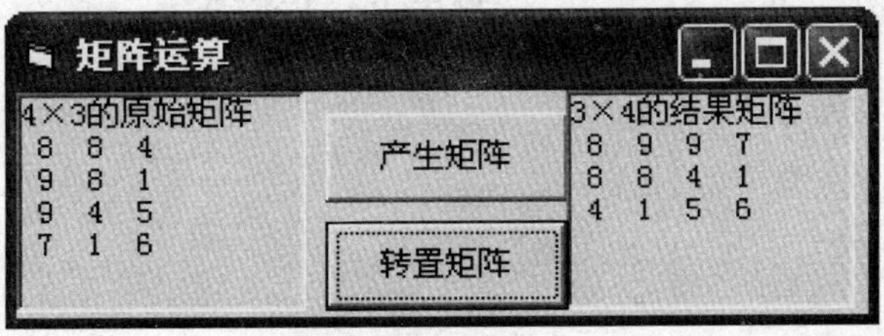

图 4-10　矩阵转置

例 4-7　设计程序分别显示矩阵的上三角形式和下三角形式，运行界面如图 4-11 所示。

分析：变化矩阵元素的列下标就可以控制访问上三角形位置元素或下三角形位置元素，这里关键要定位输出元素的位置。程序代码如下：

```
Dim a(1 To 4, 1 To 4) As Integer
Private Sub Command1_Click()
Randomize
For i = 1 To 4                          '产生 4×4 的原始矩阵
For j = 1 To 4
  a(i, j) = Int(Rnd * 9 + 1) '元素的值为 1~9 之间的随机正整数
Next j
Next i
Picture1. Cls
For i = 1 To 4                          '输出 4×4 的原始矩阵
For j = 1 To 4
  Picture1. Print a(i, j);
Next j
Picture1. Print
Next i
End Sub
Private Sub Command2_Click()
```

```
Picture2.Cls
For i = 1 To 4                              '输出上三角形元素
Picture2.Print Spc((i - 1) * 3);            '确定元素的位置
For j = i To 4
  Picture2.Print a(i, j);
Next j
Picture2.Print
Next i
End Sub
Private Sub Command3_Click()
Picture3.Cls
For i = 1 To 4                              '输出下三角形元素
For j = 1 To i
  Picture3.Print a(i, j);
Next j
Picture3.Print
Next i
End Sub
```

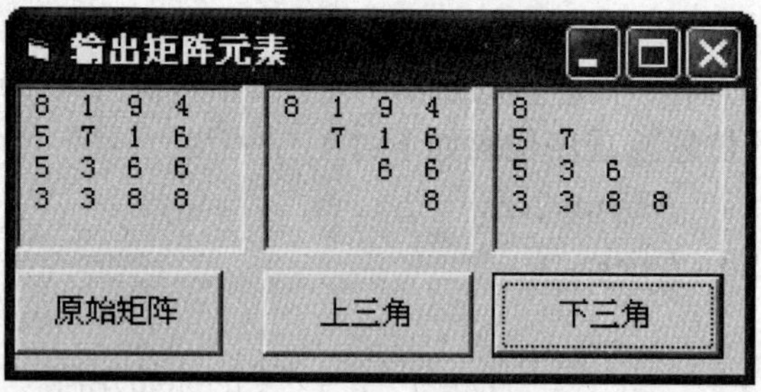

图 4-11　输出矩阵元素

例 4-8　设计程序输出二维数组中的"鞍点"。"鞍点"即指在行中值最大，在列中值最小的元素。如果找到则输出"鞍点"所在的行和列，如果没有找到也给出提示。程序运行界面如图 4-12 所示。

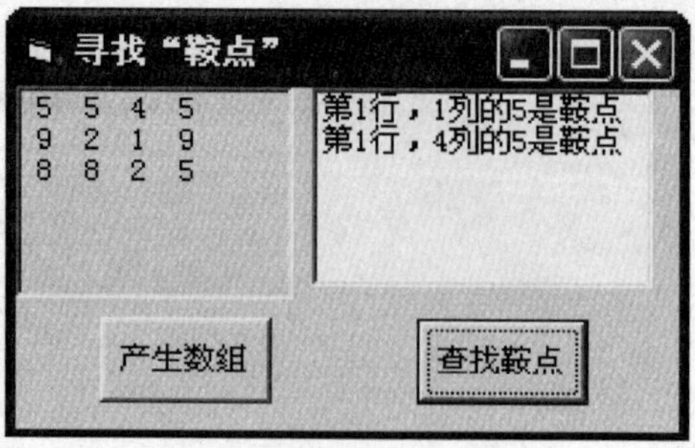

图 4-12　例 4-8 界面

分析:根据"鞍点"的定义,先找第一行中的最大值,再判断其所在列中该元素是否最小,如果是则输出行、列数,否则继续找第二行。以此类推,直到二维数组中所有行全部判断完毕。如果此时仍然没有找到,再输出"不存在鞍点"的提示。程序代码如下:

```
Dim a(1 To 3, 1 To 4) As Integer, x As Boolean, y As Boolean
Private Sub Command1_Click()
Randomize
For i = 1 To 3                                  '产生3×4的原始矩阵
For j = 1 To 4
  a(i, j) = Int(Rnd * 9 + 1)                    '元素的值为10~99之间的随机正整数
Next j
Next i
Picture1. Cls
For i = 1 To 3
For j = 1 To 4
  Picture1. Print a(i, j);
Next j
Picture1. Print
Next i
End Sub
Private Sub Command2_Click()
List1. Clear
y = False
For i = 1 To 3
For j = 1 To 4
  s = 0
  For k = 1 To 4                                '先找行中最大的元素
   If a(i, j) >= a(i, k) Then s = s + 1         '与行中每个元素比较
  Next k
  If s = 4 Then    's=4表示此数是行中的最大数
     x = True
  Else
     x = False
  End If
  If x = True Then                              '如果行中最大,再看是否列中最小
    p = 0
    For t = 1 To 3
      If a(i, j) <= a(t, j) Then p = p + 1
    Next t
```

```
      If p = 3 Then                    '如果符合条件此数是鞍点
        y = True
          List1. AddItem "第" & i & "行," & j & "列的" & a(i, j) & "是鞍点"
      End If
    End If
    Next j
Next i
If y = False Then MsgBox "没有鞍点"       '如果 y 从来不曾被改变则没有鞍点
End Sub
```

4.3 动态数组及声明

在设计程序时,使用数组的大小可能并不能确定,定义过大会浪费机器内存,定义过小又不够用。动态数组可以在程序运行过程中改变数组的大小,使用灵活、方便,有助于节省内存空间。

4.3.1 建立动态数组

前面介绍的数组,定义时必须指出元素的个数,且不能为变量,称为固定数组。固定数组一旦定义,其元素就被机器分配在内存中。如果想动态地定义元素个数,则可以分下面两步创建动态数组:

(1)声明动态数组。给数组赋予一个空维数表,这样就将数组声明为动态数组。例如:

```
Dim DynArray()                    '大小不定
```

(2)用 ReDim 语句分配实际的元素个数。

【格式】 ReDim [Preserve] 数组名(维数与下标范围) [As 类型]

例如:

```
x=9
ReDim DynArray (x + 1)  '把 DynArray 定义为一维数组,有 11 个元素
ReDim DynArray (4,4)    '把 DynArray 定义为 5×5 的二维数组,有 25 个元素
```

说明:

①ReDim 语句只能出现在过程中。与 Dim 语句、Static 语句不同,ReDim 语句是一个可执行语句,程序在运行时执行一个重新为数组分配存储的操作。

②对于每一维数组,每个 ReDim 语句都能改变元素数目以及上下界。同时,数组的维数也能改变,还可以用变量设置动态数组的边界。

例如,有如下代码,程序运行后,窗体显示情况如图 4-13 所示。

```
Private a() As Variant            '定义模块级动态数组
Private Sub Form_Load()
Form1. Caption = "动态数组示意"
Show
  n = Val(InputBox("输入数组下标的上界", "输入下标上界", 25))
```

```
    ReDim a(n)                    '程序运行时确定数组大小
    For i = 0 To n
      a(i) = Chr(65 + i)
      Print a(i);
    Next
    Print
    ReDim a(3, 4)                 '重新确定数组大小
    For i = 0 To 3
        For j = 0 To 4
            a(i, j) = i + j
            Print a(i, j);
        Next
        Print
    Next
End Sub
```

图 4-13 使用动态数组

③如果已将一个动态数组声明为某种数据类型,则不能再使用 ReDim 语句将该数组改为其他数据类型的数组。

例 4-9 编写程序,输出杨辉三角形的前 n 行。

分析:杨辉三角形第一行为 1,每行第一个和最后一个数字为 1,其余各数等于上一行中前一列元素与上一行同一列元素之和,上一行同一列没有元素时则认为是 0,如图 4-14 所示。

具体操作时可以将杨辉三角形各位置上的数赋给一个二维数组 A,第一个下标表示行数,第二个下标表示列数。这样各行非 1 的数可用递推公式 A(i,j)=A(i−1,j−1)+A(i−1,j)得到。

设计步骤:

①在窗体上添加 1 个命令按钮 Command1。

②编写程序代码。

```
Dim A() As Integer
Private Sub Form_Load()
    Form1.Caption = "杨辉三角形":Command1.Caption = "显示":Me.FontSize = 9
End Sub
```

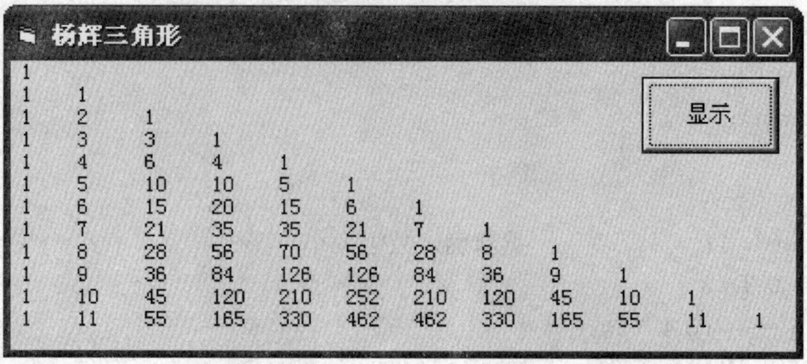

图 4-14 用动态数组保存、输出杨辉三角形

输入要显示的杨辉三角形的行数，定义存储杨辉三角形的二维数组，用递推公式为数组各元素赋值，输出杨辉三角形。其代码如下：

```
Private Sub Command1_Click()
    Cls
    Dim n As Integer, i As Integer, j As Integer
read:  n = Val(InputBox("请输入杨辉三角形的行数(<=15):"))
        If n > 15 Then MsgBox "行数不能超过 15": GoTo read
        ReDim A(n - 1, n - 1) As Integer          '定义动态数组
        For i = 0 To n - 1
          A(i, 0) = 1: A(i, i) = 1
        Next
        For i = 2 To n - 1
          For j = 1 To i
            A(i, j) = A(i - 1, j - 1) + A(i - 1, j)
          Next
        Next
        For i = 0 To n - 1                        '显示已生成的二维数组
          For j = 0 To i
            Print Tab(j * 6); A(i, j);
          Next
        Next
End Sub
```

如果要输出等腰三角形形式的杨辉三角形，要调整每个元素输出的位置，建议大家试一试。

例 4-10 设计程序模拟彩票中奖号码。假设共有 5 组，用 A~E 代表，每 10 万张为一个开奖组，号码为一个 5 位数字，奖券号=组号+号码，例如 B70556 表示 B 组的奖券。规定每

组产生奖号的个数由键盘输入，用计算机随机产生中奖号，并按组分类打印。程序运行界面如图 4-15 所示。

图 4-15　例 4-10 界面

分析：

```
Private Sub Command1_Click()
    Dim a() As Long                       '中奖号个数要在程序运行后才能确定，故使用动
                                          态数组
    n = Val(Text1. Text)
    ReDim a(n)                            '存放每一组的中奖号
    Picture1. Cls
    For i = Asc("A") To Asc("E")          '发行奖券共五组
     For j = 0 To n - 1                   '每组产生 n 个号码
re:
      t = Int(Rnd * 99999 + 1)            '每次产生一个 00001－99999 的随机号码
      For k = 0 To j - 1                  '避免产生雷同号
        If t = a(k) Then GoTo re
      Next k
      a(j) = t                            '中奖号存入数组
      Picture1. Print Chr(i); Format(t, "00000"); " "; '在图片框上输出中奖号
     Next j
     Picture1. Print
     For j = 0 To n - 1                   '为下一组中奖号的存放做准备
      a(j) = 0
     Next j
    Next i
End Sub
```

4.3.2　保留动态数组的内容

每次执行 ReDim 语句时，VB 将重新对数组元素初始化，当前存储在数组中的数据都会丢失。如果希望改变数组大小，但又不丢失数组中原有元素的数据，使用具有 Preserve 关键字

的 ReDim 语句就可做到。

例如，使用 UBound 函数引用数组下标的上界，使数组扩大、增加一个元素，而现有元素的值并不丢失，可以使用语句：

```
ReDim Preserve DynArray(UBound (DynArray) + 1)
```

注意：在用 Preserve 关键字时，只能改变多维数组中最后一维的上界；如果改变了其他维或最后一维的下界，将会出错。

例如有一个二维数组 Matrix，可以在程序中使用语句：

ReDim Preserve Matrix(10, UBound(Matrix,2) + 1)，增加第二个下标的上界。而不能使用语句：

ReDim Preserve Matrix(UBound (Matrix, 1) + 1, 10)，增加第一个下标的上界。

说明：

UBound 函数。返回一个 Long 型数据，其值为指定的数组维可用的最大下标。

【格式】 UBound(数组名[,维序号])，其中，维序号的默认值为 1。

LBound 函数。返回一个 Long 型数据，其值为指定的数组维可用的最小下标。

【格式】 LBound(数组名[,维序号])

UBound 函数与 LBound 函数一起使用，用来确定一个数组的大小。

例 4-11 保留动态数组的内容。

①在窗体上添加两个图片框和两个命令按钮。程序用户界面如图 4-16 所示。

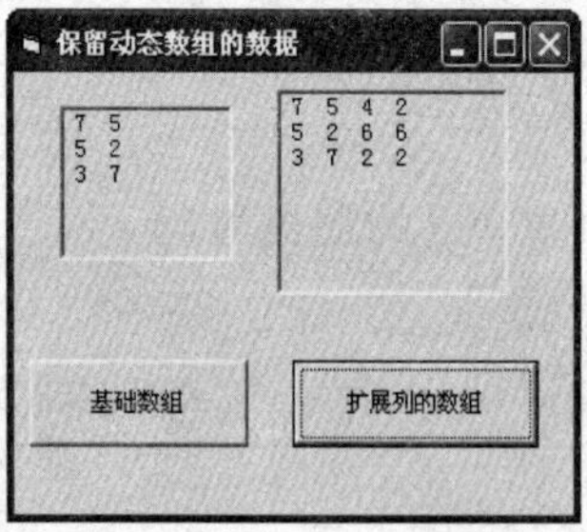

图 4-16 例 4-11 用户界面

②编写程序代码如下：

```
Dim a() As Integer                    '定义动态数组
Dim m As integer, n As Integer        '基础数组的行和列
```

编写 Command1_Click()事件过程，生成 m×n 数组并赋值。

```
Private Sub Command1_Click()
  m = Val(InputBox("请输入基础数组的行数(<3)"))
  n = Val(InputBox("请输入基础数组的列数(<5)"))
  ReDim a(1 To m, 1 To n)
  Picture1.Cls
  For i = 1 To m
    For j = 1 To n
     a(i, j) = Int(Rnd * 10)
     Picture1.Print a(i, j);
    Next
    Picture1.Print
  Next
```

编写 Command2_Click，将动态数组增加两列，并为增加的元素赋值。

```
Private Sub Command2_Click()
  ReDim Preserve a(1 To m, 1 To n + 2)        '重新定义数组大小
  Picture2.Cls
```

```
    For i = 1 To UBound(a, 1)                    '为增加的元素赋值
      For j = UBound(a, 2) - 1 To UBound(a, 2)
        a(i, j) = Int(Rnd * 10)
      Next
    Next
    For i = 1 To UBound(a, 1)
      For j = 1 To UBound(a, 2)
          Picture2.Print a(i, j);
      Next
      Picture2.Print
    Next
End Sub
```

注意:如果在过程中用 Static 定义动态数组,其中的元素将丢失静态变量的特征,因为 ReDim 语句要为其重新分配存储,各元素重新初始化为 0。为了各元素具有静态变量的特征,执行 ReDim 语句时,要带上参数 Preserv。

4.3.3 数组刷新语句

数组刷新语句(Erase)适用于固定数组和动态数组,清除固定数组元素的内容,释放动态数组占用的存储空间。

【格式】 Erase 数组名表

其中“数组名表”是一个或多个用逗号隔开的需要清除的数组变量。

说明:

①对固定数组,Erase 语句将数组重新初始化。

②对动态数组,Erase 将释放动态数组所使用的内存空间。在下次引用该动态数组之前,程序必须使用 ReDim 语句重新定义该数组变量的维数。

例如,运行下面程序代码后,单击窗体,固定数组被重新初始化为 0,如图 4-17 所示。

```
Dim a(9) As Integer
Private Sub Form_Activate()
  Form1.Caption = "单击窗体刷新数组"
  Dim i As Integer
  For i = 0 To 9
    a(i) = i * i
  Next
  Print "原数组:"
  For i = 0 To 9
    Print a(i);
  Next
  Print
```

```
    Print
End Sub
Private Sub Form_Click()
    Erase a                          '刷新数组
    Print "刷新后的数组:"
    For i = 0 To 9
        Print a(i);
    Next
    Print
End Sub
```

图 4-17　数组刷新示例

4.4　For Each…Next 循环语句

For Each…Nex 语句与 For…Next 语句类似，也用于执行指定次数的重复操作。不同的是，For Each…Next 语句是专门针对数组或集合中的每个元素，重复执行一组语句的循环语句。

【格式】

For Each 成员 In 数组名
循环操作语句组
[Exit For]
循环操作语句组
Next [成员]

说明：

①“成员”是用来遍历集合或数组中所有元素的变量。对于数组而言，“成员”只能是一个 Variant 变量。“数组名”只能是数组的名称，没有圆括号和上下界。

②循环操作语句是针对数组中的每一元素执行的一条或多条语句。当数组中的所有元素都执行完了，便会退出循环，然后执行 Next 的后续语句。

③循环体中可以出现任意个 Exit For 语句，随时退出循环。

④For Each…Next 循环也可以嵌套使用。

⑤不能在 For Each…Next 语句中使用用户自定义类型数组。

注意:对数组中元素的操作包括查询、显示或读取,但不能修改、赋值。

例如,下面程序代码利用 For Each…Next 访问数组元素:

```
Private Sub Form_Load()
Show
Form1.Caption = "使用 For Each…Next 语句"
Dim a(9) As Integer, x As Variant
Randomize Time
For i = 0 To UBound(a)          '用 For…Next 语句为数组各元素赋值
   a(i) = Int(Rnd * 100)
Next
Print "用 For…Next 语句为数组元素赋值后:"
For Each x In a
   Print x;
Next
Print
For Each x In a                 '企图用 For Each…Next 语句使数组各元素加 1
  x = x + 1
Next
Print "用 For Each…Next 语句对各元素加 1 后:"
For Each x In a                 '
   Print x;
Next
Print
Max = 0: Min = 100
For Each x In a                 '查找数组 a 中元素的最大数、最小数并求总和
   If x > Max Then Max = x
   If x < Min Then Min = x
   Sum = Sum + x
Next
Print "Max="; Max
Print "Min="; Min
Print "Sum="; Sum
End Sub
```

运行程序,结果如图 4-18 所示。从图上可以看到,For Each…Next 语句企图为元素加 1,但失败了。不过,它能成功地输出显示数组中的每一个元素,也能顺利找到数组元素中的最大数、最小数和求各元素的总和。

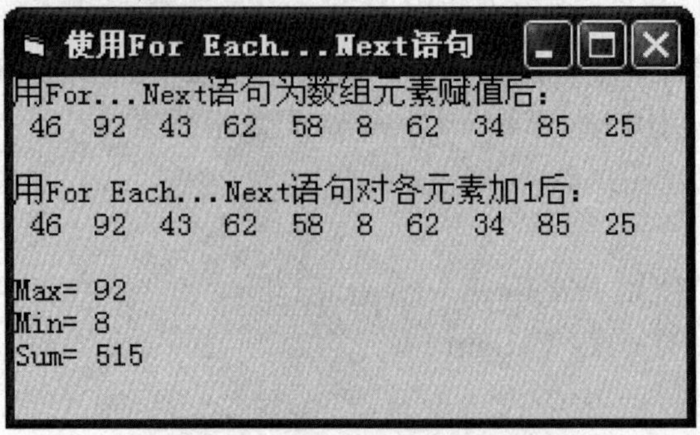

图 4-18 使用 For Each…Next 语句

4.5 控件数组

4.5.1 控件数组的概念

除了提供变量特性的数组之外，在 VB 中还可以创建和使用控件数组。控件数组由一组相同类型的控件组成，它们具有以下特点：

(1)是具有相同名称(Name)、类型以及事件过程的一组控件。

(2)每一个控件具有一个唯一的索引号(Index)。

(3)当数组中的一个控件识别某一事件时，它将调用此控件数组相应的事件过程，并把相应索引作为参数传递，允许用代码决定是哪一个控件识别此事件。

(4)在控件数组中可用到的最大索引值为 32767。同一控件数组中的元素有自己的属性设置值。控件数组常用于实现菜单控件和选项按钮分组。

在设计时，使用控件数组添加控件所消耗的资源比直接向窗体添加多个相同类型的控件消耗的资源要少。

若干控件共享代码时，控件数组也很有用。如创建了一个包含三个选项按钮的控件数组，则无论单击哪个按钮都将触发同一事件过程的代码。

若在程序运行时创建一个控件的新元素，则新控件必须是控件数组的成员。使用控件数组时，每个新成员将拥有数组的公共事件过程。

4.5.2 控件数组的建立

在程序设计时，有三种方法可以创建控件数组：

将相同名字赋予多个同类控件。

复制现有的控件并将其粘贴到窗体上。

将控件的 Index 属性设置为非 Null 数值。

1)将相同名字赋予多个同类控件

(1)绘制控件数组中要添加的控件(必须为同一类型的控件)，确定一个控件作为数组中的第一个元素。

(2)选定控件并将其 Name 设置值变成数组第一个元素的 Name 设置值。

(3)在数组中为控件输入相同名称时，VB 将显示一个对话框，要求确认是否要创建控件数组。此时选择“是”确认操作(如图 4-19 所示)。

图 4-19　确认创建控件数组

例如，在窗体上添加三个命令按钮，若控件数组第一个元素名为 Command1，并将其他命令按钮的名称也设置为 Command1，此时将弹出图 4-20 所示对话框，选择“是”，这三个命令按钮就组成一个名为 Command1 的控件数组，各元素的 Index 属性值分别为 0、1、2。

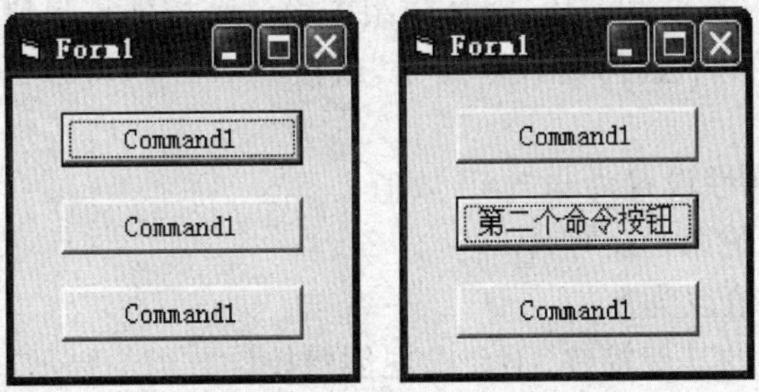

图 4-20　用 Index 属性区分控件数组中的元素

建立 Command1 控件数组后，如果在代码编辑窗口的对象列表框中选择控件数组名“Command1”，则系统会自动生成该控件数组 Command1 的 Click 事件过程框架：

```
Private Sub Command1_Click(Index As Integer)
End Sub
```

该事件过程参数表中的 Index 是程序运行时返回的参数，标识用户按下的命令按钮。

如果为上面的事件过程添加如下的代码：

```
Private Sub Command1_Click(Index As Integer)
  Select Case Index
    Case 0
      Command1(0).Caption = "第一个命令按钮"
      Command1(1).Caption = "Command1"
      Command1(2).Caption = "Command1"
    Case 1
      Command1(0).Caption = "Command1"
      Command1(1).Caption = "第二个命令按钮"
      Command1(2).Caption = "Command1"
    Case 2
      Command1(0).Caption = "Command1"
      Command1(1).Caption = "Command1"
      Command1(2).Caption = "第三个命令按钮"
```

```
    End Select
End Sub
```

则在运行程序后，用户单击哪个命令按钮，其显示的标题便会变为相应的中文，没有点击到的命令按钮标题会还原(如图 4-20 所示)。

2)复制现有控件并将其粘贴到窗体上

(1)绘制控件数组中的第一个控件。

(2)当控件获得焦点时，选择“编辑”菜单中的“复制”命令，或按 Ctrl+C。

(3)在“编辑”菜单中，选择“粘贴”命令，或按 Ctrl+V。VB 将显示一个对话框询问是否确认创建控件数组。选择“是”，确认操作。指定给控件的索引值为 1。绘制的第一个控件具有的索引值为 0。

注意：每个新数组元素的索引值与其添加到控件数组中的次序相同。这样添加控件时，大多数可视属性，例如高度、宽度和颜色，将从数组中第一个控件复制到新控件中。

(4)继续在“编辑”菜单中选择“粘贴”命令，或按 Ctrl+V，可以得到控件数组中的其他控件元素。

3)将控件的 Index 属性设置为非 Null 数值

(1)绘制控件数组中的第一个控件。

(2)将其索引 Index 值改为 0。

(3)复制控件数组中的其他控件(不会出现创建控件数组的提示)。

4.5.3 控件数组的使用

(1)在程序设计时创建控件数组

在程序设计阶段创建的控件数组，其使用方式与一般的控件相同。不同的是，一个控件数组的所有成员共享一个事件过程，当一个控件数组成员识别一个事件时，VB 将其 Index 属性值作为一个附加的参数传递给控件数组的事件过程。事件过程必须包含有核对 Index 属性值的代码，因而可以判断出正在使用的是哪一个控件。

例 4-12 按图 4-21 设计窗体，创建包含六个元素的控件数组，单击某个单选按钮时能够改变文本框中文字的大小。

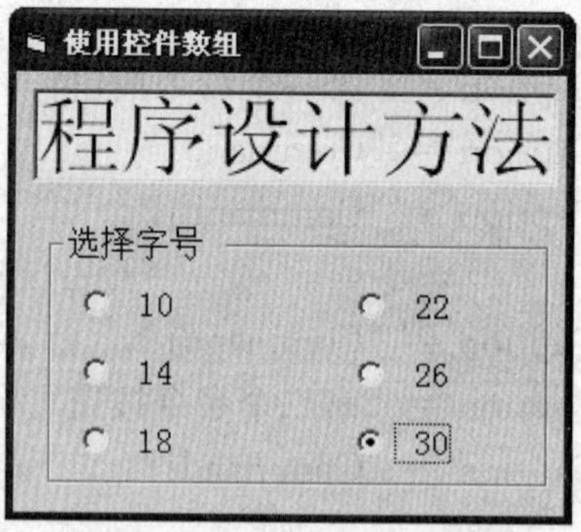

图 4-21 使用控件数组

设计步骤：

在窗体上先画一个标签 Label1 和一个框架 Frame1，然后用上面介绍的方法，在框架中创建一个含有六个单选按钮的控件数组，控件数组名为 Option1。

程序代码为：

```
Private Sub Form_Load()
  Form1.Caption = "使用控件数组"
  Label1.AutoSize = True:  Label1.BorderStyle = 1
  Label1.BackColor = RGB(255, 255, 255)
  Label1.Caption = "程序设计方法"
  Frame1.Caption = "选择字号 "
  For i = 0 To 5                    '设置单选按钮标题
    Option1(i).Caption = Str(i * 4 + 10)
  Next
End Sub
```

编写单选按钮控件数组的 Click 事件过程，实现字号选择。代码如下：

```
Private Sub Option1_Click(Index As Integer)  '单击某按钮则触发该过程
   Select Case Index
      Case 0
         Label1.FontSize = 10
      Case 1
         Label1.FontSize = 4 + 10
      Case 2
         Label1.FontSize = 4 * 2 + 10
      Case 3
         Label1.FontSize = 4 * 3 + 10
      Case 4
         Label1.FontSize = 4 * 4 + 10
      Case 5
         Label1.FontSize = 4 * 5 + 10
   End Select
End Sub
```

(2)程序运行时添加控件数组元素

在运行时，可用 Load 和 Unload 语句添加和删除控件数组中的控件元素。为此，必须在窗体设计时创建一个(在大多数情况下)Index 属性值为 0 的初始控件(注：Index 属性在程序运行时是只读的)。添加和删除控件元素使用的语法格式是：

```
Load object(Index%)
Unload object(Index%)
```

其中：object 为要添加或删除控件元素的控件数组名称；Index%为控件元素在数组中的索引号，一定是一个整数。

说明：

①加载控件数组的新元素时，VB将根据最小下标的现有元素（如索引号为0的元素）复制大多数属性值，但不会复制Visible、Index和TabIndex等属性值到新元素中，所以，为了使新添加的控件可见，必须将其Visible属性设置为True。

②Unload语句可以删除所有由Load语句创建的控件，但不能删除窗体设计时创建的控件，无论它们是否是控件数组的元素。

③使用With语句，可方便地对控件进行系列属性值设置。

```
With object
  [statements]
End With
```

其中：object是一个对象或用户自定义类型变量（参见下一节）的名称。

statements是要执行在object上的一条或多条语句。

下面的例子显示了使用With语句给同一个对象的几个属性赋值的过程。

```
Private Sub Form_Click()
With Label1
    . BorderStyle = 1
    . FontBold = True
    . Height = 2000
    . Width = 2000
    . Caption = "This is MyLabel"
End With
End Sub
```

当程序一旦进入With块，object就不能改变。因此，不能用一个With语句设置多个不同的对象或自定义类型变量。

例4-13 用控件数组在窗体上建立一个类似国际象棋的棋盘，如图4-22所示。

图4-22 自动建立的棋盘

分析：设计时先画一个标签，令其Index=0，BackColor为黑色且不可见，该标签仅因为产生标签数组需要并确定棋格大小。64个标签元素让程序自动产生，它们的BackColor是黑白交替的。为设计程序方便，64个标签按8×8排列，在算法上相当于将一维数组存放到二维数组中。

设计步骤：

①创建一个工程，在窗体上画一个标签，并在属性窗口中设置 Index＝0，BackColor 为黑色且不可见。

②编写代码如下：

```
Private Sub Form_Load()
Dim m As Integer, n As Integer
m = 0                          '棋盘顶边初值
For i = 1 To 8
n = 50                         '棋盘左边位置
For j = 1 To 8
  k = (i - 1) * 8 + j          '设置控件数组下标
  Load Label1(k)               '添加标签元素
Label1(k).BackColor = IIf((i + j) Mod 2 = 0, QBColor(0), QBColor(15)) '设置新元素的背景、位置等
  Label1(k).Visible = True     '
  Label1(k).Top = m
  Label1(k).Left = n
n = n + Label1(k).Width        '设置本行内下一个元素的位置
Next j
m = m + Label1(k).Height       '设置下一行新增元素的位置
Next i
End Sub
```

控件数组元素的访问原理与变量数组元素访问方式一样，只是动态添加控件数组元素时，需要安排新元素在窗体上的位置，稍微复杂些，设计程序时有些技巧。

习 题

一、单项选择题

1. 假设已经使用了语句 Dim a(3,5)，下列下标变量中不允许使用的是(　　)。

A. a(1,1)　　B. a(2－1,2 * 2)

C. a(3,4)　　D. a(－1,3)

2. 下列语句所定义数组的元素个数为(　　)。

Dim Ary(3 To 6,－2 To 2)

A. 20　　B. 16　　C. 24　　D. 25

3. 下列程序的运行结果是(　　)。

```
Private Sub Form_Click()
    Dim a(3, 3) As Integer
    For i = 1 To 3
```

```
    For j = 1 To 3
      If i = j Then a(i, j) = 1 Else a(i, j) = 0
        Print a(i, j);
    Next
    Print
  Next
End Sub
```

A. 1　1　1
　 1　0　1
　 1　1　1

B. 0　0　0
　 0　1　0
　 0　0　0

C. 1　0　0
　 0　1　0
　 0　0　1

D. 1　0　1
　 0　1　0
　 1　0　1

4. 下列程序段的运行结果是(　　)。

```
Private Sub Form_Click()
    Dim d
    d = Array(1, 2, 3, 4, 5)
    n = 1
    For k = 4 To 2 Step -1
    s = s + d(k) * n
    n = n * 10
    Next
    Print s
End Sub
```

A. 123　　B. 234　　C. 345　　D. 112

5. 产生50个互不相同的10～99随机整数，统计各数值段(10～19、20～29、…、90～99)有多少个数。将下列程序代码补充完整。

```
Private Sub Form_Load()
  Randomize
  Show
  Dim a(1 To 50) As Integer, g(1 To 9) As Integer
  a(1) = Int(10 + 90 * Rnd)
  k = 1
  Do While k < 50
      x = Int(10 + 90 * Rnd)
      f = 0
      For j = 1 To k
      If ____(1)____ Then
        ____(2)____
        ____(3)____
      End If
```

```
    Next
    If f = 0 Then
        k = k + 1
      (4)
___________________
    End If
Loop
  For j = 1 To 50
     h = Int(a(j) / 10)
     g(h) = ______(5)______
  Next
  For j = 1 To 9
    Print 10 * j; "-"; 10 * j +9, g(j)
  Next
End Sub
```

(1)A. f=1　　B. x>99　　C. x=a(j)　　D. x<>a(j)

(2)A. Exit For　　B. f=1　　C. a(k)=x　　D. f=0

(3)A. Exit for　　B. a(k)=x　　C. f=1　　D. Exit Do

(4)A. f=1　　B. a(k)=x　　C. x=a(k)　　D. g(k)=x

(5)A. a(j)　　B. g(j)+1　　C. h+1　　D. g(h)+1

二、设计程序题

1. 设计程序，随机产生 20 个[20,80]范围的正整数保存在一维数组中，并显示在窗体上。再将其进行逆置后显示在窗体上。结果如图 4-23 所示。

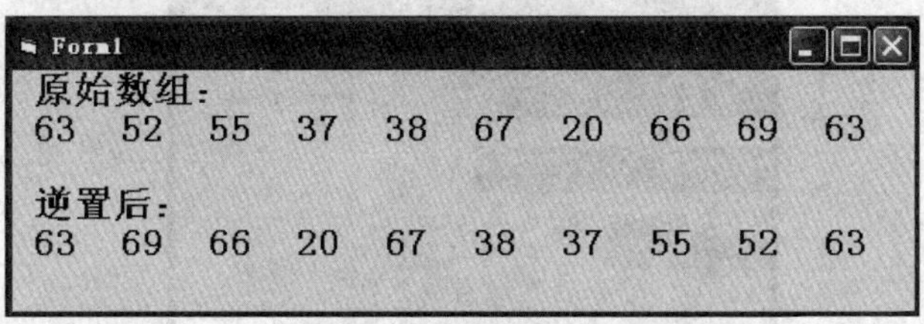

图 4-23　程序设计第 1 题界面

2. 随机产生 n 个两位正整数显示在窗体上，计算其平均数，再统计输出小于平均数的数据个数。

3. 计算 n 个数据的滑动平均值，滑动窗口宽度 k 可以是任意指定的正整数。求滑动平均值的方法如下：

对于原始数据中的前 k-1 项，照原样输出；

从第 k 项开始，各项的滑动平均值均为前 k 项的平均值(例如 k=5，则第一至四项均原样输出，第五项的值为前 5 项的平均值，第六项的值为(x2+x3+x4+x5+x6)/5。依此类推，计算结果不保留小数)。程序运行界面如图 4-24 所示。

图 4-24 程序设计第 3 题界面

4. 建立二维数组，并按其排列方式直接显示在窗体上。再将第一行元素与末行元素调换位置，把处理后的数组显示在窗体上，如图 4-25 所示。

图 4-25 程序设计第 4 题界面

5. 在窗体上创建一个 Label 控件数组，每个 Label 控件的初始位置与窗体左边对齐。程序运行后，每个 Label 控件均能定时改变成随机背景色和随机长度的彩条，如图 4-26 所示。

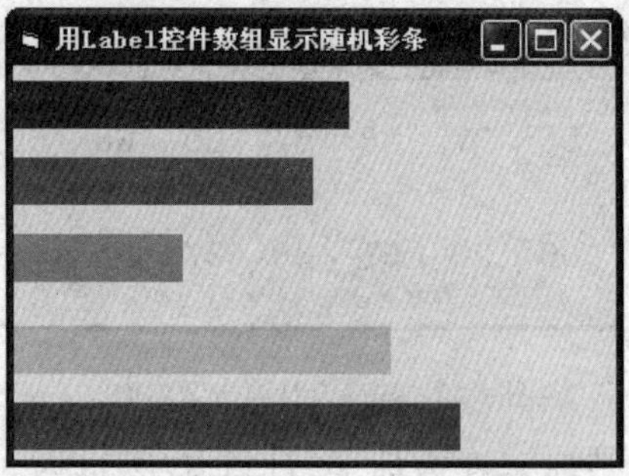

图 4-26 程序设计第 5 题界面

第5章　过　　程

前面各章经常书写的 Form_Click()等过程都是针对对象的事件过程。事件过程是指在某个对象上发生某个事件时，对该事件作出响应的程序段，这就是所谓的"事件驱动"机制。事件过程构成了应用程序的主体，它们总是与特定对象联系在一起。

除了事件过程之外，如果多个不同的事件过程都要执行某个相同的操作，就会使用一段相同的程序代码。为了避免程序代码的重复编写，VB 允许把这一段相同的代码独立出来，作为一个过程，供不同的事件过程调用，这种过程就称为通用过程。通用过程独立于事件过程，可以供事件过程或其他通用过程调用。

过程有两个重要作用：

模块化结构。将一个较大的应用程序分解成若干较小的过程，使程序有清晰的模块化结构，有利于代码的分头编写，便于多个程序员协同工作。

代码重用。复杂任务中常包含一些性质相同或相近的小任务，把这些小任务编写成具有通用独立功能的过程，使其能够在程序的不同位置上调用，从而简化了程序，避免了重复编程。

5.1　通 用 过 程

通用过程与事件过程一样，由程序员编写，它既可以保存在窗体模块(.frm 文件)中，也可以保存在标准模块(.bas 文件)中。通用过程与事件过程不同，它不能由事件的发生驱动执行，也不能由 VB 系统自动调用执行，只能通过事件过程的直接调用或正在被执行的其他通用过程的调用才能被执行。

例 5-1　输入 m、n，计算并输出：$c_m^n=\frac{m!}{n!\ (m-n)!}$。利用前面几章的知识可以很容易写出计算公式的代码如下：

```
Private Sub Form_Click()
        Dim m As Integer, n As Integer, k As Integer
        Dim cmn As Single, c As Single
read:   m = Val(InputBox("请输入 m 的值:"))   'm > n 才能计算公式
        n = Val(InputBox("请输入 n 的值:"))
        If n > m Then GoTo read:
        k = m
```

```
C=1                              '求m的阶乘
For i=1 Tok                      '斜体部分在程序中出现了 3 次
   c=c*i
Next i
cmn=c
k=n
c=1                              '求n的阶乘
For i=1 To k                     '斜体部分在程序中出现了 3 次
   c=c*i
Next i
cmn=cmn/c
k=m-n
c=1                              '求（m-n）的阶乘
For i=1 To k                     '斜体部分在程序中出现了 3 次
   c=c*i
Next i
   cmn = cmn / c
   Print "m="; m; "n="; n; "计算结果为:"; cmn
End Sub
```

程序中斜体部分代码出现了 3 次，做了重复工作，程序结构欠清晰，因此，可以将这部分独立功能的程序段书写成通用过程，供其他过程调用。

VB 中最常用的通用过程是：Sub 过程（子过程）和 Function 过程（函数过程）。下面介绍这两种通用过程的构造、调用等规则。

5.1.1 Sub 过程

1)Sub 过程的定义

Sub 过程与对象、事件均无关，是在代码窗口中的独立过程，随时等待其他过程（主要是事件过程）调用。

Sub 过程的创建方法是利用 VB 的过程添加工具生成过程框架，然后编写过程体。步骤如下：

①打开代码窗口；

②选择菜单“工具”→“添加过程”，打开添加过程对话框，如图 5-1 所示；

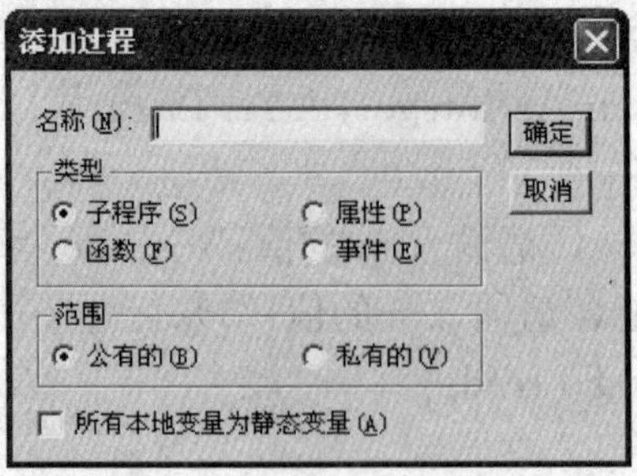

图 5-1 “添加过程”对话框

③在名称(N)框中输入过程名(过程名中不能含有空格);

④在类型组中选择 Sub 或 Function;

⑤在范围组中选择公有的(Public)(全局过程)或私有的(Private)(标准模块级/窗体级过程)。

说明:

①若选用 Public,表示所有模块的所有其他过程都可访问这个 Sub 过程;若选用 Private,表示只有在包含其声明的模块中的其他过程可以访问该 Sub 过程;若选用 Static,表示 Sub 过程的局部变量为静态变量,在过程被调用执行之后,其分配的存储单元和值仍然保留。

如果没有使用 Public、Private 显式指定,Sub 过程按缺省情况就是公用的。如果没有使用 Static,则局部变量都是非静态变量。

②参数表称为形参表(或虚拟参数表),说明调用时要传递给 Sub 过程的变量列表,多个变量需用逗号隔开。参数表格式如下:

[ByVal | ByRef]变量名[( )][As 数据类型],…

其中:ByVal 表示该参数按值传递,ByRef 表示该参数按地址传递。ByRef 是 VB 的缺省选项。当参数是数组时,形参与实参在参数声明时应省略维数,但括号()不能省略。

③Sub 过程可以调用自己,即递归调用。但不能在别的 Sub、Function 或 Property 过程中定义 Sub 过程。

④Exit Sub 语句表示从 Sub 过程中退出。在 Sub 过程体的任何位置都可出现 Exit Sub 语句。

⑤Sub 过程中使用的变量可以是显式定义或未定义的。在过程内显式定义的变量(使用 Dim 或等效方法)都是局部变量。对于使用了但又没有在过程中显式定义的变量,除非其在该过程之外更高级别的位置已显示定义,否则也是局部的。

⑥如果过程中使用了未在本过程内显式定义的变量,而在更高的模块级别也定义过同名的变量,就会产生名称冲突,则认为本过程使用的是模块级的名称。显式定义变量可以避免这类冲突。可以使用 Option Explicit 语句要求强制显式定义变量。

⑦Sub 过程可以获取调用过程传送的参数,也能通过参数表的参数(按地址传递)把计算结果传回给调用过程。

2) Sub 过程的调用

Sub 过程必须通过调用语句被调用。调用 Sub 过程有以下两种方法。

(1)直接使用过程名调用,即把过程名作为一个语句使用。

格式 1:过程名 [参数列表]

(2)使用 Call 语句调用 Sub 过程。

格式 2:Call 过程名 [(参数列表)]

调用 Sub 过程的参数列表称为实参表,各参数之间用逗号分隔。实际参数可以是常量、变量、表达式。实际参数应该有确定的值,而且类型与形参表中各参数的类型一致。

注意:在 Call 语句中参数列表要放在圆括号内。

例 5-2 重新书写引例程序。将计算阶乘的斜体代码独立组织成一个 Sub 过程。

```
Private Sub Form_Click()
```

```
    Dim m As Integer, n As Integer
    Dim cmn As Single,c1 As Single
    Dim c2 As Single,c3 As Single
    Do
     m = Val(InputBox("请输入 m 的值:"))          'm > n 才能计算公式
     n = Val(InputBox("请输入 n 的值:"))
     Loop While n > m
     Call jiecheng(m, c1)        '调用 Sub 过程求 m 的阶乘,结果存放在 c1 中
     Call jiecheng(n, c2)        '调用 Sub 过程求 n 的阶乘,结果存放在 c2 中
     Call jiecheng(m - n, c3)   '调用 Sub 过程求(m - n)的阶乘,结果存放在 c3 中
     cmn = c1 / c2 / c3
     Print "m="; m; "    n="; n; "    计算结果为:"; cmn
End Sub
'下面是完成求 k! 的 Sub 过程
Public Sub jiecheng(ByVal k As Integer, ByRef c As Single)
  c = 1                          '求 k 的阶乘
For i = 1 To k
c = c * i
Next i
End Sub
```

将求 k! 的过程独立书写后,比引例的程序简洁,结构也清晰。但需要在主过程中增加调用 Sub 子过程的语句,还需要提供调用时的实际参数。由于每次调用时需要返回计算的阶乘值,故 k! 过程中增加了一个形式参数 c,保存调用结果。实际上,对类似这种调用后需要返回一个值的情形,利用 VB 的函数通用过程更简单些。

5.1.2 Function 过程

Function 过程(函数过程),是通用过程的另一种形式。Function 过程与 Sub 过程不同,它不仅可以像 Sub 过程一样通过调用语句使用,还可以有返回值,在程序中可以像 VB 的内部函数那样作为表达式,是程序员自己编写的函数。

1)Function 过程的定义

【格式】

```
[Public|Private][Static] Function 函数名 ([形参表]) [As 数据类型]
语句组
[函数名 = 表达式]
[Exit Function]
语句组
[函数名 = 表达式]
End Function
```

其各部分的语法与 Sub 过程的定义基本相同。这里的函数名就是 Function 过程的名字。

说明:

①Exit Function 语句使执行立即从一个 Function 过程中退出。程序接着从调用该 Function 过程的语句之后的语句执行。在 Function 过程的任何位置都可以有 Exit Function 语句。

②要从函数返回一个值,只需将该值赋给函数名。在过程的任意位置都可以出现这种赋值语句。

如果没有对函数名赋值,过程将返回一个缺省值:数值函数返回 0,字符串函数返回一个空字符 (""),Variant 函数则返回 Empty。

③函数过程的调用可以是表达式中一个运算量,调用形式与调用内部函数一样。

2)Function 过程的调用

Function 过程不仅能像 Sub 过程那样单独调用(若有返回值,系统放弃返回值),还可以作为表达式的一部分放在一个 VB 语句中被调用。

【格式】 变量名=Function 过程名([参数列表])

例 5-3 重新书写引例程序。将计算阶乘的斜体代码独立组织成一个 Function 过程。

```
Private Sub Form_Click()
        Dim m As Integer, n As Integer
        Dim cmn As Single
        Do
            m = Val(InputBox("请输入 m 的值:"))   'm > n 才能计算公式
            n = Val(InputBox("请输入 n 的值:"))
        Loop While n > m
         cmn = jiecheng(m) / jiecheng(n) / jiecheng(m - n)
         Print "m="; m; "    n="; n; "    计算结果为:"; cmn
End Sub
'下面是完成求 k! 的 Function 过程
Public Function jiecheng(ByVal k As Integer) As Single
jiecheng = 1                              '求 k 的阶乘
For i = 1 To k
jiecheng = jiecheng * i
Next i
End Function
```

由于计算 k! 希望返回一个结果值,书写成函数过程形式十分简单,此时过程名具有变量的特点,定义其类型,像运算量一样直接出现在表达式中,省去了 Sub 过程中存放计算结果的变量。可见,如果过程的功能是得到一个计算结果,使用 Function 过程是首选。当然针对具体问题,选择 Sub 或 Function 过程形式并没有统一规定,完全由程序设计者自己选择。

3)查看过程

通用过程是程序中的公共代码段,可供各个事件过程调用,因此编写程序时经常要查看当前模块或其他模块中有哪些通用过程。

要查看当前模块中有哪些 Sub 过程和 Function 过程，可以在代码窗口的对象框中选择"通用"项，此时在过程框中会罗列出已存过程的名称。

如果要查看的是其他模块中的过程，可以选菜单"视图"→"对象浏览器"，在"对象浏览器"对话框中，从"工程/库"列表框中选择工程，从"类/模块"列表框中选择模块，此时在"成员"列表框中会列出该模块拥有的过程。

5.2 参数传递

过程调用时传递到过程内的变量、常量、表达式，统称为过程的参数。下面介绍 VB 程序中形式参数和实际参数的传递原则。

5.2.1 形式参数与实际参数的概念

形式参数(简称形参)是指在定义过程时，在过程头(指 Sub 或 Fuction 语句行)的参数列表中出现的变量名和数组名，在过程体中被引用。

实际参数(简称实参)是调用过程时，在过程名后的参数列表中出现的变量名、数组名、常量或表达式。

在调用过程时，实参表中参数的个数、数据类型和顺序必须与形参表一一对应，即：

①在程序中调用过程时提供的实参个数与形参个数相同；

②若实参是变量，则要求其数据类型与对应的形参数据类型相同；若实参是常量或表达式，则要求实参向形参赋值是相容的(即可以转换为对应的形参数据类型)。

在调用过程时，程序完成形参与实参的结合(虚实结合)，把实参传送给形参，在过程体中按形参安排的工作执行操作。

5.2.2 参数按地址传递和按值传递

如果形参是变量，则对应实参可以是同类型的变量、数组元素、表达式；如果形参是数组，则对应实参可以是同类型的数组。在调用过程时传递参数的方式有两种，一种是按地址传递参数，一种是按值传递参数。

1)按地址传递参数

按地址传递参数即让实参变量和形参变量共享同一个内存单元地址。在过程中对形参的操作就是对实参变量单元的操作，改变形参变量的值也即改变实参变量的值。按地址传递参数在 VB 中是默认的参数传递方式。

例 5-4 编写交换两个变量值的过程 Swap。程序运行结果如图 5-2 所示。

```
Private Sub Form_Activate()
    Form1. Caption = "用通用过程实现交换 2 个变量的值"
    Dim a As Integer, b As Integer
    a = 10: b = 15
    Print "调用过程前:a="; a, "b="; b
```

```
  Swap a, b                              '调用时对应实参是变量
  Print "调用过程后:a="; a, "b="; b
End Sub
Private Sub Swap(x As Integer, y As Integer)  '按地址传递参数
  Dim tmp As Integer
  tmp = x: x = y: y = tmp             '交换 x,y 的值也即交换实际参数的值
End Sub
```

过程调用结果由参数得到，选择 Sub 或 Function 均可。变量 a、b 的值在调用 Swap 函数过程后被交换，说明在过程中实现了对实参变量的直接操作。

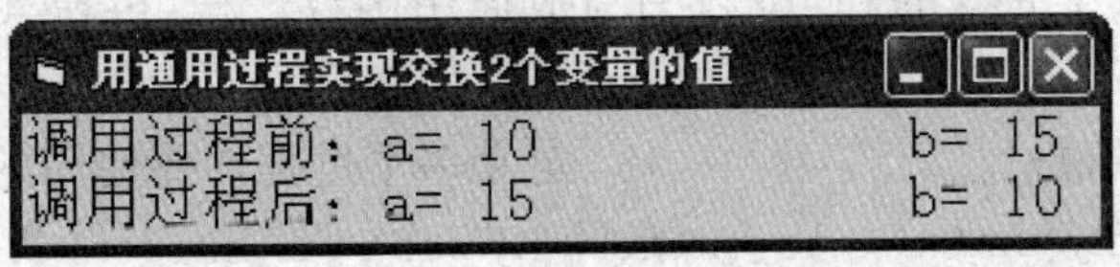

图 5-2　交换前后 a、b 的值

2)按值传递参数

按值传递参数是把实参变量的值传递给形参变量，此时形参变量是过程的一个局部变量，其初值等于实参变量，形参变量和实参变量是两个不同的内存单元。在过程中对形参变量的操作不影响实参变量的值，实参变量的值在过程调用前后保持不变。定义过程时用 ByVal 关键字指出参数是按值传递的。例如：

```
SubFun(ByVal x As Integer)
  ……
End Sub
```

把例 5-3 的过程 Swap 修改为按值传递参数：

```
Private Sub Form_Activate()
  Form1.Caption = "用通用过程实现交换 2 个变量的值"
  Dim a As Integer, b As Integer
  a = 10: b = 15
  Print "调用过程前:a="; a, "b="; b
  Swap a, b                              '调用时对应实参是变量
  Print "调用过程后:a="; a, "b="; b
End Sub
Private Sub Swap(ByVal x As Integer, ByVal y As Integer) '按值传递参数
  Dim tmp As Integer
  tmp = x: x = y: y = tmp             '交换 x,y 的值不能交换实际参数的值
End Sub
```

重新运行程序，结果如图 5-3 所示，没有实现交换两个变量值的工作。

3)传递数组参数

若要向过程传递整个数组，在过程定义中的形参和调用过程时的实参都必须写上所要传递的数组名和一对圆括号。当数组作为过程的参数时，规定是按地址传递，因此对数组元素的

修改将改变实参数组元素的值。

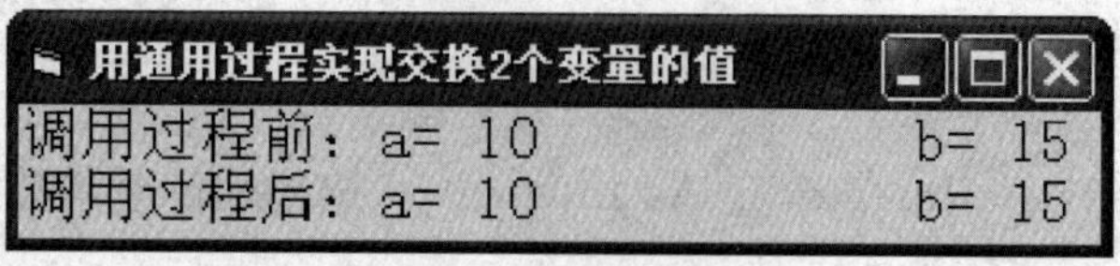

图 5-3 交换前后 a、b 的值

实参数组在调用程序中定义，在过程中不能对形参数组进行定义。在过程中形参数组使用的下标值，不得超过调用程序中实参数组定义的下标范围。

例 5-5 书写程序求数组中前 6 个、9 个、全部元素的和。

说明:“求数组前 n 个元素的和”可以书写成通用函数过程，再在其他过程中多次调用即可。程序关键代码如下，运行结果如图 5-4 所示。

```
Dim a(20) As Integer                    '定义多个过程均要使用的数组
Private Function mysum(x() As Integer, ByVal n As Integer) As Integer
mysum = 0
  For i = 0 To n
    mysum = mysum + x(i)
  Next i
End Function
Private Sub Command1_Click()
List1. Clear: List2. Clear
Randomize
For i = 0 To 20
  a(i) = Int(Rnd * 9 + 1)
  List1. AddItem a(i)
Next i
List2. AddItem "前 6 个元素和=" & mysum(a, 5)
List2. AddItem "前 9 个元素和=" & mysum(a, 8)
List2. AddItem "全部元素和=" & mysum(a, UBound(a))
End Sub
```

在 Command1_Click()过程中 3 次调用 mysum 函数过程，得到题意所要求的结果。

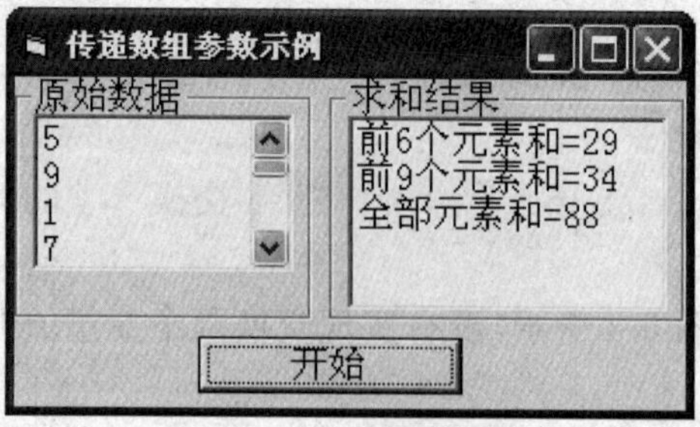

图 5-4 例 5-5 运行结果

5.3　过程的嵌套与递归调用

在一个通用过程中，可以调用另一个通用过程，这种调用方式称为嵌套调用。在一个通用过程中，也可以调用通用过程自己，这种调用方式称为递归调用。

5.3.1　嵌套调用

VB不允许在一个过程中嵌套定义另一个过程，各个过程都是相互平行和孤立的。但是，VB允许嵌套调用过程，且允许多层嵌套调用。图5-5给出了一个嵌套调用的示意。

图5-5表明的程序执行过程是：在执行事件过程中，调用过程1，程序转去执行过程1，在执行过程1中又调用过程2，程序转去执行过程2，待过程2的代码执行完成后才返回过程1，继续执行调用过程2语句之后余下的代码，待过程1执行完成后才返回事件过程，继续执行调用过程1语句之后余下的代码。这个执行过程说明过程2是嵌套在过程1中执行的，过程1是嵌套在事件过程中执行的，所以称为嵌套调用。

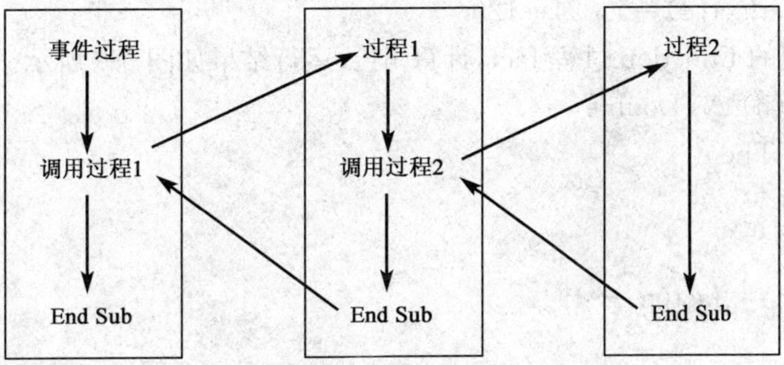

图5-5　过程的嵌套调用

5.3.2　递归调用

递归算法是现代数学的一个重要分支，常用于解决一些较复杂的问题。利用递归的思想编写程序，就是在一个过程中调用过程自己本身，即自己调用自己。递归在算法描述中有着不可替代的作用，很多看似极为复杂的问题，使用递归算法就显得非常简洁而清晰。

使用递归调用的条件是：

(1)可以把要解决的问题转化为一个新的问题，而这个新的问题的解法仍与原来的解法相同，只是所处理的对象有规律地递增或递减。

(2)可以用上述转化过程使问题得到解决。

(3)有一个明确的结束递归的条件。

例5-6　用递归方法计算n!（n>0）。

分析：自然数n的阶乘可以递归定义为：

$$n! = \begin{cases} 1 & n = 0,1 \\ n \times (n-1)! & n > 1 \end{cases}$$

递归调用的执行过程分两部分进行：回溯和递推。

为了说明这个算法的执行过程，假设已经编写 Function 过程 fact，fact(n)＝n!。根据递归算法有：fact(n)＝n * fact(n－1)。设 n＝5，则递归调用过程 fact 的执行过程如下：

(1)回溯，即不断进行递归调用的过程：

①fact(5)＝5 * fact(4)

②fact(4)＝4 * fact(3)

③fact(3)＝3 * fact(2)

④fact(2)＝2 * fact(1)

⑤fact(1)＝1

(2)递推，即递归调用终止后，从最后一次调用逐次返回并完成计算的过程：

①fact(1)＝1

②fact(2)＝2 * fact(1)＝2

③fact(3)＝3 * fact(2)＝3 * 2＝6

④fact(4)＝4 * fact(3)＝4 * 6＝24

⑤fact(5)＝5 * fact(4)＝5 * 24＝120

编写递归调用的 Function 过程 fact，计算 n!。运行结果如图 5-6 所示。

```
Function fact(n) As Double
  If n <= 1 Then
     fact = 1
  Else
     fact = n * fact(n - 1)
  End If
End Function
Private Sub Form_Load()
Label1.AutoSize = True
End Sub
Private Sub Command1_Click()  '单击命令按钮，计算 n!
Dim n As Integer
n = Val(InputBox("请输入 n 的值:"))
Label1.Caption = n & "! ="
Text1.Text = fact(n)
End Sub
```

图 5-6　递归算法计算阶乘

例 5-7 设计程序输出 Fibonacci 数列：1、1、2、3、5、8、13、21、34、55、…的前 n 项，Fibonacci 数列的递归定义为：

$$f(n)=\begin{cases}1 & n=1\\ 1 & n=2\\ f(n-1)+f(n-2) & n>2\end{cases}$$

分析：根据递归定义，可以书写如下关键代码，运行界面如图 5-7 所示。

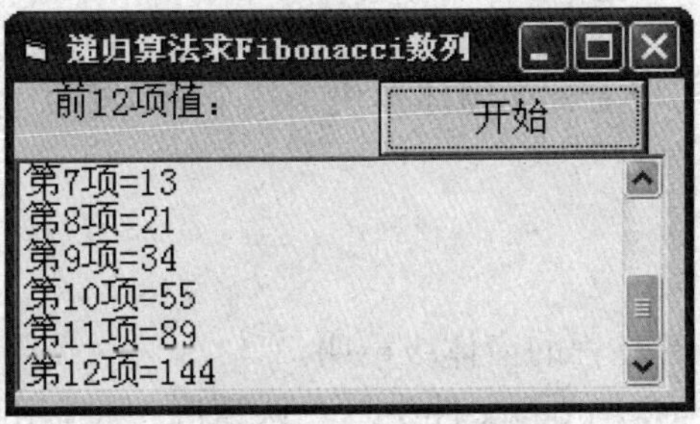

图 5-7 Fibonacci 数列

```
Function fib(n As Integer) As Long
  If n <= 2 Then
     fib = 1
  Else
     fib = fib(n - 1) + fib(n - 2)
  End If
End Function
Private Sub Form_Load()
Label1.AutoSize = True
End Sub
Private Sub Command1_Click()    '单击命令按钮，计算 n!
Dim n As Integer, i As Integer
List1.Clear
n = Val(InputBox("请输入 n 的值："))
Label1.Caption = "前" & n & "项值："
For i = 1 To n
List1.AddItem "第" & i & "项" & "=" & fib(i)
Next i
End Sub
```

5.4 变量、过程的作用域

在 VB 程序中的变量、过程都有一个自己作用的空间，所定义的位置、方式直接影响其作用域。为了理解这个问题，需要了解 VB 的应用程序由哪些部分组成。

5.4.1 代码模块的概念

VB 应用程序由三种模块组成，即窗体模块（Form）、标准模块（Module）和类模块（Class）。在每一个模块中都可以包含声明（常数、变量、动态链接库 DLL 的声明）和过程（Sub、Function、Property、Event 过程）。它们形成工程的一种模块层次结构，可以较好地组织工程，同时也便于代码的维护。

1）窗体模块

VB 程序中的一个窗体对应着一个窗体模块。一个窗体模块包含有：

（1）事件过程，即代码部分；

（2）控件；

（3）通用过程；

（4）窗体变量的说明、外部过程的窗体级声明。

窗体模块保存在扩展名为.frm 的文件中。默认情况下，应用程序中只有一个窗体，只有一个以.frm 为扩展名的窗体模块文件。如果应用程序有多个窗体，就会有多个以.frm 为扩展名的窗体模块文件。

如果用文本编辑器打开窗体模块文件，就会看到窗体及其控件的描述，包括它们的属性值，以及编写的事件过程和通用过程的代码。

2）标准模块

当应用程序较庞大时，常需要有多个窗体。在多窗体结构的应用程序中，有些由程序员创建的通用过程需要在多个不同的窗体中调用，这样的通用过程就应该在标准模块中编写。

标准模块保存在扩展名为.bas 的文件中。标准模块可以包含公有或模块级的常数、变量、外部过程和全局过程的全局声明或模块级的声明。在默认情况下，标准模块中的代码都是公有的，任何窗体或模块中的事件过程或通用过程都可以调用。在标准模块中可以编写通用过程，程序启动过程“Sub Main”，但不能编写事件过程。

在工程中添加标准模块的步骤为：选菜单“工程”→“添加模块”，打开“添加模块”对话框，选“新建”选项卡，双击模块图标（或单击“打开”按钮），在属性窗口给标准模块命名（Name），在标准模块的代码窗口中编写代码。

3）类模块

类模块（文件扩展名为 .cls）与窗体模块类似，只是没有可见的用户界面。可以使用类模块创建含有方法和属性代码的自己的对象。

用类模块创建对象，这些对象可被应用程序内的过程引用。标准模块只包含代码，而类模块既包含代码又包含数据，可视为没有物理表示的控件。类模块主要用来定义和建立 ActiveX 组件。

5.4.2 变量的作用域

变量的作用范围是指变量的有效范围，即变量的作用空间。

1）过程级变量

在过程内用 Dim 或 Static 语句声明的变量（或不加声明直接使用的变量）均为过程级变

量，只有在该过程中的代码才能引用、赋值，其他过程不能访问。

过程级变量在过程被调用时分配存储并初始化，一旦过程执行结束，变量自动释放。因此，不同的过程可以有同名的过程级变量，彼此之间没有任何关系。

过程级变量就是局部变量，只在定义的过程内有效，即使在该过程嵌套调用的过程中也不能使用，即局部变量的作用范围仅限于创建它们的过程。

下面程序说明了局部变量的意义。运行结果如图 5-8 所示。

```
Private Sub Form_Activate ()
    Dim x As Integer              '定义过程级变量
    Static a As String
    x = 1234:a = "abcd"
    Print
    Print "调用过程 Add 之前:    x="; x; " a="; a
    Add
    Print "调用过程 Add 之后:    x="; x; " a="; a
End Sub
Public Sub Add()
    Print "在过程 Add 中累加前: x="; x; "          a="; a
    x = x + 1000:   a = a + "efgh"
    Print "在过程 Add 中累加后: x="; x; " a="; a
End Sub
```

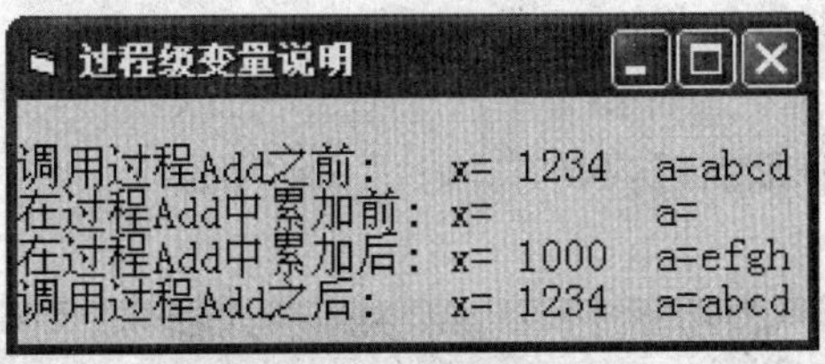

图 5-8　使用过程级变量

从运行结果可以看出：在 Activate 事件过程中定义的变量 x 和 a，只在该事件过程存在。在被调用的 Add 过程中直接使用的同名变量 x 和 a 与 Activate 事件过程中的变量 x 和 a 无关。实际上前者是在过程 Add 中重新定义的局部变量，独立地分配有不同的存储单元，当退出过程 Add 后，立即释放其分配的存储单元，与 Activate 事件过程中的同名变量没有关系。

为了减小过程之间的相互影响，使编写的过程代码更安全、更具通用性，在编写过程时应尽可能使用局部变量。

2）模块级变量

在模块的通用段中声明的变量为模块级变量。模块级变量分为私有的和公有的。

（1）私有模块级变量

在窗体模块或标准模块内的通用段，所有过程之外，用 Dim 语句或用 Private 语句声明的变量，可被本窗体模块或标准模块中的任何过程访问，这样的变量称为私有模块级变量（如图 5-9 所示）。

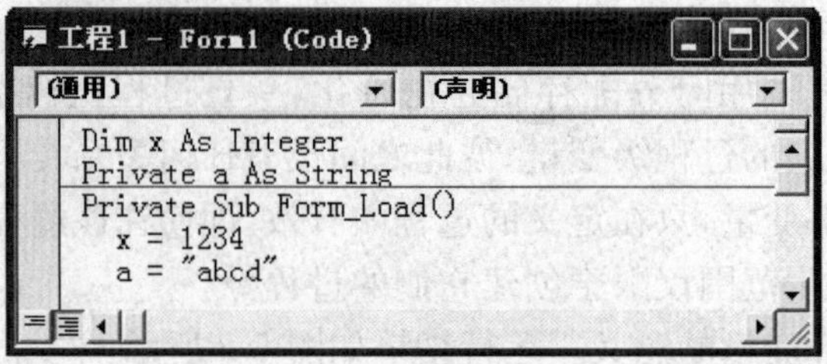

图 5-9　声明模块级变量

模块级变量的有效范围是整个模块，在该模块中的所有过程代码都可以引用，只有当程序运行结束后，系统卸载该模块时，模块级变量分配的存储单元才会被释放。例如，把上面代码中的变量 x 和 a 定义为模块级变量，重新运行该程序的结果如图 5-10 所示。

```
Dim x As Integer                         '定义模块级变量
Private a As String
Private Sub Form_Activate()
  x = 1234:a = "abcd"
  Print
  Print "调用过程 Add 之前:    x="; x; " a="; a
  Add
  Print "调用过程 Add 之后:    x="; x; " a="; a
End Sub
Public Sub Add()
  Print "在过程 Add 中累加前: x="; x; " a="; a
  x = x + 1000:a = a + "efgh"
  Print "在过程 Add 中累加后: x="; x; " a="; a
End Sub
```

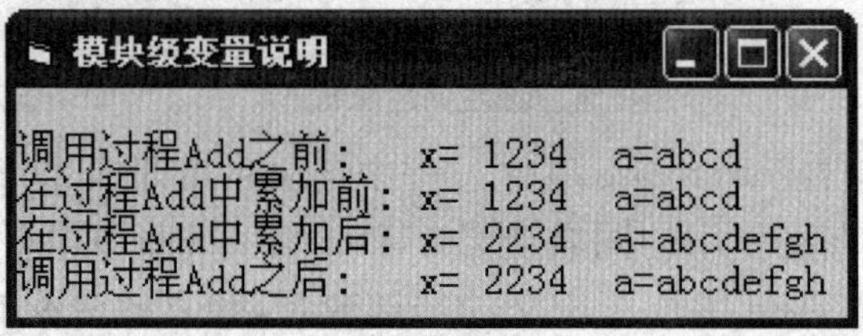

图 5-10　使用模块级变量

显然，在通用过程 Add 中操作的变量 x 和 a，就是在 Activate 事件过程中操作的变量 x 和 a，它们是同一组变量。私有模块级变量在该模块的各个过程中均能访问和修改。

(2)公有模块级变量

公有模块级变量就是全局变量，作用范围是整个应用程序。在窗体模块或标准模块中的通用段，用 Public 声明的变量，可被应用程序中的任何过程或函数访问。在该应用程序运行期间，全局变量都不会消失或重新初始化，应用程序运行结束才会释放所占用的存储单元。

在标准模块中声明的公有模块级变量可以在其他模块中直接引用。而对在窗体模块中声明的公有模块级变量，在其他模块中引用时，变量名前必须缀上一个模块名，格式为：

模块名.变量名

例如,创建一个工程,包含两个窗体模块、一个标准模块。工程资源管理器如图 5-11 所示。在三个模块的通用段分别定义公有模块级变量 a、b、c。

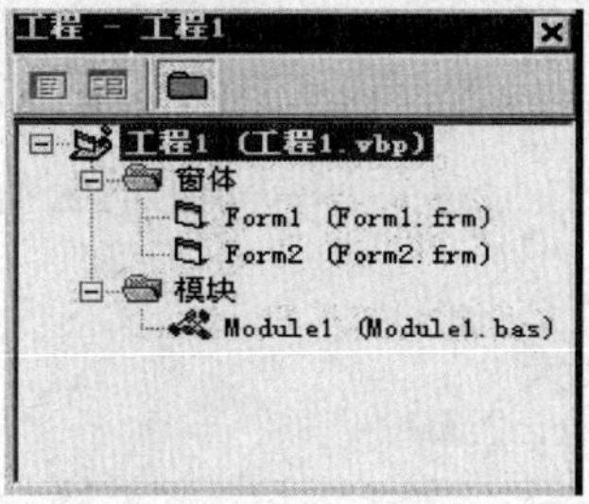

图 5-11 工程资源管理器

在 Form1 的代码窗口,分别编写 Load、Activate 和 Click 事件过程如下:

```
Public a As Integer  '定义 Form1 的公有变量
Private Sub Form_Load()
  a = 1234              '引用 Form1 的公有变量
  Form2. b = "abcd"  '引用 Form2 的公有变量
  c = Date              '引用 Module1 的公有变量
End Sub
Private Sub Form_Activate()
  Cls
  Print
  Print "调用过程 Add 之前:a="; a; " b="; Form2. b; " c="; c
  Add
  Print "调用过程 Add 之后:a="; a; " b="; Form2. b; " c="; c
End Sub
Private Sub Form_Click()
  Me. Hide
  Form2. Show
End Sub
```

在 Form2 的代码窗口,分别编写窗体的 Activate 和 Click 事件过程,代码如下:

```
Public b As String                    '定义 Form2 的公有变量
Private Sub Form_Activate()
  Cls
  Print
  Print "调用过程 Add 之前:a="; Form1. a; " b="; b; " c="; c
  Add
  Print "调用过程 Add 之后:a="; Form1. a; " b="; b; " c="; c
End Sub
```

```
Private Sub Form_Click()
  Me. Hide
  Form1. Show
End Sub
```

在 Module1 的代码窗口，创建一个通用 Fuction 过程 Add，其代码如下：

```
Public c As Date                    '定义 Module1 的公有变量
Public Sub Add()
  Form1. a = Form1. a + 4321
  Form2. b = StrReverse(Form2. b)
  c = c + 1000
End Sub
```

运行该程序，显示窗体 Form1，然后单击窗体 Form1，显示窗体 Form2，若再单击窗体 Form2，又会显示窗体 Form1(如图 5-12 所示)。

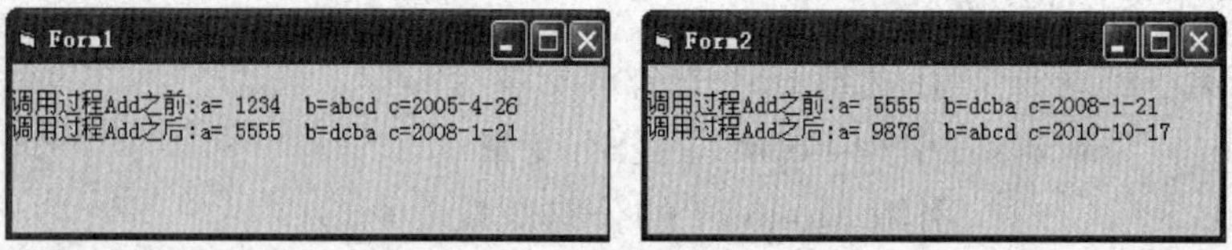

图 5-12 窗体 1 和窗体 2 显示结果

从程序的运行结果可以看到，在各模块通用段用 Public 声明的全局变量 a、b、c，在各个不同模块的过程中都能访问、修改。

5.4.3 变量的生存期

从变量作用的空间考查变量，称为变量的作用域。也可以从变量作用的时间考查变量，即考查变量的值能够保持的时间，称为变量的生存期。在变量的生存期内，变量能够保持其单元的值，在应用程序的运行中一直保持模块级变量和公用变量的值。

1)动态变量

在过程中用 Dim 定义的过程级(局部)变量，或没有定义直接使用的过程级变量为动态变量。动态变量只在定义它的过程执行时，才为其分配存储单元、赋初值，才在程序中存在。当一个过程执行完毕后，它的局部变量占用的内存单元被自动释放，其值也消失。当再次执行该过程时，它的所有局部变量将重新分配存储单元，重新初始化。

2)静态变量

在过程中用 Static 关键字声明的过程级变量称为静态变量。当定义静态局部变量的过程第一次被执行以后，在程序运行期间，该静态变量的值都被程序保留，分配的存储单元也不释放，与定义该静态变量的过程正在执行与否无关。当再次进入定义的过程时，上一次操作结束的值便是本次操作的初值。程序为静态变量所分配的存储空间要到程序运行结束后才释放。

如果用 Static 声明一个 Sub 过程或 Function 过程，则在该过程中定义的所有局部变量都有为静态变量，都具有静态变量的特性。

5.4.4 过程的作用域

过程也有其作用范围,即可以调用的范围,称为过程的作用域。在 VB 中过程的作用域分为模块级(或文件级)和全局级(或工程级)。

1)模块级过程

在模块内用 Sub 或 Function 定义的过程,若前面加有关键字 Private,该过程为模块级过程。模块级过程只能被所在模块(文件)中定义的其他过程调用。

2)全局过程

定义过程时,前面加有关键字 Public 或没有加关键字 Private 的过程为全局过程。全局过程可以被程序中各模块(文件)中定义的过程调用。

3)调用其他模块中的过程

在一个 VB 应用程序的任何过程中都可以调用在其他模块中定义的全局过程。

(1)调用窗体中定义的过程。调用其他窗体模块中定义的全局过程时,要在过程名前指明该过程是在哪个窗体模块中定义的,调用格式如下:

Call 窗体名.Sub 过程名(参数表)

窗体名.Sub 过程名 参数表

窗体名.Function 过程名(参数表)

如果在窗体模块 Form1 中有一个 Sub 过程 Sum,要求传递两个数值变量,在窗体模块 Form2 中要调用该过程,则调用的语句为:

Call Form1.Sum(a,b)

(2)调用标准模块中定义的过程。如果程序要调用的标准模块中的全局过程,在整个工程中其过程名是唯一的,则不必在调用时加模块名限定;如果要调用在两个以上的模块内都包含的同名过程,则调用时就必须加上模块名说明调用的是哪个标准模块中定义的过程。

【格式】

Call [模块名.]Sub 过程名(参数表)

[模块名.]Sub 过程名 参数表

[模块名.]Function 过程名(参数表)

如果在标准模块 Module1 和 Module2 中都有 Sub 过程 Sum,要求传递数组参数,在窗体模块 Form1 中调用模块 Module1 的过程 Sum,则调用语句为:

Call Module1.Sum(a())

5.5 多窗体与 Sub Main 过程

在一个 VB 应用程序中,允许创建多个窗体,多个标准模块和类模块。本节简要地讨论有关多窗体编程的问题。

5.5.1 多窗体操作

在多窗体程序中,每个窗体可以有自己的界面和程序代码,完成不同的操作。

1)添加窗体

要在当前工程中添加一个新的窗体,可选菜单的“工程”→“添加窗体”实现。每执行一次该命令,则建立一个新窗体。这些窗体的默认名称为Forml、Form2、……也可以在工程资源管理器中,鼠标右键单击“窗体”文件夹,弹出快捷菜单,选择“添加”菜单项,在弹出的下级菜单中选择“添加窗体”完成同样的操作。

2)删除窗体

(1)在工程资源管理器窗口中选定要删除的窗体。

(2)选择“工程”菜单中的“移除”命令。

也可以在工程资源管理器窗口中,用鼠标右键单击要删除的窗体,在弹出的快捷菜单中选择“移除××”命令。

3)保存窗体

在工程资源管理器窗口中选定要保存的窗体,再选择“文件”菜单中的“保存”或“另存为”命令,即可保存当前窗体文件。

同样也可以用鼠标在工程资源管理器窗口中选定要保存的窗体,再单击鼠标右键,在弹出的快捷菜单选择“××另存为”命令,保存窗体文件。

注意,工程中的每一个窗体都需要分别保存。

4)设置启动窗体

在单窗体程序中,运行程序时自动从这个窗体开始执行。在多窗体程序,默认情况下应用程序会把设计阶段建立的第一个窗体作为启动窗体,在应用程序开始运行时此窗体先被显示出来,其他窗体必须通过Show方法才能看到。

如果要设置其他窗体为启动窗体,可以采用以下操作:

(1)选菜单“工程”→“工程属性”命令,打开“工程属性”对话框(如图5-13所示)。

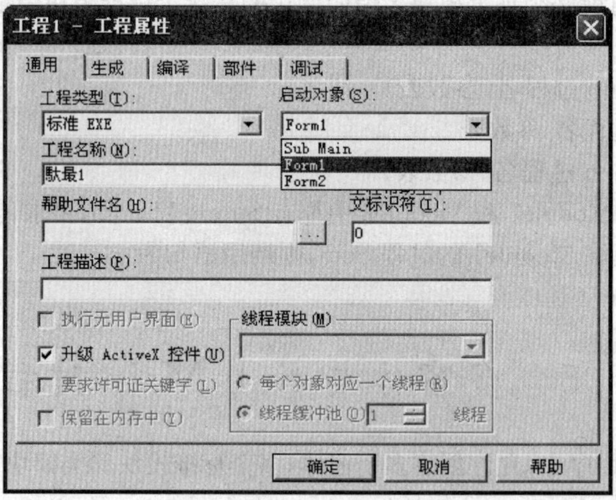

图5-13 设置启动窗体对话框

(2)选择“通用”选项卡,在“启动对象”列表框中选取要作为启动窗体的窗体名。

(3)单击“确定”按钮。

5)有关语句和方法

在多窗体程序中,各个窗体设计、设置与单窗体的设计、设置完全相同。不同的是,程序要在多个窗体之间进行切换,即需要打开、关闭、隐藏或显示指定的窗体,这可以通过相应的语句和方法实现。常用的语句和方法有:

(1)Load语句:把一个窗体装入内存,即在内存中加载一个窗体。语法格式为:

Load 窗体名

(2)Unload语句:清除内存中指定的窗体,即在内存中卸载一个窗体。语法格式为:

Unload 窗体名

(3)Show方法:在屏幕上显示一个已经在内存中加载的窗体。语法格式为:

窗体名.Show

(4)Hide方法:隐藏一个窗体,即不在屏幕上显示,但仍在内存中,其作用与Unload不同。语法格式为:

窗体名.Hide

5.5.2 Sub Main过程

有时在程序启动时不需要加载任何窗体,而是首先执行一段程序代码,例如,需要根据某种条件决定显示几个不同窗体中的哪一个。要做到这一点,可以在标准模块中创建一个名为Main的Sub过程,把首先要执行的程序代码放在该Sub Main过程中,并指定Sub Main为"启动对象"。在一个工程中只能有一个Sub Main过程。

当工程中含有Sub Main过程(已设置为"启动对象")时,应用程序在运行时总是先执行Sub Main过程。

设置Sub Main过程为"启动对象"的方法是:在"工程属性"对话框(如图5-13所示)中选择"通用"选项卡,从"启动对象"下拉列表框选中"Sub Main"。

例5-8 Sub Main过程示例。

本例中建立3个窗体(Form1~Form3)和1个标准模块(Module1),如图5-14所示。三个窗体分别显示100~200之间、200~300之间和300~400之间的素数,标准模块中有一个Sub Main过程和一个判断素数的Function Prime过程。运行程序时,由用户输入1、2或3确定程序首先显示哪个窗体。

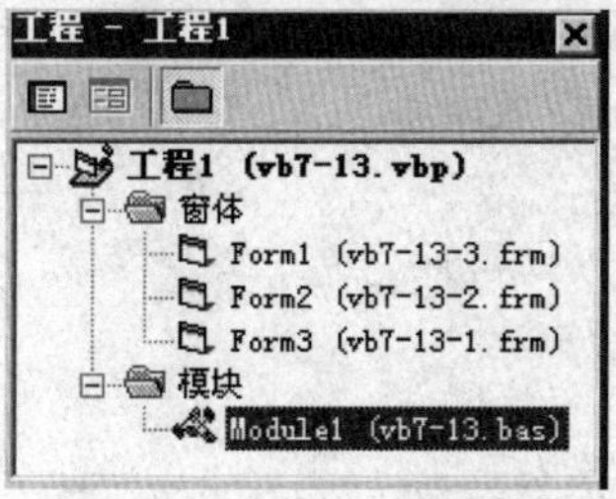

图5-14 工程中的模块

(1)Sub Main过程。在标准模块Module1的代码窗口编写Sub Main过程和Function Prime过程。代码如下:

```
Public SubMain()
   Dim a As Integer
   a = Val(InputBox("输入一个整数(1~3)", "选择首先显示哪个窗体", 1))
   Select Case a
       Case 1
           Form1.Show
       Case 2
           Form2.Show
       Case 3
           Form3.Show
   End Select
End Sub
Public Function Prime(m As Long) As Boolean
  Prime = True
  For i = 2 To Sqr(m)
    If m Mod i = 0 Then Prime = False: Exit For
  Next
End Function
```

(2)窗体Form1。在该窗体上添加一个框架Frame1和一个列表框List1。分别编写窗体Form1的Load事件过程(设置控件属性)、Form1的Activate事件过程(显示指定范围的素数)、Form1的Click事件过程(结束程序运行)和列表框List1的Click事件过程(切换到下一个窗体显示)。代码如下:

```
Private Sub Form_Load()
  Frame1.Caption = "100~200之间的素数"
End Sub
Private Sub Form_Activate()
  Dim i As Long
  For i = 101 To 200 Step 2
    If Prime(i) Then
       List1.AddItem i
    End If
  Next
End Sub
Private Sub Form_Click()
  Unload Form1:Unload Form2:Unload Form3
End Sub
Private Sub List1_Click()
  Form1.Hide:Form2.Show
```

```
End Sub
```

(3)窗体 Form2。窗体上的控件、代码窗口中的代码均与 Form1 相同，仅把 Activate 事件过程中的 For 语句行改为：

```
For i =201 To 300 Step 2
```

(4)窗体 Form3。窗体上的控件、代码窗口中的代码均与 Form1 相同，仅把 Activate 事件过程中的 For 语句行改为：

```
For i =301 To 400 Step 2
```

程序运行情况如图 5-15 所示。当单击列表框时，程序显示下一个窗体；当单击窗体时结束程序运行。

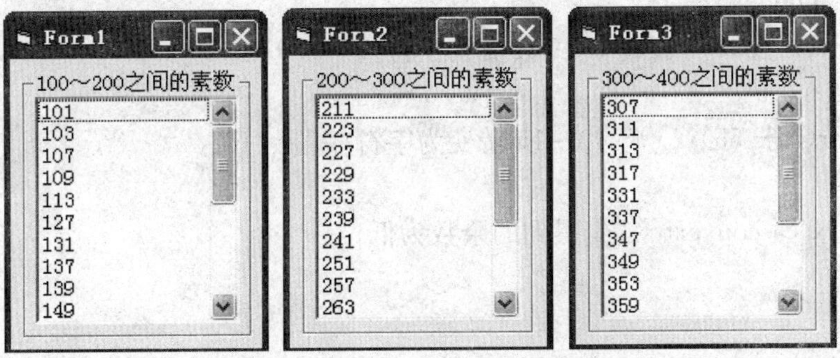

图 5-15　三个窗体分别显示不同范围的素数

过程是实现程序模块化的一种方法，使用过程组织程序可以使程序结构清晰、功能明确，易于修改和维护，方便团队协作开发软件。从程序执行效率来看，程序模块化可能会增加机器开销，占用更多资源。因此，程序模块化的目的是为了提高软件的质量。

5.6　算法综合实例

通过本章内容的学习，关于程序设计的基本技术和方法已经全部介绍完毕。要想设计一个较大型的程序，最好的处理方法就是将其分解成若干个小的功能模块，然后通过过程实现每个模块的功能，这种理念正是现代软件设计的思想。

在 VB 中，模块的具体体现就是函数或过程，而在模块的内部则通过使用各种顺序、分支和循环控制结构和变量、数组等数据类型解决问题。一个过程，往往不必修改或只需稍做修改，就可以被另一个程序使用，把"重复编写，只用一次"变成"只编一次，重复使用"，且利用团队合作进行软件的维护。本节试图通过一些综合实例的应用，使读者加深对算法设计的认识，体会程序设计的方法和技术。

例 5-9　设计程序，将一个十进制整数转换成 r 进制数。其中 r 可以是二、八、十六进制。程序运行界面如图 5-16 所示。

分析：根据数制转换原理，将一个十进制整数 n 转换为 r 进制数的方法是将 n 不断除 r 取余数，直到商为 0，且最早得到的余数为最低位。

书写代码如下：

```
Private Function convert(n As Long, r As Integer) As String
```

图 5-16　例 5-9 运行界面

```
Dim x As String, i As Integer
convert = ""
Do While (n > 0)
i = n Mod r
If i <= 9 Then
    x = Chr(i + 48)   '将 0~9 转变为字符"0"~"9"
Else
    x = Chr(i + 55)   '将 10~15 转变为字符"A"~"F"
End If
convert = x & convert   '先得到的余数为低位
n = n \ r
Loop
End Function
Private Sub Command1_Click()
Dim n As Long, r As Integer
n = Val(Text1.Text)
r = Val(Text2.Text)
Text3.Text = convert(n, r)
End Sub
```

例 5-10　设计程序,求多个数的最大公约数。程序运行界面如图 5-17 所示。

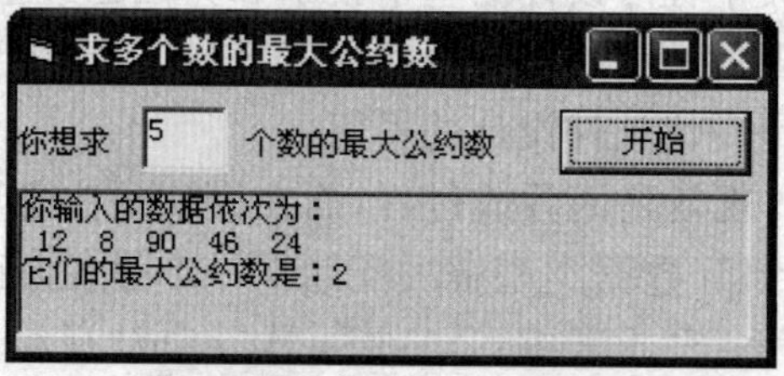

图 5-17　求多个数的最大公约数

分析:设计求 2 个数的最大公约数的通用过程,然后多次调用。为了方便程序编号,本例将多个数存放到一个一维数组中。

书写关键代码如下:

```
Option Base 1
Private Sub Command1_Click()
Dim a() As Integer
n = Val(Text1.Text)
```

```
ReDim a(n)
Picture1. Print "你输入的数据依次为:"
For i = 1 To n
  a(i) = Val(InputBox("请依次输入第" & i & "个数"))
  Picture1. Print a(i);
Next i
Picture1. Print
n1 = a(1)
For i = 2 To n                          'n个数用n-1次函数求最大公约数
m1 = a(i)
x = big(m1, n1)
If x = 1 Then Exit For Else n1 = x '只要公约数为1,则不再继续运算
Next i
Picture1. Print "它们的最大公约数是:" & x '显示n个数中的最大公约数
End Sub
Private Function big(ByVal m As Integer, ByVal n As Integer) As Integer
If m < n Then k = m Else k = n
For i = 1 To k
   If m Mod i = 0 And n Mod i = 0 Then big = i
Next i
End Function
```

例 5-11　编写程序实现对一维数组进行整理,即:将小于 m 的数移动到数组前端,大于 m 的数移动到数组后端,等于 m 的数保留在数组的中间,数组元素个数 n、数据范围以及 m 中间数均通过输入获得,程序运行界面如图 5-18 所示。

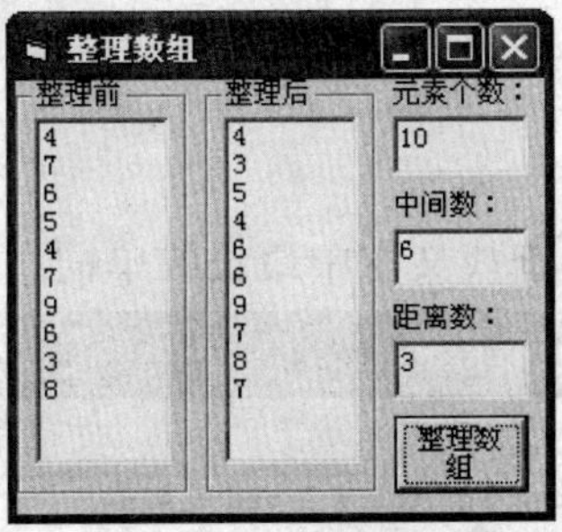

图 5-18　整理数组

关键代码如下:

```
Option Base 1
Private Sub p(a() As Integer, m As Integer)
low = 1: i = 1
high = UBound(a)
Do While i <= high
```

```
If a(i) < m Then                     '如果小于中间数
    t = a(i): a(i) = a(low): a(low) = t
    low = low + 1: i = i + 1
ElseIf a(i) > m Then
    t = a(i): a(i) = a(high): a(high) = t
    high = high - 1
Else
    i = i + 1
End If
Loop
End Sub
Private Sub Command1_Click()
Dim n As Integer, m As Integer, k As Integer
List1. Clear: List2. Clear
Dim a() As Integer
n - Val(Text1. Text)
ReDim a(n)
m = Val(Text2. Text): k = Val(Text3. Text)
For i = 1 To UBound(a)
a(i) = Int(Rnd * (2 * k + 1) + (m - k))
List1. AddItem a(i)
Next i
Call p(a, m)
For i = 1 To UBound(a)
List2. AddItem a(i)
Next i
End Sub
```

例 5-12　编写一个函数过程,查找文本中最长的单词。程序运行界面如图 5-19 所示。

图 5-19　查找最长单词

分析:查找最长单词,首先要从字符串中分离单词,最原始的方法就是利用 Mid()函数对文本字符串逐个字符进行判断,如果遇到空格、逗号、句号等单词结束标志,则认为前面的子串是单词,然后记录下此单词的内容和长度。

关键代码如下:

```
Private Function maxstr(s As String) As String
newword = "": maxword = "": newlen = 0: maxlen = 0
For i = 1 To Len(s)
c = Mid(s, i, 1)
If c = " " Or c = "." Or c = "," Then   '如果是空格、逗号、句号,则一个单词结束
   If newlen > maxlen Then   '判断新单词是否为最长单词
      maxword = newword
      maxlen = newlen
   End If
   newlen = 0: newword = ""
Else
   newword = newword & c            '累积单词及其长度
   newlen = newlen + 1
End If
Next i
maxstr = maxword
End Function
Private Sub Command1_Click()
Text2.Text = maxstr(Text1.Text)
End Sub
```

例 5-13 设计程序,用牛顿迭代法求方程 $2x^3-4x^2+3x-6=0$ 在 1.5 附近的根。

分析:方程求解是数值计算中的重要内容,对于一元二次方程可以用求根公式求解,对于二次以上的高次方程通常用牛顿迭代法、二分法、弦截法等方法求其根的近似解。

牛顿迭代法解高次方程 $f(x)=0$ 在 x_0 附近的一个实根的迭代公式为:$x_{n+1}=x_n-\frac{f(x_n)}{f'(x_n)}$ 。

关键代码如下:

```
'定义求函数值的函数过程
Public Function f(ByVal x As Single) As Single
f = 2 * x^3 - 4 * x^2 + 3 * x - 6
End Function
'定义对 f(x)求导数的函数过程
Public Function fd(ByVal x As Single) As Single
fd = 6 * x^2 - 8 * x + 3
End Function
'求方程近似根的函数过程
Public Function root(ByVal x As Single) As Single
Dim x1 As Single, f1 As Single, f2 As Single
Do
```

```
x1 = x
x = x1 - f(x1) / fd(x1)
Loop Until Abs(x - x1) < 0.000001
root = x
End Function
'调用函数求方程的近似根
Private Sub Command1_Click()
Print "x="; root(1.5)
End Sub
```

习　　题

分析程序，写出运行结果

1. 运行以下程序段后，单击窗体显示的结果是：

```
Private Sub Form_Click()
  Dim b As Integer, y As Integer
  Call Mysub2(3, b)
  y = b
  Call Mysub2(4, b)
  Print y + b
End Sub
Public Sub Mysub2(x, t)
  t = 0
    For k = 1 To x
    t = t + k
    Next
End Sub
```

2. 运行下面程序段后，单击窗体显示的结果是：

```
Public Sub Mysub3(ByVal x As Integer, y As Integer)
  x = y + x
  y = x Mod y
End Sub
Private Sub Form_Click()
  Dim a As Integer, b As Integer
  a = 11: b = 22
  Call Mysub3(a, b)
  Print a; b
End Sub
```

3. 运行下面程序后，窗体显示的结果是：

```
Public Sub Mysub4(x As Integer)
  x = 3 * x - 1
  If x < 5 Then x = x + 9
  Print x;
End Sub
Private Sub Form_Click()
  x = 1
  Mysub4 3 + x
  Print x
End Sub
```

4. 运行下面程序后，窗体显示的结果是：

```
Public Function Fn1(x) As String
  k = Len(x)
  Fn1 = Mid(x, 2, k - 2)
End Function
Private Sub Form_Click()
  Dim a As String, b As String, s As String
  a = "ABCDEFG": b = "12345"
  s = Fn1(a) + Fn1(b)
  Print Fn1(Fn1(Fn1(s)))
End Sub
```

第 6 章　用户界面设计

在 Windows 编程环境中,菜单栏、工具栏、状态栏、应用程序界面等是用户图形界面的标准组成要素。借助菜单和对话框,能够有效地组织和控制应用系统各功能模块的运行和程序的走向。对 VB 应用程序来说,如果操作比较简单,通过控件就能设计出操作界面;当要完成的操作比较复杂时,使用菜单就有很明显的优势。

本章将介绍设计应用程序时常常涉及的界面要素——菜单、对话框和工具栏。

6.1　菜 单 设 计

菜单的作用主要有两个:提供人-机对话界面,将应用程序的各种操作分组显示在界面上,方便用户选择;管理应用程序,控制各种功能模块的执行。

如果应用程序要为用户提供一组命令,菜单是一种方便的能给命令分组的并使用户容易访问的形式。常用的菜单形式有下拉式菜单和弹出式菜单。

6.1.1　下拉式菜单

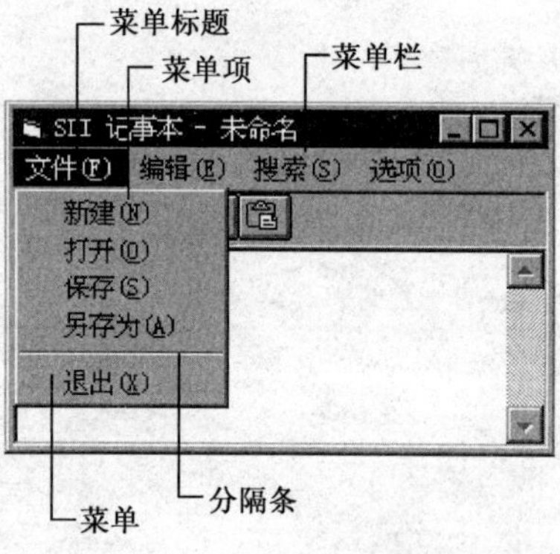

图 6-1　“记事本”下拉式菜单

1)下拉式菜单的结构

图 6-1 是“记事本”应用程序的下拉式菜单。

在下拉式菜单中通常包含一个主菜单栏,其中包含若干个菜单项,称为主菜单标题。每个主菜单标题通过鼠标单击或键盘操作一般都能“下拉”出下一级菜单,称为子菜单。子菜单中的标题项分为三种:菜单命令(或选项)、子菜单标题和分隔条。菜单命令或选项可以直接执行,也可以有快捷键和热键;子菜单标题可以继续“下拉”出下一级菜单,VB 中最多可以包括六层下拉菜单;分割条用于对子菜单项进行分组。

2)下拉式菜单的设计

在 VB 中设计菜单时,把每个菜单项(主菜单项或子菜单项,分隔条)都看成控件,因此,每个菜单项控件也有属性或操作方法,但都只有一个 Click 事件,用鼠标或键盘选中该控件时将触发 Click 事件。

VB 中没有提供菜单控件,只能通过“菜单编辑器”建立和编辑菜单。可用下面四种方式之一打开“菜单编辑器”(图 6-2 所示)。

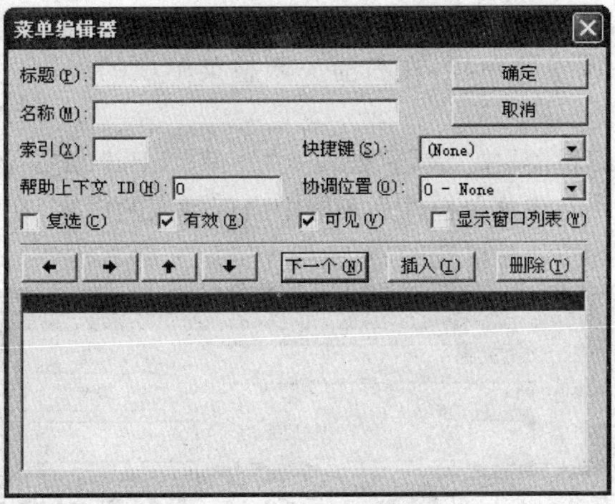

图 6-2　菜单编辑器外观

(1)选菜单“工具”→“菜单编辑器”；

(2)单击“工具栏”上的“菜单编辑器”按钮；

(3)在窗体上单击鼠标右键→“菜单编辑器”；

(4)在当前窗体上用快捷键“Ctrl＋E”打开“菜单编辑器”。

例 6-1　设计一个应用程序，要求其运行窗口中含有两个文本框和两个下拉式菜单，两个文本框依次表示“源文本”和“目的文本”。程序运行后，在两个文本框中输入数据，再选择相应的菜单，即能完成“源文本”复制到“目的文本”、“源文本”和“目的文本”交换等工作。程序界面如图 6-3 所示。

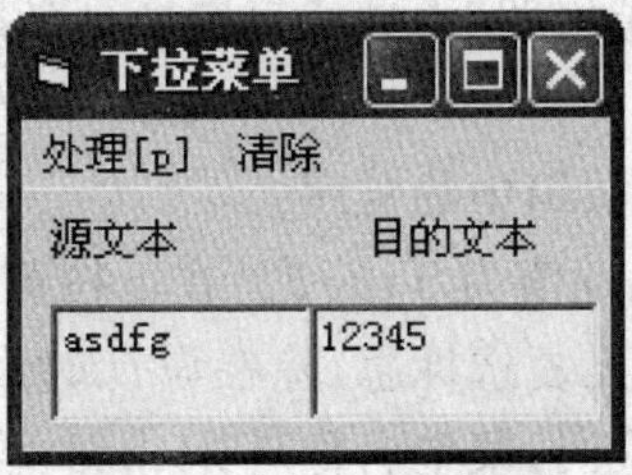

图 6-3　例 6-1 运行界面

设计步骤：

①新建一个工程，在窗体中添加两个标签和两个文本框。

②设计菜单，其结构如表 6-1 所示。

例 6-1 菜 单 结 构　　表 6-1

标题	名称	快捷键	热键
处理	mp		P
…复制	mc	Ctrl＋C	C
…移动	mm	Ctrl＋M	M
…交换	me	Ctrl＋E	E
…‘	mb		
…退出	mx		X
清除	mk		K

打开“菜单编辑器”，利用编辑器中部的按钮，可以在下面的控件列表框中编辑、调整菜单项，左右箭头调整菜单项的级别，上下箭头调整菜单项的位置。

在图 6-4 所示“菜单编辑器”中“标题”处输入“处理[&P]”，定义该菜单的热键是 P(即启动该项可以按 Alt+P)，此时在菜单控件列表框中出现键入的内容，在“名称”处输入菜单项的名称 MP(必填项)，“快捷键”处是可选的。

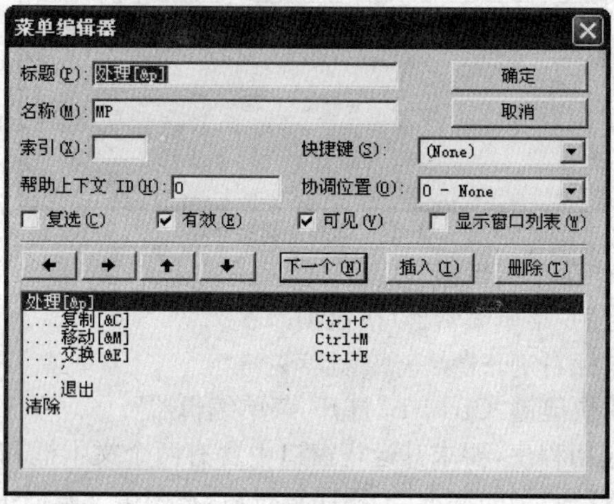

图 6-4　利用“菜单编辑器”设计菜单

单击【下一个】按钮，可以输入下一个菜单项。

如果需要的话，可以在“菜单编辑器”中继续设置控件的其他属性，当然也可以在“属性”窗口中再设置。

索引：用于标识菜单项在菜单数组中的顺序。

复选：Checked 属性。当该属性值为 True 时，在下拉菜单项前面显示一个复选标志。若某菜单项有复选标志，再选时希望无复选标志，除在设计时设置该菜单项具有复选功能外，还必须在相应事件过程中写入如下代码：菜单名称. Checked= Not 菜单名称. Checked

有效：设置下拉菜单项的 Enabled 属性，缺省值为 True。若要在程序运行时使某个菜单项不可选，可设置为 False。

可见：设置下拉菜单项的 Visible 属性，缺省值为 True。若要在程序运行时使某个菜单项不可见，可设置为 False。

另外，分隔条的设置就是在“菜单编辑器”中的“标题”处输入连字符（—）。并且，分隔符条是不能响应 Click 事件的，而且也不能被选取。

③程序关键代码如下：

```
Private Sub MC_Click()    '将文本框 1 中内容复制到文本框 2 中
Text2. Text = Text1. Text
End Sub
Private Sub me_Click()    '将文本框 1 的内容和文本框 2 中内容交换
t = Text1. Text: Text1. Text = Text2. Text: Text2. Text = t
```

```
End Sub
Private Sub mk_Click()    '将两个文本框的内容清除
Text1.Text = "": Text2.Text = ""
End Sub
Private Sub MM_Click()    '将文本框 1 的内容移动到文本框 2 中
Text2.Text = Text1.Text
Text1.Text = ""
End Sub
Private Sub mx_Click()    '结束程序
End
End Sub
```

6.1.2　弹出式菜单

弹出式菜单是独立于窗体菜单栏而显示在窗体内的浮动式菜单，通常在某区域内通过右键单击鼠标打开，也称"快捷菜单"。弹出式菜单能根据单击鼠标的位置，动态地调整菜单项的显示位置及内容。设计弹出式菜单的步骤如下：

(1)在"菜单编辑器"中建立一个包含弹出式菜单中各菜单项的菜单，然后将其顶级菜单项的"可见"属性设置为 False。

(2)在对象的 MouseDown 事件中编写代码，使用 PopupMenu 方法显示弹出式菜单，该方法的语法格式为：

[对象名.] PopupMenu 菜单名[. flags[. x[. y[. BoldCommand]]]]

其中：

对象名：可选项，指出在哪个对象上打开弹出菜单，缺省为当前窗体。

菜单名：必选项，指通过"菜单编辑器"设计出的主菜单名称。

Flags：可选项，是一个数值或符号常量，用于指定弹出菜单的位置和行为，其取值如表 6-2 和表 6-3 所示。如同时指定位置和行为常量，则将其用"or"相连。

指定位置常量　表 6-2

值	位置常量	说　明
0	vbPopupMenuLeftAlign	缺省值，菜单的左上角位于坐标(x,y)处
4	vbPopupMenuCenterAlign	菜单上边框的中央位于坐标(x,y)处
8	vbPopupMenuRightAlign	菜单右上角位于坐标(x,y)处

指定菜单行为的参数　表 6-3

值	位置常量	说　明
0	vbPopupMenuLeftButton	缺省值，菜单中的命令只接受左键单击
2	vbPopupMenuRighButton	菜单中的命令可接受左、右键单击

x 和 y：指定菜单的坐标，如均缺省则用鼠标所在位置。

BoldCommand：指定在菜单中想加粗的菜单项，只能有 1 项。

例 6-2 用弹出式菜单实现文本框中内容的复制、粘贴、剪切和删除功能。

设计步骤:

①新建一个工程,向窗体上添加一个 Text1 控件,并设置文本框的 MultiLine=true。

②打开“菜单编辑器”,按表 6-4 内容设计弹出式菜单。

弹出式菜单设置表 表 6-4

菜 单 项	名 称	快 捷 键
编辑	edit	无
…复制	copy	Ctrl+C
…粘贴	paste	Ctrl+V
…-	fg	无
…剪切	cut	Ctrl+X
…删除	delete	无

③程序关键代码如下:

```
Private Sub Form_Load()
  Clipboard. Clear                          '清空剪切板
  Edit. Visible = False                     '顶级菜单不可见,否则会出现下拉式菜单
End Sub
Private Sub Copy_Click()
  Clipboard. SetText Text1. SelText, 1    '将选择的内容复制到剪切板上
End Sub
Private Sub Cut_Click()
  Clipboard. SetText Form1. Text1. SelText, 1  '将选择的内容复制到剪切板上
  Text1. SelText = ""   '将选中内容设置为空
End Sub
Private Sub Delete_Click()
  Text1. SelText = ""  '将选中内容设置为空
End Sub
Private Sub Paste_Click()
  a = Text1. SelStart
  str1 = Mid(Text1. Text, 1, a)
  str2 = Mid(Text1. Text, Text1. SelStart + 1, Len(Text1) - Len(str1))
  Text1 = str1 & Clipboard. GetText & str2
End Sub
Private Sub Text1_MouseDown(Button As Integer, Shift As Integer, X As Single, Y
As Single)
If Button = 2 Then
   PopupMenu Edit
```

End If

End Sub

备注:本例中用到了剪贴板及鼠标事件,这里稍加说明。

①Clipboard(剪贴板)请参看 6.3 节。

②鼠标事件,参看第 7 章。

6.2 工具栏和状态栏

在 Windows 应用程序中,除了菜单外,工具栏往往是菜单的图形化体现。利用工具栏,可以把那些最常用的菜单操作变成直观、简捷的图标操作,从而为用户提供更多的方便。

状态栏也是应用程序的一个重要组成部分,主要用来显示系统信息和对用户的提示,例如系统日期、软件版本、光标的当前位置、键盘的状态等。

在 VB 应用程序中构建工具栏和状态栏时,需要组合使用外部控件 ToolBar、StatusBar、ImageList,它们都不是 VB 的标准控件,而是 VB 专业版和企业版所特有的 ActiveX 控件,使用时可以将其添加到工具箱再在工程中使用。具体方法是:选菜单"工程" →"部件",在"部件"对话框的控件列表中选择"Microsoft Windows Common Controls 6.0",按"确定",就会把 ToolBar、ImageList、StatusBar 等一组共九个外部控件添加到工具箱中,如图 6-5 黑框中的内容所示。

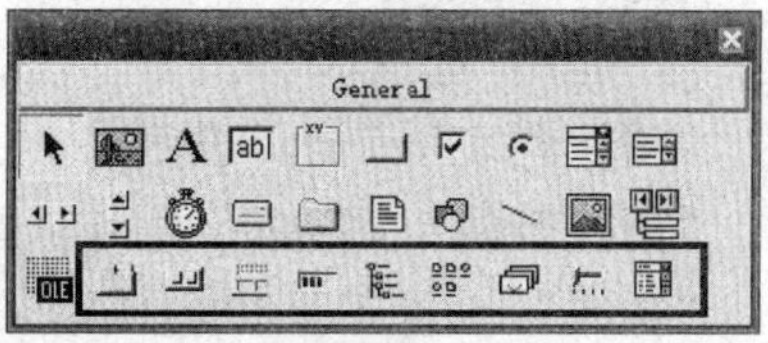

图 6-5 在工具箱中添加的一组外部控件

6.2.1 工具栏

VB 中可以用手工方式制作工具栏,也可以利用 ToolBar 控件和 ImageList 控件制作工具栏,这里介绍第二种方法。利用 ToolBar 控件和 ImageList 控件创建工具栏的步骤如下:

1)在 ImageList 控件中添加图像

工具栏上的按钮都有图形,由于这些按钮没有 Picture 属性,只能利用 ImageList 控件为其保存图像。在 ImageList 控件中添加图像的方法:在窗体上添加 ImageList 控件(程序运行时不可见)并右击,在快捷菜单中选"属性",打开如图 6-6 所示的"属性页"对话框。选"图像"选项卡,依次插入图片到 ImageList 控件中。图 6-6 插入了三个图像。

属性页中关键参数及按钮的含义如下:

"索引(Index)":每个插入图像的编号,在 ToolBar 的按钮中引用。

"关键字(Kye)":每个插入图像的标识名,在 ToolBar 的按钮中引用。

"插入图片"按钮:插入新图像,其文件的类型可以为.ico、.bmp、.gif、.jpg 等。

"删除图片"按钮:删除选中的图像。

"图像数":插入的图像总数。

2)在 ToolBar 控件中添加按钮

ToolBar 控件是一组按钮的集合,每个按钮的图像来自 ImageList 对象中插入的图像。

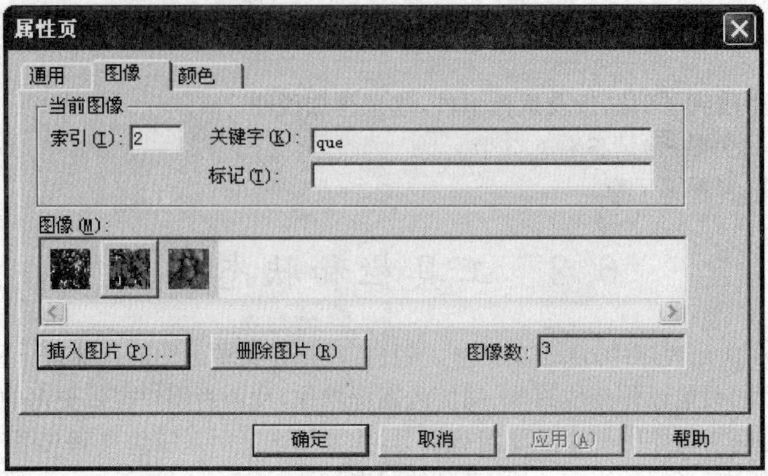

图 6-6 “属性页”对话框

(1)为工具栏连接图像

在窗体上添加 ToolBar 控件后并右击,选“属性”命令打开如图 6-7 所示的“属性页”对话框。选“通用”选项卡,其中:

“图像列表”:列出事先建立的 ImageList 控件名,此例选 ImageList1。

“可换行的”:如选中,则当前工具栏长度不够时,可以换行显示工具按钮。

“样式”:设置工具栏的风格,0—tbrStandard 表示采用标准风格,1—tbrFlat 表示采用平面风格。

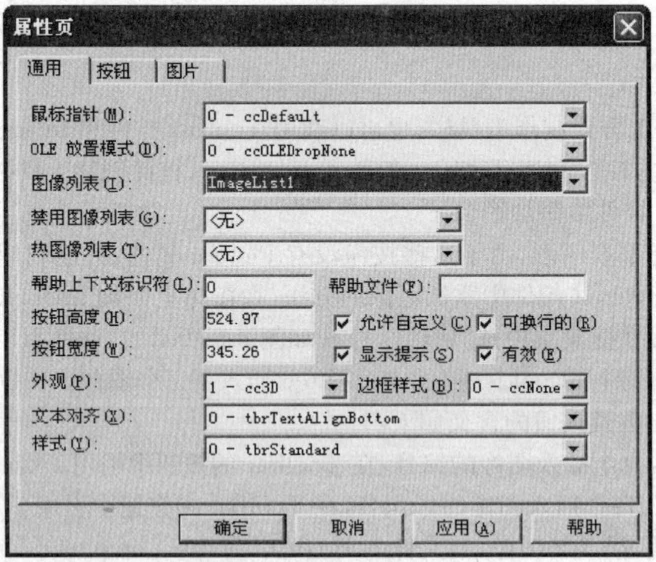

图 6-7 “属性页”对话框

注意:当 ImageList 与 ToolBar 相关联后,就不能再对其进行编辑了。若要对 ImageList 的图片进行插入或删除操作,必须先将 ToolBar 的“图像列表”设置为“无”。

(2)为工具栏添加按钮

选“属性页”对话框的“按钮”选项卡,用“插入按钮”可以在工具栏中插入按钮。其中:

"索引(Index)":每个按钮的编号,在 ButtonClick 事件中引用。

"关键字(Kye)":每个按钮的标识名,在 ButtonClick 事件中引用。

"样式(Style)":表示按钮的样式,共 5 种,其含义如表 6-5 所示。

按钮样式(Style)的意义 表 6-5

值	常　数	按　钮	说　明
0	tbrDefault	普通按钮	按下按钮后恢复原状
1	tbrCheck	开关按钮	按下按钮后保持按下状态
2	tbrButtonGroup	编组按钮	在一组按钮中只能有一个有效
3	tbrSeparator	分隔按钮	将左右按钮分开
4	tbrPlaceholder	占位按钮	用来安放其他按钮后,可设置其宽度(Width)
5	tbrDropdown	菜单按钮	具有下拉菜单

"图像(Image)":表示 ImageList 中的图像,其值可用 ImageList 中的关键字或索引号表示。

"值(Value)":表示按钮的状态,有按下(tbrPressed)和没有按下(tbrUnpressed)两种状态。

3)在 ButtonClick 事件过程中编写代码

ToolBar 控件常用的事件有 ButtonClick(对应按钮样式为 0~2)和 ButtonMenuClick(对应按钮样式为 5)。由于工具栏上的按钮是控件数组,故既可以用索引(Index)属性,也可以用关键字(Key)属性识别按钮,再使用 Select 语句完成代码的编写。

例 6-3 将例 6-1 中的"复制"、"移动"、"交换"做成工具栏。程序界面如图 6-8 所示。

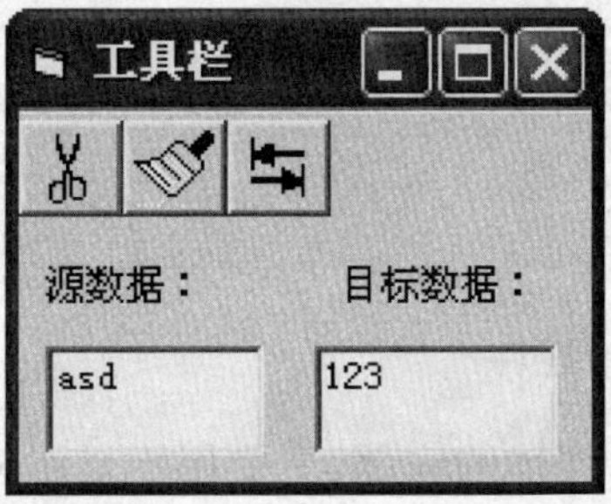

图 6-8 例 6-3 界面

设计步骤:

①新建工程,添加两个文本框,添加一个 ImageList 控件、一个 ToolBar 控件。

②右击 ImageList 控件,在"属性页"对话框中插入三个拟出现在按钮表面的图片。

③右击 ToolBar 控件,在"属性页"的"通用"选项卡下,将"图像列表"设置为 ImageList1。

④右击 ToolBar 控件,在"属性页"的"按钮"选项卡下,插入按钮,并使 ImageList1 中的图片与按钮关联起来。

⑤编写 ToolBar 控件的 ButtonClick 事件过程,代码如下:

第一种,用按钮的索引号识别按下哪个按钮。

```
Private Sub Toolbar1_ButtonClick(ByVal Button As MSComctlLib.Button)
n = Button.Index
Select Case n
  Case 1
     Text2.Text = Text1.Text
       Text1.Text = ""
  Case 2
     Text2.Text = Text1.Text
  Case 3
     t = Text1.Text: Text1.Text = Text2.Text: Text2.Text = t
End Select
End Sub
```

第二种,用按钮的关键字识别按下哪个按钮。

```
Private Sub Toolbar1_ButtonClick(ByVal Button As MSComctlLib.Button)
n = Button.Key
Select Case n
  Case "move"
     Text2.Text = Text1.Text
       Text1.Text = ""
  Case "copy"
     Text2.Text = Text1.Text
  Case "ex"
     t = Text1.Text: Text1.Text = Text2.Text: Text2.Text = t
End Select
End Sub
```

6.2.2 状态栏(StatusBar)控件

状态栏(StatusBar)通常位于窗体的底部,主要用于显示应用程序的各种状态信息。StatusBar控件与ToolBar控件一样,也属于ActiveX控件,其添加到窗体的方法与ToolBar相同。

StatusBar控件由若干个窗格(Panel,也称面板)组成,每一个窗格中可以包含文本或图片。StatusBar控件最多能分成16个Panel对象。

状态栏控件的常用事件有Click、DblClick、PanelClick和PanelDblClick事件。单击状态栏上某一窗格时触发PanelClick事件;双击状态栏上某一窗格时触发PanelDblClick事件。

1)设计时建立状态栏

设计时,在窗体上增加StatusBar控件后右击,将打开如图6-9所示"属性页"对话框,选"窗格"选项卡,再进行所需要的设置。

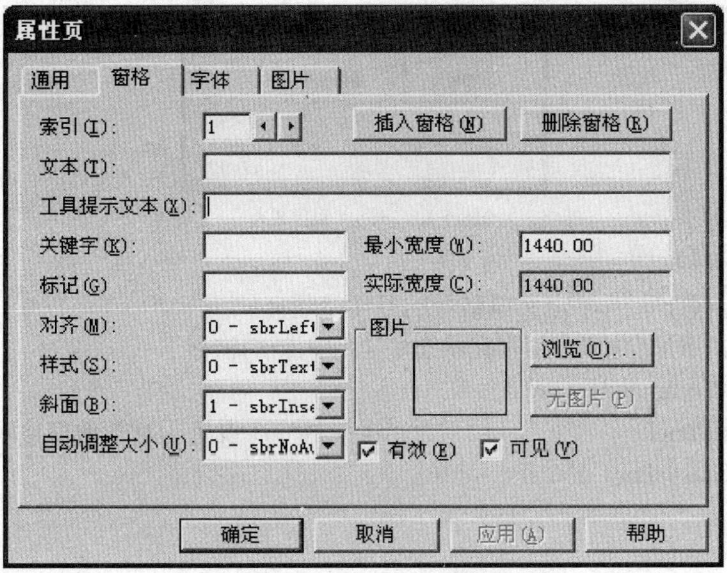

图 6-9 状态栏控件的“属性页”对话框

(1)“插入窗格”:单击此按钮可以在状态栏中增加新的窗格。

(2)“索引(Index)”:显示每个窗格的编号。

(3)“文本”:显示窗格的文本。

(4)“浏览“:此按钮可以插入扩展名为.ico和.bmp的图像。

(5)“样式(Style)“:列出系统提供的显示信息,共有8中,如表6-6所示。

系统提供的8种样式显示信息 表6-6

值	常　数	描　述	说　明
0	stbrText	可显示文本或位图,默认样式	默认,用Text属性设置文本
1	sbrCaps	显示Caps Lock键的状态	激活时黑体显示字母CAPS;停用时显示暗淡的字母
2	sbrNum	显示Num Lock键的状态	激活时黑体显示字母NUM;停用时显示暗淡的字母
3	stbrIns	显示Insert键的状态	激活黑体显示字母INS;停用时显示暗淡的字母
4	sbrScroll	显示Scroll Lock键的状态	激活时用黑体显示字母SCRL;停用时显示暗淡的字母
5	sbrTime	显示当前系统时间	以系统格式显示当前时间
6	sbrDate	显示当前系统日期	以系统格式显示当前日期
7	sbrKana	用于日文操作系统	激活时黑体显示字母KANA;停用时显示暗淡的字母

2)运行时改变状态

除了在设计时能为窗体设计状态栏外,在运行时也能重新配置状态栏控件的窗格Panel对象,以反映应用程序所处的不同状态。

例6-4 运行程序时改变状态栏信息。

设计步骤:

①新建一个工程,在窗体上添加两个命令按钮和一个状态栏控件,并将两个命令按钮的Caption属性分别设置为“添加窗格”和“删除窗格”。程序运行界面如图6-10所示。

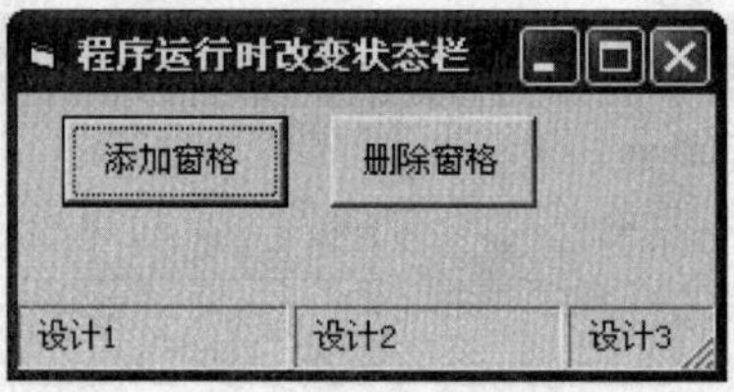

图 6-10　例 6-4 程序界面

②书写程序代码

```
Dim i As Integer          '定义窗格号的通用变量
'运行时单击"添加窗格"按钮则在状态栏上加入新的窗格
Private Sub Command1_Click()
Dim pn1 As Panel                          '将变量 pn1 设置为对新增窗格对象的引用
Set pn1 = StatusBar1.Panels.Add()
i = i + 1
With pn1
.Text = "设计" & i              '设置新增窗格中显示的文本
.Style = sbrText          '设置新增窗格中显示的样式
.AutoSize = sbrSpring      '设置新增窗格中显示的 AutoSize 属性
End With
End Sub
'运行时单击"删除窗格"按钮则删除状态栏上的一个窗格
Private Sub Command2_Click()
Dim num As Integer
num = Val(InputBox("请输入要删除的窗格号:"))
If num < 1 Or num > StatusBar1.Panels.Count Then   '检查状态栏中有无此窗格
  MsgBox "输入的编号超出范围!"
  Exit Sub
End If
StatusBar1.Panels.Remove (num)
End Sub
Private Sub Form_Load()
i = 1
StatusBar1.Panels(1).Text = "设计" & i
StatusBar1.Panels(1).AutoSize = sbrSpring
End Sub
```

为了动态反映鼠标指针在文本框 Text1 中的位置，需要通过编程实现，程序代码如下：

```
Private Sub Text1_Click()
    StatusBar1.Panels(2).Text = Text1.SelStart
End Sub
```

程序运行期间，只要在文本框 Text1 内任意位置单击鼠标，表示该位置的值即成为 Text1 的 SelStart 属性值，同时触发 Text1_Click 事件，在此事件过程中将 Text1. SelStart 属性值赋给状态栏中索引值为 2 的窗格，将其在状态栏中显示出来。

6.3　剪贴板(ClipBoard)

剪贴板 ClipBoard 实际是 Windows 的一个应用程序，并不是 VB 本身的对象，所以它没有属性和方法。但 VB 提供了几个相关的方法，可以用来访问 Windows 剪贴板。

(1)ClipBoard. SetText < 源对象 >[，数据格式]

该方法为获取源对象中的文本信息写入剪贴板中。ClipBoard 是预定义标识符，用户不能给剪贴板对象重新命名。

(2)< 目标对象 > = ClipBoard. GetText()

该方法在程序中可以象函数一样使用，读取剪贴板中的数据，写入目标对象中。

在上面两种方法中，源对象和目标对象可以是系统预定义的对象(如屏幕 Screen)，也可以是控件(如文本框)。

数据格式是一个整数，默认值为 1，表示文本。当取值为 49006(&HBF00)时，用于动态数据交换(DDE)。

(3)ClipBoard. SetData < 源对象 >，< 数据格式 >

此为把图像信息存入系统剪贴板。

其中，源对象指的是图片框或图像框，数据格式不可省略。

(4)< 目标对象 > = ClipBoard. GetData(< 数据格式 >)

此为从系统剪贴板获取图像信息。

和 GetText 方法一样，该方法也可以作为函数使用。读取剪贴板中的图像数据，赋给目标对象的 Picture 属性。数据格式一般取值为 2、3 或 8，见表 6-7。

SetData 方法的数据格式　　表 6-7

常　数	值	描　述
vbCFLink	&HBF00	DDE 对话信息
vbCFRTF	&HBF01	RTF 格式
vbCFText	1	文本
vbCFBitmap	2	位图(. bmp 文件)
vbCFMetafile	3	元文件(. wmf 文件)
vbCFDIB	8	与设备无关的位图 (DIB)
vbCFPalette	9	调色板

(5)< 变量名 > = ClipBoard. GetFormat(< 数据格式 >)

此为检查剪贴板中的数据格式。

该方法也可以象函数一样使用，返回一个逻辑值，表示剪贴板中的内容是否与测试给定的数据格式相符。若符合则返回 True，否则返回 False。

(6)ClipBoard. Clear

此为清除剪贴板中现有的内容。

例 6-5 剪贴板应用举例。这是一个仅包含“剪切”、“复制”、“粘贴”、“删除”等四个菜单项的简单文本编辑程序,如图 6-11 所示。用户先在文本框 Text1 中输入一段文字,然后在其中执行剪切、复制、粘贴、删除等操作,与在 Windows 的记事本程序中执行同类操作的效果是相同的。

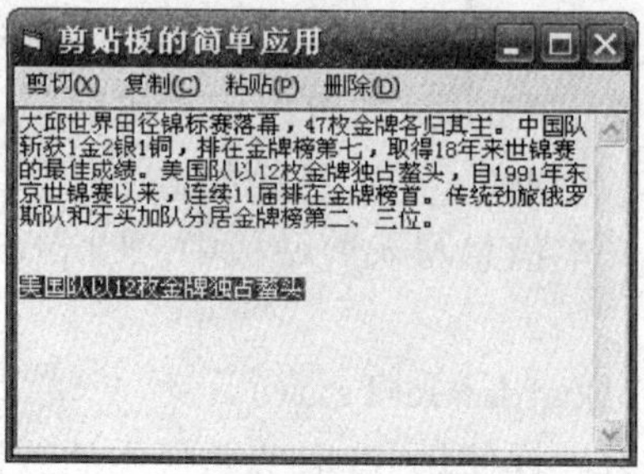

图 6-11 剪贴板的简单应用举例

程序代码如下:

```
Private Sub menuCut_Click()                 '剪切
  'Clipboard. SetText Text1. SelText         ' 把被选中的文本信息存入剪贴板
  x1 = Text1. SelStart
  Text1 = Left(Text1,x1) + Right(Text1, Len(Text1) - x1 - Text1. SelLength)
End Sub
Private Sub menuCopy_Click()                ' 复制
  Clipboard. SetText Text1. SelText          ' 把被选中的文本信息存入剪贴板
End Sub
Private Sub menuPaste_Click()               ' 粘贴
  x1 = Text1. SelStart
  If Clipboard. GetFormat(1) Then' 判断剪贴板内容是否为文字
  Text1 = Left(Text1,x1) + Clipboard. GetText() + Right(Text1, Len(Text1) - x1)
  End If
End Sub
Private Sub menuDelete_Click()              ' 删除
  x1 = Text1. SelStart
  Text1 = Left(Text1, x1) + Right(Text1, Len(Text1) - x1 - Text1. SelLength)
End Sub
```

分析:

(1)上述程序,在文本框中执行文字块选择操作时,被选中的文字块保存在 Text1. SelText 属性当中。

(2)执行“复制”操作时,便通过 SetText 方法把源对象 Text1. SelText 的内容存入剪贴板,而 Text1 中的原有内容保持不变。

(3)执行“剪切”操作时,除了把源对象 Text1. SelText 的内容存入剪贴板之外,还要把被选中的文字块从 Text1 中删除,其实现方法就是把 Text1. SelStart 之前的文字块与 Text1. SelStart 之后的文字块除去 Text1. SelText 剩下的部分连接起来,重新赋给 Text1。

(4)执行“粘贴”操作时,首先要判断剪贴板内容是否为文字,然后才通过 GetText 方法获取剪贴板内容,并依次把 Text1. SelStart 之前的文字块、从剪贴板获取的文字块以及 Text1. SelStart 之后的文字块连接起来,重新赋给 Text1。

(5)执行“删除”操作时,除了 Text1. SelText 的内容不存入剪贴板之外,其余做法与“剪切”相同。

6.4　对　话　框

VB 中的对话框分为三种类型:预定义对话框,如输入对话框和消息框;通用对话框,这是一种控件,用该控件可以设计较复杂的对话框,如“打开对话框”、“颜色对话框”等;自定义对话框,由用户自己定义。本节将介绍通用对话框。

在 Windows 环境下,大家都用过保存文件、选择字体等对话框。这些对话框作为 Windows 的资源,已经被 VB 作为“通用对话框(CommonDialog)”控件,包括打开(Open)、另存为(Save As)、颜色(Color)、字体(Font)、打印机(Printer)和帮助(Help)等六种。

1)通用对话框控件

(1)添加“通用对话框”控件

选菜单“工程”→“部件”,在“部件”对话框的“部件”列表中选择“Microsoft Dialog Control6. 0”,按“确定”。

(2)使用“通用对话框”控件

“通用对话框”在程序运行时是不可见的,但可以被显示为一个对话框或是执行帮助的引擎。所显示的对话框可以通过该控件的 Action 属性或使用不同的方法确定类型(如表 6-8 所示)。

通用对话框的 Action 属性及方法　　表 6-8

Action 属性值	方　法	对　话　框
1	ShowOpen	“打开”对话框
2	ShowSave	“另存为”对话框
3	ShowColor	“颜色”对话框
4	ShowFont	“字体”对话框
5	ShowPrinter	“打印”对话框
6	ShowHelp	“帮助”对话框

每个对话框都有自己特有的属性,既可以在属性窗口中设置,也可以在代码中设置,还可以在图 6-12 所示“属性页”对话框中设置。打开“属性页”对话框的方法:右击“通用对话框”控件,选“属性”,然后选需要的选项卡设置属性值。

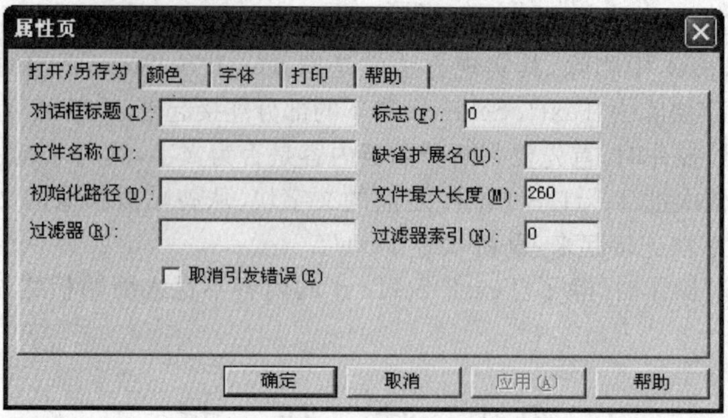

图 6-12　通用对话框的"属性页"对话框

(3)"通用对话框"的属性和方法

①Action:该属性决定打开什么类型的对话框,取值如表 6-8 所示。

②DialogTitle:通用对话框默认的标题,其值可由用户自己设置。

③CancelError:当该属性为 True 时,单击"取消"按钮将使错误对象的 Err 的 Number 值为 32755,否则,单击"取消"按钮时不产生错误信息。

④Flags:该属性可以修改每个具体对话框的默认设置。

备注:在程序中设置属性时,必须放在使用 Action 属性和利用 Show 方法显示对话框之前,否则无效。

2)"文件"对话框

"打开"和"另存为"都是文件操作的对话框,需要指定文件所在的驱动器、文件夹及文件名、扩展名等。文件对话框的主要属性有:

(1)FileName(文件名称):设置文件的路径和文件名的默认值。

(2)FileTitle:设置文件的名称(无路径),只读属性。

(3)InitDir:设置文件的初始化路径。

(4)Filter:设置在对话框的类型列表中所显示的文件类型。例如,Text(*. txt)| *. txt|Pictures(*. bmp; *. ico)| *. bmp; *. ico ,表示允许文本或含有位图和图标的图形文件。

(5)FilterIndex:设置所选文件类型的索引号,第一项默认为 1。

(6)DefaultExt:设置缺省的文件扩展名。

(7)MaxFileSize :设置文件名的最大长度。

"文件"对话框的常用方法是 ShowOpen(打开)和 ShowSave(保存)。

3)"颜色"对话框

"颜色"对话框可选择颜色,或创建自定义的颜色,并由对话框的 Color 属性返回或设置选定的颜色。"颜色"对话框最主要的属性是 Color(获得选定的颜色值)属性和 Flags(标志)属性,在程序中用 ShowColor 方法显示"颜色"对话框。

4)"字体"对话框

通用对话框的 ShowFont 方法可显示"字体"对话框。"字体"对话框的主要属性有 Flags,用于对话框中显示字体的类型,其值如表 6-9 所示。

字体对话框中 Flags 的取值　　表 6-9

值	常　数	说　明
&H1	cdlCFScreenFonts	只列出系统支持的屏幕字体
&H2	cdlCFPrinterFonts	只列出打印机支持的字体
&H3	cdlCFBoth	列出打印机和屏幕支持的字体
&H100	cdlCFEffects	显示设置删除线和下划线以及颜色效果的组合框

5)"打印"对话框

使用 ShowPrinter 方法,则可以弹出"打印"对话框。该对话框可供用户设置打印范围、打印质量等打印参数。在通用对话框"属性页"对话框的打印卡中可以设置 Copies(打印分数)、FormPage(起始页码)、Topage(终止页码)等属性。

6)帮助对话框

使用 ShowHelp 方法可以打开帮助对话框。帮助对话框是一个标准的帮助窗口,可以制作应用程序的在线帮助。但是对话框本身是不能制作在线帮助文件的,它只是把制作好的帮助文件打开并与界面联系。帮助对话框的主要属性有 HelpCommand(返回或设置需要联机帮助的类型)、HelpFile(确定帮助文件的路径和名字)、HelpKey(指定要显示的帮助内容的关键字)。

7)通用对话框应用举例

例 6-6　设计一个应用程序,实现通用对话框的功能。要求用户选中某个单选按钮并按"确定"后,将打开对应的通用对话框,并对文本框作相应处理,程序界面如图 6-13 所示。

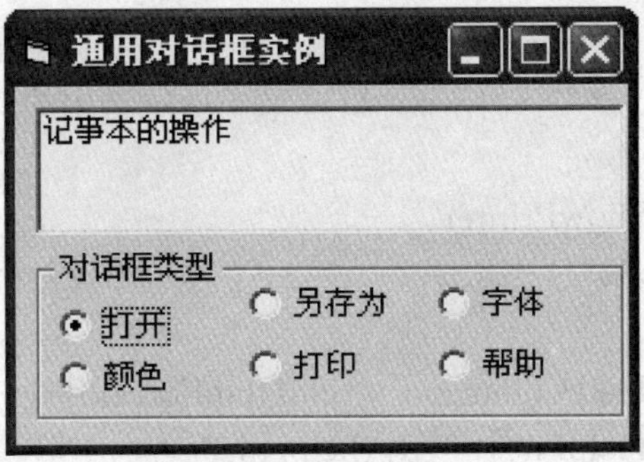

图 6-13　通用对话框实例

(1)新建一个工程,添加六个单选按钮、两个命令按钮、一个文本框、一个通用对话框,并设置相应属性值。

(2)关键代码如下:

```
Private Sub Option1_Click(Index As Integer)
Select Case Index
  Case 0
      Dim Inputdata As String
      CommonDialog1. ShowOpen                 '显示"打开"对话框选择文件
```

```
        Text1. Text = ""
        Open CommonDialog1. FileName For Input As #1    '打开所选择的文件
        Do While Not EOF(1)                              '读取文件数据,并显示在文本框中
          Line Input #1, Inputdata
          Text1. Text = Text1. Text + Inputdata + vbCrLf
Loop
        Close #1
    Case 1
      CommonDialog1. ShowSave
      Text1. Text = CommonDialog1. FileName        '将文件名显示在文本框
    Case 2
      CommonDialog1. Flags = cdlCFBoth
      CommonDialog1. ShowFont
      With Text1                               '使文本框具有字体对话框选中的属性值
        . FontName = CommonDialog1. FontName
        . FontSize = CommonDialog1. FontSize
        . FontBold = CommonDialog1. FontBold
        . FontItalic = CommonDialog1. FontItalic
      End With
    Case 3
      CommonDialog1. ShowColor
      Text1. BackColor = CommonDialog1. Color    '使文本框背景颜色变成颜色对话框
                                                 选中的颜色值
    Case 4
      CommonDialog1. ShowPrinter
     Text1. Text = Copies
    Case 5
      CommonDialog1. HelpCommand = cdlHelpForceFile
      CommonDialog1. HelpFile = "d:\help. hlp"
      CommonDialog1. ShowHelp
End Select
End Sub
```

说明:程序中使用了文件操作功能,请参看第 10 章相关内容。

第7章 图 形 应 用

VB具有很强的图形图像处理功能，不仅可以通过图形控件操作图形和绘图，还可以通过绘图方法在窗体、图片框和Printer对象上输出图形，使用户可以很轻松地开发具有图形用户界面的程序。同时，VB还提供了生动的图形、动画、视频显示以及仿真和可视化计算的功能。作为前面各章基础知识的应用，本章介绍图形应用程序设计。

VB的绘图方法有Line、Circle、PSet和Point等。

VB提供的与图形操作有关的控件主要有PicturBox(图片框)、Image(图像框)、Line(直线控件)和Shape(形状控件)。

7.1 图形程序基础

7.1.1 坐标系统

在VB中，每个对象都定位于存放它的容器内，每一个图形操作(包括调整大小、移动和绘图)都要使用绘图区或容器的坐标系统。另外，在应用程序中常需要用坐标系统控制窗体在显示屏幕、控件在窗体及其他控件容器上的相对位置。

1)坐标概念

坐标系统是一个二维网格，可定义在屏幕上、窗体中或其他容器中(如图片框)的位置。使用窗体中的坐标可定义网格上的位置(x, y)。

VB默认的坐标系统如图7-1所示。x值是沿x轴点的位置，最左端是缺省位置0；y值是沿y轴点的位置，最上端是缺省位置0。

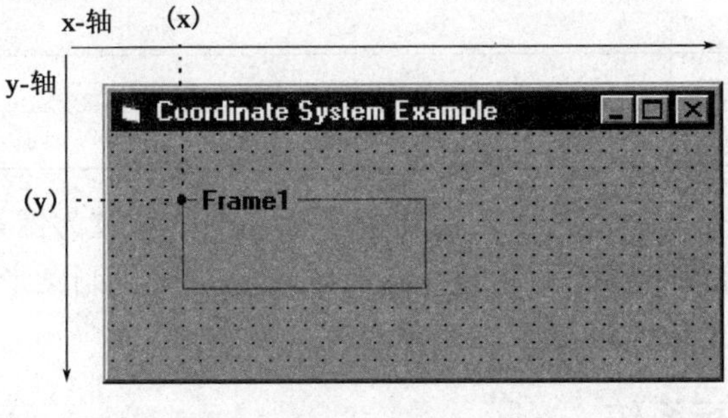

图7-1 窗体的默认坐标系

以下是VB坐标系统的规则：

当移动控件或调整控件的大小时，使用控件容器的坐标系统。如果直接在窗体上绘制对象,窗体就是容器。如果在框架或图片框里绘制控件,框架或控件是容器。

所有的图形和 Print 方法,使用容器的坐标系统。例如,那些在图片框里绘制控件的语句,使用的是图片框控件的坐标系统。

屏幕的左上角总是(0,0)。任何容器的缺省坐标系统,都是由容器的左上角(0,0)坐标开始。

2)坐标刻度与单位

沿坐标轴定义位置的测量单位,统称为刻度。坐标轴的方向、起点和坐标系统的刻度都是可以改变的,一般使用的是缺省(默认)坐标系统。

所有 VB 的移动、调整大小和图形绘制语句,根据缺省规定,使用缇(Twip)为单位。缇是打印机一磅(pt)的 1/20(1440 缇等于 1inch,567 缇等于 1cm)。这些测量值指示对象打印后的大小。屏幕上的物理实际距离根据监视器的大小变化。

可以使用对象的刻度属性和 Scale 方法,设置特定对象(窗体或控件)的坐标系统。使用坐标系统有以下三种不同的方法:使用缺省的刻度、选择标准刻度和创建自定义刻度。

(1)使用缺省刻度单位

每个窗体和图片框都有几个刻度属性(ScaleLeft、ScaleTop、ScaleWidth、ScaleHeight 和 ScaleMode)和一个方法(Scale),它们可用来定义坐标系统。对于 VB 中的对象,缺省刻度把坐标(0,0)放置在对象的左上角。缺省刻度单位为缇。

(2)选择标准刻度单位

可通过设置对象的 ScaleMode 属性,用标准刻度定义坐标刻度单位。表 7-1 列出了 ScaleMode 属性可能设置的值。

ScaleMode 属性设置值　　表 7-1

属性值	常　数	说　明
0	VbUser	用户自定义坐标系统
1	VbTeips	缇。这是缺省刻度。1440 缇等于 1 inch
2	VbPoints	磅。72 磅等于 1 inch
3	VbPixels	像素。像素是监视器或打印机分辨率的最小单位
4	VbCharacters	字符。打印时,一个字符有 1/6inch 高、1/12inch 宽
5	VbInches	inch
6	VbMillimeters	mm
7	VbCentimeters	cm

例如语句:Form1. ScaleMode = 3。窗体的坐标刻度单位改为像素。

绘图时以像素为单位能方便地根据显示或打印的分辨率控制图形的大小。在用户自已定义的坐标系统中,使用的坐标刻度也自然是自己定义的刻度。

7.1.2　自定义坐标系统

在 VB 中允许用户自己定义对象的坐标系统,即通过坐标属性或坐标方法重新定义对象的坐标系统,且一旦重新定义后,就自动把 ScaleMode 属性设置为 0。

1)使用坐标方法定义坐标系统

使用坐标方法 Scale 定义对象的坐标系统,是快速设置坐标最有效的途径。

【格式】 [对象名.]Scale(x1,y1)-(x2,y2)

其中:(x1,y1)为自定义坐标系中左上角点的坐标,(x2,y2)为自定义坐标系中右下角点的坐标。

定义如图 7-2 所示笛卡尔样坐标系的代码为:

```
Private Sub Form_click()
  Me. Width = 2000      '确定窗体的宽度为2000缇
  Me. Height = 2000     '确定窗体的高度为2000缇
  Form1. Scale (-250, 250)-(250, -250)  '直接书写自定义坐标系中左上角和右下角坐标
  Line (-250, 0)-(250, 0)'画 x 轴
  Line (0, 250)-(0, -250)'画 y 轴
End Sub
```

图 7-2　设置坐标系

由于窗体无边框,且 Me. Width = 2000、Me. Height = 2000 ,而自定义坐标系时,规定窗体的 x 和 y 方向均为 500 个刻度,则自定义坐标系中每个刻度的长度为 2000/500=4 缇。

2)用坐标属性定义坐标系统

使用对象的 ScaleLeft、ScaleTop、ScaleWidth 和 ScaleHeight 四个属性,可以在 VB 的坐标系下设置自定义的刻度,或取得当前坐标系统中当前刻度的详细信息。

(1)ScaleLeft 和 ScaleTop 属性

ScaleLeft:对象左上角的横坐标,是对象左边沿到 y 轴的距离矢量。

ScaleTop:对象左上角的纵坐标,是对象上边沿到 x 轴的距离矢量。

(2)ScaleWidth 和 ScaleHeight 属性

ScaleWidth:对象内部(不包括边框)从左边沿到右边沿的距离矢量。

ScaleHeight:对象内部(不包括边框)从上边沿到下边沿的距离矢量。

例如,先设置窗体的 BorderStyle=0(无边框)、Me. Width = 2000、Me. Height = 2000,可以获得不带边框,宽和高均为 2000 缇外形尺寸的窗体。再设置窗体的 ScaleWidth = 500、ScaleHeight = 500,则当前窗体内部宽度的 1/500 为水平单位,当前窗体内部高度的 1/500 为垂直单位。即 2000 * 1/500=4 缇为用户定义的水平单位;2000 * 1/500=4 缇为用户定义的垂直单位。如果窗体的大小以后被调整,则每个单位的缇数会改变,但仍然只有 500 个

刻度。

说明：

①ScaleWidth 和 ScaleHeight 是根据对象的内部尺寸定义单位的，这些尺寸不包括边框厚度或菜单(或标题栏)的高度。因此，ScaleWidth 和 ScaleHeight 总是指对象内的可用空间的大小(即内空尺寸)。内部尺寸和外部尺寸(由 Width 和 Height 指定)的区别，对于有宽厚边框的窗体特别重要。

②Width 和 Height 总是按照容器的坐标系统来表示，直接影响对象的大小；ScaleWidth 和 ScaleHeight 决定了对象本身的坐标系统，并不直接影响对象的大小。

③对象右下角的坐标为：(ScaleLeft＋ScaleWidth，ScaleTop＋ScaleHeight)。

(3)CurrentX、CurrentY 属性

CurrentX：当前点(当前画笔位置、打印头位置或输出点位置)的横坐标。

CurrentY：当前点的纵坐标。

例如，利用坐标属性定义如图 7-2 所示(笛卡尔样)窗体 Form1 的坐标系。可书写下面代码实现：

```
Private Sub Form_Load()
  Form1.ScaleLeft = -250: Form1.ScaleTop = 250
  Form1.ScaleWidth = 500: Form1.ScaleHeight = -500   '定义刻度，y 轴反向
End Sub
```

编写窗体的 Click 事件过程，画出两坐标轴，代码如下：

```
Private Sub Form_Click()
  Cls
  Line (-250, 0)-(250, 0)                'Line 方法画直线 x 轴
  Line (0, 250)-(0, -250)                'Line 方法画直线 y 轴
End Sub
```

程序运行后。可以看到，窗体左上角的坐标为(－250，250)，且由此可计算右下角的坐标为(－250＋500，250－500)＝(250，－250)。

7.2 绘 图 属 性

在 VB 中，作为图形输出的对象(如窗体、图片框)都有一些与图形相关的属性，用于设置图形的线型、线宽、颜色、填充样式等。

7.2.1 当前坐标

图形输出对象的当前坐标 CurrentX、CurrentY 用于返回或设置在窗体或图片框中，下一次打印或绘图方法的水平(CurrentX)和垂直(CurrentY)坐标。当前坐标在窗体设计时不可用，只能在程序代码中使用。其使用格式为：

对象名.CurrentX[＝ x]

对象名.CurrentY[＝ y]

其中：x 确定水平坐标的数值，y 确定垂直坐标的数值。

要注意的是在坐标系确定后：(x,y)表示对象上的绝对坐标位置；Step(x,y)表示对象上的相对位置，即从当前坐标位置，分别平移 x 和 y 个单位，其绝对坐标为(CurrentX＋x,CurrentY＋y)。

7.2.2　线宽

【格式】 对象名.DrawWidth [= size]

【功能】DrawWidth 属性可以返回或设置图形方法输出的线宽，即画线的宽度或点的大小。

说明：size 是一个数值表达式，范围为 1～32767。该值以像素为单位，缺省值为 1，即一个像素宽。

例 7-1　利用 line 绘图方法，循环输出各种线宽的直线(注：line 绘图方法格式参见 7.3.2)。

程序设计思想：

循环画五条线，每次画线的起点和终点坐标在变化，画线的宽度也是变化的。画线时用窗体的默认坐标。书写程序代码如下，运行结果如图 7-3 所示。

```
Private Sub Form_Click()
Dim x As Long, y As Long
For i = 1 To 5
Form1.DrawWidth = i * 2                    '每次画线的宽度在变化
x = 0                                      '用窗体的默认坐标画线
y = 500 * i
Form1.Line (x, y)-(x + 5000, y)
Next i
End Sub
```

图 7-3　用不同线宽画线

7.2.3　线型

【格式】 对象名.DrawStyle [= number]

【功能】 返回或设置一个值，以决定图形方法输出的线型的样式，即画线的形状。

其中 Number 是一个整数，用于指定线型，其设置值如下：

VbSolid	0	实线(缺省值)
VbDash	1	虚线
VbDot	2	点线

VbDashDot 3 点划线

VbDashDotDot 4 双点划线

VbInvisible 5 无线

VbInsideSolid 6 内收实线(用于画封闭线)。

说明:若 DrawWidth 属性设置大于 1,DrawStyle 属性值为 1 到 4 时会画一条实线(DrawStyle 属性值不改变)。

例 7-2 利用 Line 绘图方法,循环输出各种线型的直线(注:Line 绘图方法格式参见 7.3.2)。

程序设计思想:

循环画五条线,每次画线的起点和终点坐标在变化,线型也是变化的。画线时用窗体的默认坐标。书写程序代码如下,运行结果如图 7-4 所示。

```
Private Sub Form_Click()
Dim x As Long, y As Long
For i = 1 To 5
  Form1.DrawStyle = i - 1                  '每次画线的线型在变化
  x = 0                                    '用窗体的默认坐标画线
  y = 500 * i
  Form1.Line (x, y)-(x + 5000, y)
Next i
End Sub
```

图 7-4 用不同线型划线

7.2.4 填充

封闭图形的填充方式由 FillStyle 和 FillColor 这两个属性共同决定。FillColor 指定填充的颜色,默认的填充颜色与输出对象的 ForeColor 相同。FillSytle 属性指定填充的图案。

1)FillColor 属性

【格式】 对象名.FillColor [= value]

【功能】 返回或设置用于填充封闭图形图案的颜色。

其中 value 为数值或常数,确定填充颜色,其设置值可以使用 RGB 函数、QBColor 函数、VB 的颜色常数和 6 位 16 进制数的颜色代码。缺省情况下,FillColor 设置为 0(黑色)。

2)FillStyle 属性

【格式】 对象名.FillStyle [= number]

【功能】 返回或设置用来填充的封闭图形,如 Shape 控件以及由 Circle 和 Line 图形方法生成的圆和方框的图案。

其中 number 是整数,指定填充图案,设置值为:

VbFSSolid	0	实线
VbFSTransparent	1	透明(缺省值)
VbHorizontalLine	2	水平直线
VbVerticalLine	3	垂直直线
VbUpwardDiagonal	4	上斜对角线
VbDownwardDiagonal	5	下斜对角线
VbCross	6	十字线
VbDiagonalCross	7	交叉对角线

说明:如果 FillStyle 设置为 1(透明),则忽略 FillColor 属性,但是 Form 对象除外。

例 7-3 利用 Line 绘图方法,循环输出各种封闭图形的填充效果(注:Line 绘图方法格式参见 7.3.2)。

程序设计思想:

循环画五个矩形,每次画线的起点和终点坐标在变化,填充效果也在变化。画矩形时用窗体的默认坐标。书写程序代码如下,运行结果如图 7-5 所示。

```
Private Sub Form_Click()
Dim x As Long, y As Long
For i = 1 To 5
 Form1.FillColor = QBColor(i)
 Form1.FillStyle = i + 2
 x = 0                                    '用窗体的默认坐标画矩形
 y = 500 * i
Form1.Line (x, y)-(x + 5000, y + 300), , B
Next i
End Sub
Private Sub Form_Load()
Form1.Caption = "填充封闭图形实例"
End Sub
```

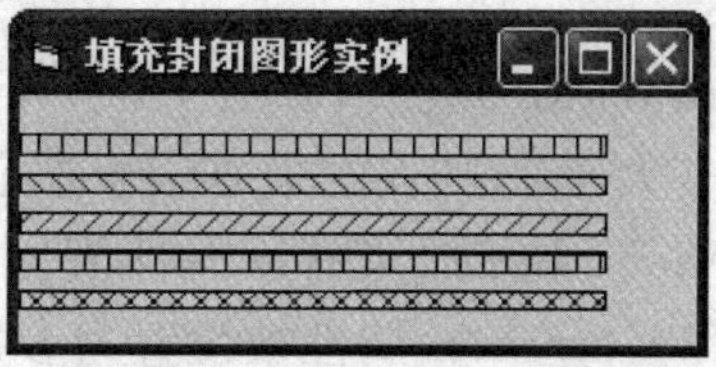

图 7-5 填充封闭图形实例

7.2.5 颜色属性

与控件颜色相关的属性有：

(1)BackColor 属性：为控件设置背景颜色。如果在绘图方法进行绘图之后改变 BackColor 属性，则已有的图形将会被新的背景颜色所覆盖。

(2)ForeColor 属性：设置绘图等方法在窗体或控件中创建文本、图形的颜色。改变 ForeColor 属性不影响已创建的文本或图形。

(3)BorderColor 属性：给图形控件(Line 和 Shape)的边框设置颜色。

(4)FillColor 属性：为用 Circle 方法创建的圆和用 Line 方法创建的方框设置填充颜色。

关于颜色属性，在前面各章已经多次使用，请参看附录 2，这里就不再赘述。

7.3 绘图方法

VB 提供了多种绘图的方法，常用的有 PSet、Line、Circle 等。使用这些绘图方法可以将图形绘制在窗体或图片框上，但不能直接绘制在计算机屏幕或其他对象上。下面列出常用绘图方法的功能：

Cls	清除窗体或图片框上的所有信息
PSet	设置坐标点的颜色(画点)
Point	返回指定点的颜色值
Line	画线、矩形或填充框
Circle	画圆、椭圆或圆弧
PaintPicture	在任意位置画出图形

7.3.1 画点方法

【格式】 [对象名]. PSet [Step] (x, y), [color]

【功能】 在对象上的指定位置，按指定颜色画点。

其中：加[]项可选

对象名 如果省略，具有焦点的窗体作为画点的对象。

Step 指定相对于 CurrentX 和 CurrentY 属性的相对坐标作为画点的位置。

(x,y) 单精度浮点数，设置画点的坐标。

color 长整型数，为该点指定颜色值。如果省略，则使用对象的 ForeColor 属性值。

说明：

①所画点的尺寸取决于 DrawWidth 属性值。当 DrawWidth 为 1，PSet 将一个像素的点设置为指定颜色。当 DrawWidth 大于 1，则点的中心位于指定坐标。

②画点的方法取决于 DrawMode 和 DrawStyle 属性值。

③执行 PSet 时，CurrentX 和 CurrentY 属性被设置为参数(x,y)指定的点。

④想用 PSet 方法清除单一像素，规定该像素的坐标，并用 BackColor 属性设置作为 color 参数。

例 7-4 使用 PSet 方法绘制如下参数方程的曲线。

分析： 根据参数方程，用 PSet 方法逐点描绘椭圆。程序运行结果如图 7-6 所示。

$$\begin{cases} x = \sin(2t)\cos(t) & 0 \leqslant t \leqslant 2\pi \\ y = \sin(2t)\sin(t) & 0 \leqslant t \leqslant 2\pi \end{cases}$$

```
Private Sub Form_Activate()
Me.Caption = "PSet 方法": Me.DrawWidth = 1
  Const pi = 3.14159
  Me.Height = 2500: Me.Width = 2500
  Form1.Scale (-10, 10)-(10, -10)          '定义坐标系统
  Line (-10, 0)-(10, 0)                    '画 x 轴
  Line -(9, 1): Line (10, 0)-(9, -1)       '画 x 轴的箭头
  Line (0, 10)-(0, -10)                    '画 y 轴
  Line (0, 10)-(-1, 9): Line (0, 10)-(1, 9) '画 y 轴的箭头
  Me.DrawWidth = 2
  For t = 0 To 2 * pi Step 0.01
      x = 10 * Sin(2 * t) * Cos(t)
      y = 10 * Sin(2 * t) * Sin(t)              '纵坐标反向,与笛卡尔坐标一致
      Me.PSet (x, y), vbBlue              '在指定坐标画出一个兰色点
  Next
End Sub
```

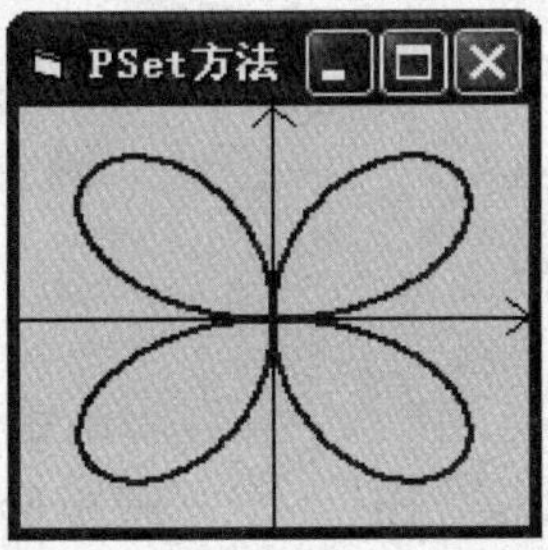

图 7-6 用 PSet 方法画图

7.3.2 画直线或画矩形方法

【格式】 [对象名.]Line [Step](x1, y1)-[Step](x2, y2), [color], [B][F]

【功能】 用于在对象上画直线和矩形。

其中：加[]项表示可选。

对象名 如果省略对象名，则在具有焦点的窗体上画直线和矩形。

Step 表示指定的起点坐标为相对于 CurrentX 和 CurrentY 的相对坐标，Step 后提供的坐标值(x1,y1)是沿坐标轴方向相对 CurrentX、CurrentY 的增量。

(x1, y1) 为直线或矩形的起点坐标，Single(单精度浮点数)型参数。画线对象的 Scale-

Mode 属性决定了使用的度量单位。如果省略，画线起始于由 CurrentX 和 CurrentY 指示的位置。

Step　指定相对于线的起点的终点坐标。

－(x2, y2)　Single(单精度浮点数)型参数，指定直线或矩形的终点坐标。注意，在该参数前面的横杠“－”也是必须的。

color　Long(长整型数)型参数，画线的颜色值。默认为对象的 ForeColor 属性值。

B　如果有该关键字，则以(x1,y1)和(x2,y2)为两对角坐标画矩形。

F　如果使用了 B 选项，则 F 选项规定矩形以矩形边框的颜色填充。只有使用 B 后才能用 F。如果不用 F 光用 B，则矩形用当前的 FillColor 和 FillStyle 填充。

说明：

①画相互连接的线时，前一条线的终点就是后一条线的起点。

②线的宽度取决于 DrawWidth 属性值。在背景上画线和矩形的方法取决于 DrawMode 和 DrawStyle 属性值。

③执行 Line 方法时，CurrentX 和 CurrentY 属性被参数设置为终点。

例 7-5　使用 Line 方法画三角形、矩形框和矩形块。程序运行结果如图 7-7 所示。

```
Private Sub Form_Click()
    Me.Caption = "Line 方法"
    Me.Width = 5000
    Me.Height = 1500
    Me.DrawWidth = 2                                '设置画线的宽度
    Cls
    Scale (0, 0)-(15, 6)                            '设置用户坐标系统
    Line (1, 1)-(4, 4), vbRed                       '画直角三角形
    Line -Step(-3, 0), vbRed
    Line -Step(0, -3), vbRed
    Line (5, 4)-(8, 1), vbBlue, B                   '画矩形框
    Line (9, 4)-(13, 1), vbBlue, BF         '画矩形块
End Sub
```

图 7-7　使用 Line 方法画直线和矩形

7.3.3　画圆方法

【格式】　[对象名].Circle [Step] (x, y), 半径, [color, start, end, aspect]

【功能】　在对象上画圆、椭圆、弧或扇形。

其中:加[]项可选。

对象名　如果省略,则具有焦点的窗体作为绘图对象。

Step　指定圆、椭圆或弧的中心坐标是相对于当前对象的 CurrentX 和 CurrentY 属性的相对坐标。

(x, y)单精度浮点数,指定圆、椭圆或弧的中心坐标。对象的 ScaleMode 属性决定了使用的度量单位。

半径　单精度浮点数,指定圆、椭圆或弧的半径。对象的 ScaleMode 属性决定了使用的度量单位。

color　长整型数,指定圆的轮廓的颜色值。如果省略,则使用对象的 ForeColor 属性值。

start、end　单精度浮点数,用于画圆弧或椭圆弧时指定(以弧度为单位)弧的起点和终点位置,其范围从 -2π 到 2π。起点的缺省值是 0,终点的缺省值是 2π。

aspect　单精度浮点数,椭圆的纵横尺寸比。缺省值为 1.0,此时 Circle 方法在对象上将绘出一个标准圆(非椭圆)。

说明:

①想要填充圆,使用圆或椭圆所属对象的 FillColor 和 FillStyle 属性。只有封闭的图形才能填充。封闭图形包括圆、椭圆或扇形。

②画部分圆或椭圆时,如果 start 为负,Circle 画一半径到弧上的 start 点,并将角度处理为正的;如果 end 为负,Circle 画一半径到弧上的 end 点,并将角度处理为正的。Circle 方法总是逆时针(正)方向绘图。

③画圆、椭圆或弧时线段的粗细取决于 DrawWidth 属性值。在背景上画圆的方法取决于 DrawMode 和 DrawStyle 属性值。

④画角度为 0 的扇形时,要画出一条半径(向右画一水平线段),这时给 start 规定一很小的负值,不要给 0。

⑤在编程时可以省略语法中间的某个参数,但不能省略分隔参数的逗号。程序中指定的最后一个参数后面的逗号是可以省略的。

⑥Circle 执行时,CurrentX 和 CurrentY 属性被设置为中心点的坐标。

例 7-6　使用 Circle 方法画扇形、圆、椭圆。程序运行结果如图 7-8 所示。

```
Private Sub Form_Click()
    Const Pi = 3.1415926:Me.Caption = "Circle方法"
    Me.Width = 2800:Me.Height = 2800
    Me.Cls
    Me.DrawWidth = 3
    Scale (0, 0)-(20, 20)                          '自定义坐标系统
    Circle (10, 10), 6, vbRed, -Pi, -Pi / 2        '画扇形
    Circle Step(-3, -3.6), 3, vbBlue               '画圆
    Circle Step(0, 0), 3, vbBlue, , , 5 / 25       '画椭圆
End Sub
```

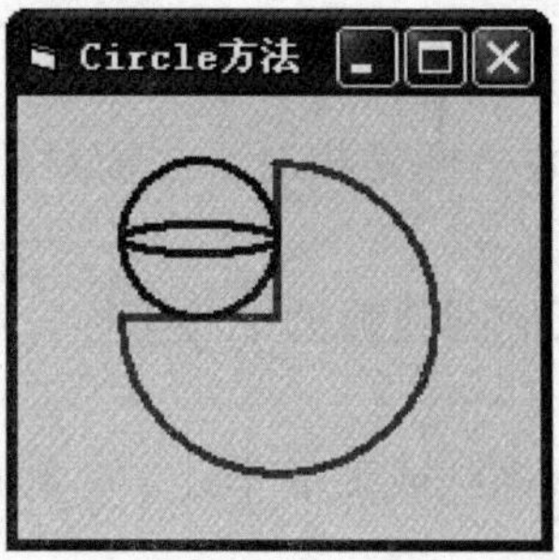

图 7-8　Circle 方法画图

7.3.4　绘图方法的应用

1)绘制规则几何图形

例 7-7　书写程序绘制如图 7-9 所示的图形。

在窗体上添加一个图片框,可以轻松地使用 Circle 方法在窗体上画六个环环相扣的圆,代码如下:

```
Private Sub Form_Activate()
  Form1. Caption = " Circle 方法应用"
  Form1. ScaleMode = 3
    Picture1. ScaleMode = 3
  For i = 0 To 5              '分别在窗体上和图片框上输出圆
    Circle (40 + i * 40, 50), 30
    Picture1. Circle (40 + i * 40, 50), 30
  Next
End Sub
```

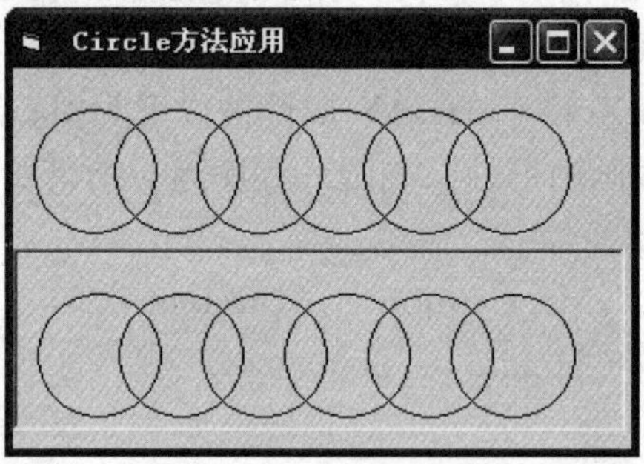

图 7-9　绘图方法应用

例 7-8　书写程序显示如图 7-10 所示锯齿波。

在窗体上利用 Line 方法的相对坐标,可以写出输出图形的程序。

```
Private Sub Form_Click()
    Form1. Caption = "绘图方法应用"
    Dim CenterX As Integer, CenterY As Integer
```

```
    CenterY = ScaleHeight / 2       '起点在窗体的水平中心处
    Cls
    PSet (100, CenterY)
    For i = 1 To 10
      Line -Step(500, -500)
        Line -Step(0, 500)
    Next i
End Sub
```

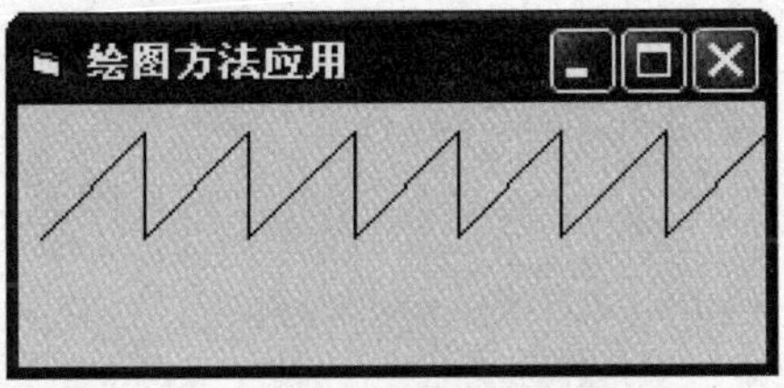

图 7-10 用 Line 方法输出锯齿波图形

例 7-9 利用参数方程画正弦曲线、余弦曲线、正切曲线。

①在窗体上添加一个图片框、一个含有三个命令按钮的命令按钮数组。程序界面如图 7-11所示。

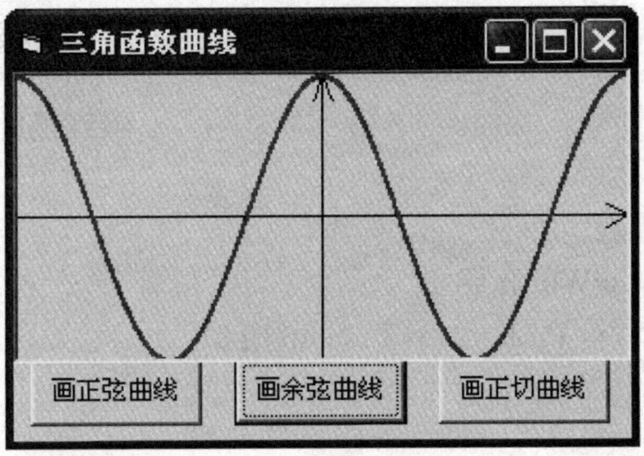

图 7-11 画三角函数曲线

②程序关键代码如下：

```
Const Pi = 3.14159
Private Sub Form_Activate()       '设置图片框的绘图属性，并画出坐标轴。
  With Picture1
    .Top = 0:
    .Left = 0
    .Width = Me.ScaleWidth
    .Height = Me.ScaleHeight - 550
    .Cls
    .DrawWidth = 1
  End With
```

```
    Picture1.Scale (-2 * Pi, 1)-(2 * Pi, -1)       '定义坐标系
    Picture1.Line (-2 * Pi, 0)-(2 * Pi, 0)         '画 x 轴
    Picture1.Line -(2 * Pi - 0.5, 0.1)
    Picture1.Line (2 * Pi, 0)-(2 * Pi - 0.5, -0.1)
    Picture1.Line (0, -1)-(0, 1)                   '画 y 轴
    Picture1.Line -(-0.2, 0.8): Picture1.Line (0, 1)-(0.2, 0.8)
End Sub
Private Sub Command1_Click(Index As Integer)   '绘制正弦曲线、余弦曲线和正切曲线
    Picture1.Cls
    Select Case Index
        Case 0                                     '画兰色的正弦曲线
          Picture1.Cls
          Form_Activate
          Picture1.DrawWidth = 2
          For t = -2 * Pi To 2 * Pi Step 0.01
            xt = 1 * t
            yt = 1 * Sin(t)
            Picture1.PSet (xt, yt), vbBlue
          Next
        Case 1                                     '画红色的余弦曲线
          Picture1.Cls
          Form_Activate
          Picture1.DrawWidth = 2
          For t = -2 * Pi To 2 * Pi Step 0.01
            xt = 1 * t
            yt = 1 * Cos(t)
            Picture1.PSet (xt, yt), vbRed
          Next
        Case 2                                     '画绿色的正切曲线
          Picture1.Cls
          Form_Activate
          Picture1.DrawWidth = 2
          For t = -2 * Pi To 2 * Pi Step 0.01
            xt = 1 * t
            yt = 1 * Tan(t)
            Picture1.PSet (xt, yt), vbGreen
          Next
    End Select
End Sub
```

例 7-10 绘制花瓣图案、圆中圆图案和金刚石图案。

①在窗体上添加一个图片框、一个含有四个命令按钮的命令按钮数组。程序界面如图 7-12 所示。

②编写程序代码如下：

```
Const Pi = 3.14159
Private Sub Form_Activate()  '设置图片框 Picture1 的绘图属性,并画出坐标轴
    With Picture1
      .Top = 0
      .Left = 0
      .Width = Me.ScaleWidth - 1400
      .Height = Me.ScaleHeight
      .Cls
      .DrawWidth = 1
    End With
    Picture1.Scale (-100, 100)-(100, -100)
    Picture1.Line (-100, 0)-(100, 0)
    Picture1.Line (0, -100)-(0, 100)
End Sub
Private Sub Command1_Click(Index As Integer)  '绘制特殊的几何图案
    Select Case Index
        Case 0                                   '绘制兰色的花瓣图形曲线
            Picture1.Cls
            Form_Activate
            For q = 0 To 2 * Pi Step Pi / 360
                r = 40 * (1 + Sin(5 * q))
                x1 = r * Cos(q): x2 = r * Cos(q + Pi / 5)
                y1 = r * Sin(q): y2 = r * Sin(q + Pi / 5)
                Picture1.Line (x1, y1)-(x1, y2), vbBlue
            Next
        Case 1                                   '绘制红色的圆中圆图案
            Picture1.Cls
            Form_Activate
            k = 360 / 12
            For q = 0 To 360 - k Step 360 / k
                x1 = 45 * Sin(q * Pi / 180): y1 = 45 * Cos(q * Pi / 180)
                Picture1.Circle (x1, y1), 45, vbRed
            Next
        Case 2                                   '绘制绿色的金刚石图案
```

```
            Picture1. Cls: Form_Activate
            k = 360 / 12
            For q1 = 0 To 360 - k Step k
               x1 = 90 * Sin(q1 * Pi / 180): y1 = 90 * Cos(q1 * Pi / 180)
               For q2 = q1 + k To 360 Step k
                  x2 = 90 * Sin(q2 * Pi / 180): y2 = 90 * Cos(q2 * Pi / 180)
                  Picture1. Line (x1, y1)-(x2, y2), vbGreen
               Next
            Next
        Case 3
            Unload Me
    End Select
End Sub
```

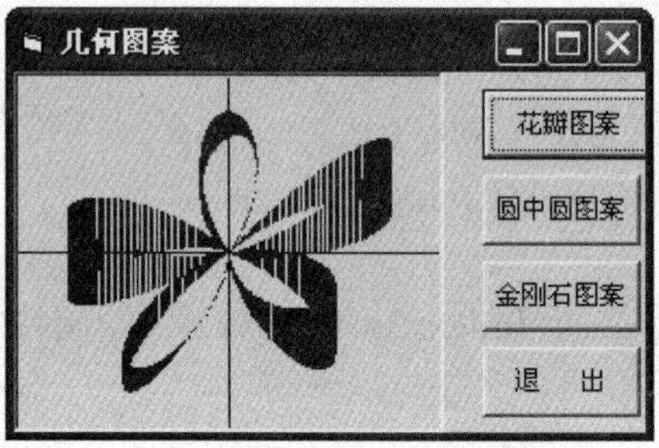

图 7-12　绘制几何图案

例 7-11　设计程序，在窗体上产生随机的从圆心出发的射线，每隔一秒钟变化一次画面，如图 7-13 所示。

设计步骤：

①在窗体上添加一个计时器

②书写关键代码如下：

```
Private Sub Form_Load()
Me. Scale (-320, 240)-(320, -240)        '自定义坐标系
Me. DrawMode = 7
Timer1. Interval = 1000
End Sub
Private Sub Timer1_Timer()
Me. Cls
Randomize
For i = 1 To 150                '每个画面产生 150 条射线
x = 320 * Rnd
```

```
If Rnd < 0.5 Then x = -x
y = 240 * Rnd
If Rnd < 0.5 Then y = -y
mycolor = Int(16 * Rnd)
Line (0, 0)-(x, y), QBColor(mycolor)
Next i
End Sub
```

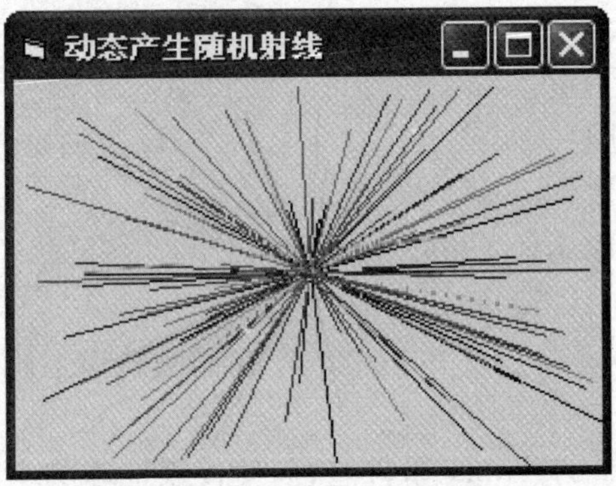

图 7-13 动态产生随机射线

例 7-12 设计一个模拟行星绕太阳运动的动画程序，如图 7-14 所示。

分析：在程序设计中，动画就是有规律地改变对象的形状、尺寸或位置，从而形成的动态效果。动画的速度通常用时钟控件控制。地球运动的椭圆方程为：

x=x0+rx * cos(alfa)

y=y0+ry * sin(alfa)

其中：x0、y0 为椭圆圆心坐标；

rx 为水平半径，ry 为垂直半径；

alfa 为圆心角。

设计步骤：

①把窗体调整到适当大小，并添加一个计时器控件 Timer1。

②首先在代码框的通用段定义一组窗体级变量和常量 Pi，并编写一个用 PSet 画椭圆的通用过程 Ellipse。代码如下：

```
Const Pi = 3.14159
Dim q As Single                        '存储圆心角
Dim x As Single, y As Single          '存储椭圆上的点坐标
Private Sub Ellipse()                  '画椭圆的过程
  For t = 0 To 2 * Pi Step 0.001
   x1 = 90 * Cos(t):y1 = 60 * Sin(t):PSet (x1, y1)
  Next
End Sub
```

编写窗体的 Load 事件过程，并定义坐标系，画出代表太阳的圆和代表地球的小圆，以及

代表地球运动的椭圆轨道。

```
Private Sub Form_Load()      '设置控件属性、
  Me. Caption = "地球绕日运动"
  Me. FillColor = RGB(255, 0, 0):Me. FillStyle = 0
  Show
  Scale (-100, 100)-(100, -100)               '定义坐标系,把原点移到窗体中央
  Circle (0, 0), 15, RGB(255, 0, 0)          '在窗体中央画代表太阳的圆
  Call Ellipse                               '画椭圆轨道
  Timer1. Enabled = True
  Timer1. Interval = 10
  q = 0
  Me. FillColor = RGB(0, 0, 255)
  x = 90 * Cos(q):y = 60 * Sin(q)
  Circle (x, y), 4                           '在椭圆轨道上画代表地球的小圆
End Sub
```

编写计时器控件 Timer1 的 Timer 事件过程,使代表地球的小圆沿椭圆轨道运动。

```
Private Sub Timer1_Timer()                   '移动椭圆上的小圆
  Me. FillColor = Me. BackColor
  Me. FillStyle = 0
  Circle (x, y), 4, Me. BackColor            '用背景色画圆,抹去原来的小圆
  q = q + 0.01
  x = 90 * Cos(q):y = 60 * Sin(q)
  Me. FillColor = RGB(0, 0, 255)
  Me. FillStyle = 0
  Circle (x, y), 4, RGB(0, 0, 255)           '在新位置上重画代表地球的小圆
  If q > 2 * Pi Then q = 0
  Ellipse
End Sub
```

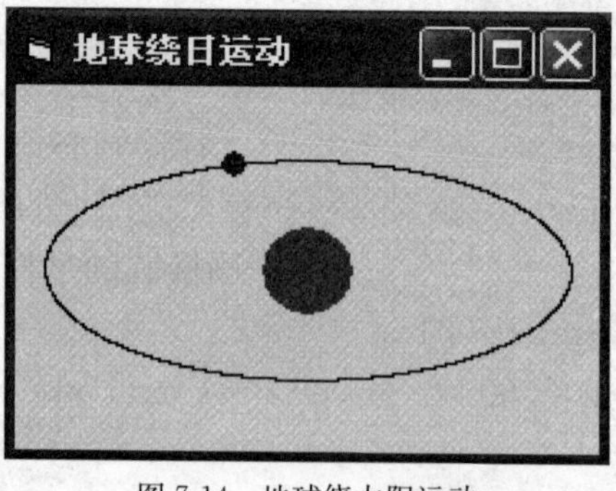

图 7-14　地球绕太阳运动

2)鼠标事件配合绘图方法绘图

前面各章常用到Click(单击)和DblClick(双击)等鼠标事件,事实上还可以通过MouseDown、MouseUp、MouseMove事件使应用程序对鼠标位置及状态的变化作出响应(不包括拖动事件)。大多数控件都能够识别这些鼠标事件。

◇MouseDown事件:按下任意鼠标按钮时发生。

◇MouseUp事件:释放任意鼠标按钮时发生。

◇MouseMove事件:每当鼠标指针移动到屏幕新位置时发生。

当鼠标指针位于无控件的窗体上方时,窗体将识别鼠标事件。当鼠标指针在控件上方时,控件将识别鼠标事件。如果按下鼠标按钮不放,则对象将继续识别所有鼠标事件,直到用户释放按钮。即使此时指针已移离开对象,情况也是如此。

与上述三个鼠标事件相对应的鼠标事件过程形式如下:

```
Private Sub Form_MouseDown(Button As Integer,Shift As Integer,x As Single,y As Single)
......
End Sub
Private Sub Form_MouseMove(Button As Integer, Shift As Integer, x As Single,y As Single)
......
End Sub
Private Sub Form_MouseUp(Button As Integer, Shift As Integer, x As Single, y As Single)
......
End Sub
```

这三种鼠标事件都返回如下参数:

(1)Button是一个三位二进制数$b_2b_1b_0$,描述鼠标按钮的状态。

$b_0=1$	表示左键按下或释放	1
$b_1=1$	表示右键按下或释放	2
$b_2=1$	表示中键按下或释放	4

(2)Shift参数反映用户在按下鼠标键的同时,按了Shift、Ctrl、Alt这三个控制键中的一个键或它们的一种组合。Shift参数是一个三位二进制数:$b_2b_1b_0$

根据Shift、Ctrl和Alt键的状态可在Shift参数中设置三位中的任一位或所有各位。下面列出这些值和常数:

001	1	vbShiftMask	按Shift键
010	2	vbCtrlMask	按Ctrl键
100	4	vbAltMask	按Alt键
011	3	vbShiftMask + vbCtrlMask	按Shift和Ctrl
101	5	vbShiftMask + vbAltMask	按Shift和Alt键
110	6	vbCtrlMask + vbAltMask	按Ctrl和Alt键
111	7	vbCtrlMask + vbAltMask + vbShiftMask	按Shift、Ctrl和Alt键

(3)x,y 表示鼠标指针的位置,即接受鼠标事件的对象的坐标系统描述的鼠标指针位置。

注意:MouseDown 和 MouseUp 事件的 Button 值无法检测是否同时按下鼠标器的两个以上的键,而 MouseMove 事件的 Button 值表示所有鼠标键的当前状态,如同时按下鼠标的左、右键移动鼠标,则 Button 为二进制的 11,即 3。

例如,创建一个工程,为窗体编写一个 MouseDown 事件过程。

```
Private Sub Form_MouseDown(Button As Integer, Shift As Integer, x As Single, y As Single)
    CurrentX = x                  '把窗体的当前输出位置设置为鼠标点击的位置
    CurrentY = y
    If Button = 1 Then
        Print "程序设计"
    ElseIf Button = 2 Then
        Print "Programming"
    End If
End Sub
```

说明:程序运行后,若在窗体上点击鼠标左键,在点击处显示"程序设计";若在窗体上点击鼠标右键,在点击处显示"Programming"。

另外,可以通过控件的 MousePointer 和 MouseIcon 属性,设置鼠标器移到不同控件上时,出现不同的形状。

MousePointer 可设置的值及对应的形状如下:

vbDefault	0	(缺省值)形状由对象决定
VbArrow	1	箭头
VbCrosshair	2	十字线(Crosshair 指针)
VbIbeam	3	I 型
VbIconPointer	4	图标(矩形内的小矩形)
VbSizePointer	5	尺寸线(指向东、南、西和北四方向的箭头)
VbSizeNESW	6	右上-左下尺寸线(指向东北和西南方向的双箭头)
VbSizeNS	7	垂直尺寸线(指向南和北的双箭头)
VbSizeNWSE	8	左上-右下尺寸线(指向东南和西北方向的双箭头)
VbSizeWE	9	水平尺寸线(指向东和西两个方向的双箭头)
VbUpArrow	10	向上的箭头
VbHourglass	11	沙漏(表示等待状态)
VbNoDrop	12	不允许放下
VbArrowHourglass	13	箭头和沙漏
VbArrowQuestion	14	箭头和问号
VbSizeAll	15	四向尺寸线
VbCustom	99	通过 MouseIcon 属性所指定的自定义图标

例 7-13 下面程序能实现鼠标指向不同对象时出现不同的形状。请在窗体上画出上述

控件,再运行程序,体会 MousePointer 属性的意义。

设计步骤:

①在窗体上画一个命令按钮、一个文本框、一个标签、一个列表框。

②书写如下代码,则在程序运行后,鼠标器移动到不同控件的上方将显示不同的形状。

```
Private Sub Form_Load()
   Form1. MousePointer = 0:Command1. MousePointer = 2
   Text1. MousePointer = 11:Label1. MousePointer = 14
   List1. MousePointer = 15
End Sub
```

例 7-14　用鼠标事件在窗体上画圆:以鼠标左键单击处为圆心,拖动鼠标松开鼠标左键,以松开鼠标左键位置到圆心距离为半径,画出完整的圆,并为该圆画两条相互垂直的直径,它们分别与窗体的水平边和竖直边平行。

设计步骤:

①创建一个工程,不添加任何控件。程序运行界面如图 7-15 所示。

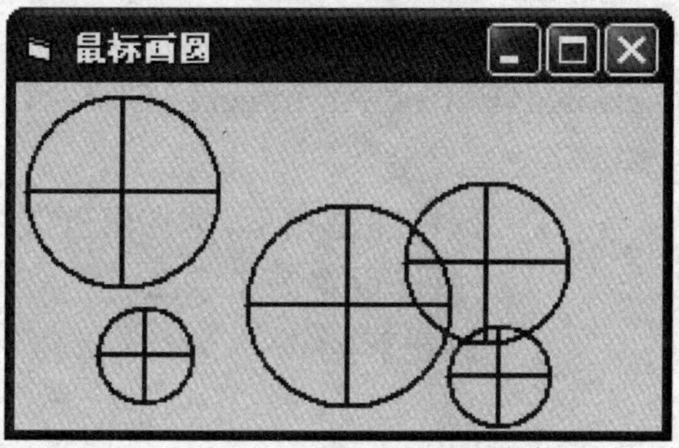

图 7-15　利用鼠标事件画图

②编写程序代码如下:

在代码框的通用段定义窗体级的变量,存储圆心坐标。

```
Dim x1 As Single, y1 As Single
Private Sub Form_Load()
   Me. Caption = "鼠标画圆":Me. ForeColor = vbblue:Me. DrawWidth = 2
End Sub
```

编写窗体的 MouseDown 事件过程,获取圆心坐标。

```
Private Sub Form_MouseDown(Button As Integer, Shift As Integer, x As Single, y As Single)
   x1 = x: y1 = y
End Sub
```

编写窗体的 MouseUp 事件过程,完成画圆的操作。

```
Private Sub Form_MouseUp(Button As Integer, Shift As Integer, x As Single, y As Single)
   Dim r As Single, b As Boolean
```

```
    r = Sqr((x1 - x) * (x1 - x) + (y1 - y) * (y1 - y))
    b =r<Abs(x1) And r<ScaleWidth-Abs(x1) And r<Abs(y1) And r<ScaleHeight
-Abs(y1)
    If b Then                  '若能画出完整圆,则画圆
      Circle (x1, y1), r
      Line (x1 - r, y1)-(x1 + r, y1)
      Line (x1, y1 - r)-(x1, y1 + r)
    End If
  End Sub
```

例 7-15 设计一个最简单的用鼠标徒手画线或写字的程序,当按下鼠标左键并拖动时徒手画线或写字,按下鼠标右键时清除窗体。程序代码如下,运行结果如图 7-16 所示。

```
  Private Sub Form_Load()
    Me.Caption = "徒手画线或写字的程序"
    Form1.BackColor = vbWhite  '窗体的背景设置为白色
  End Sub
  Private Sub Form_MouseDown(Button As Integer, Shift As Integer, x As Single, y As
Single)
    If Button = 1 Then         '鼠标左键按下,则点出画线的起点
      MousePointer = 2         '鼠标设置为十字叉
      PSet (x, y)              '画出起始点
    Else
      Cls
    End If
  End Sub
```

编写鼠标的 MouseMove 事件驱动程序,实现移动鼠标画线,代码如下:

```
  Private Sub Form_MouseMove(Button As Integer, Shift As Integer, x As Single, y As
Single)
    If Button = 1 Then         '移动鼠标画线
      Line -(x, y)
    End If
  End Sub
```

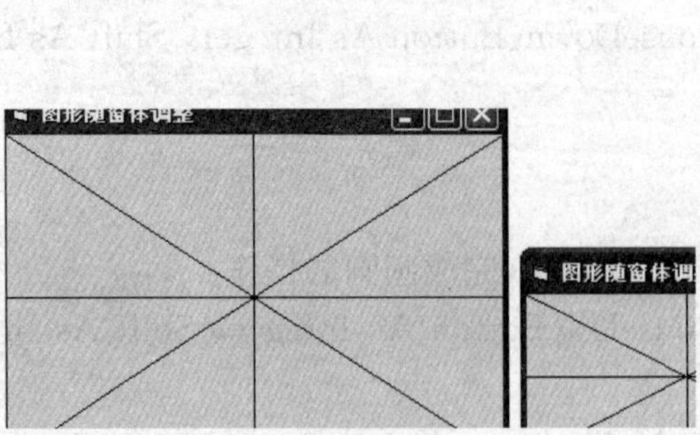

图 7-16 徒手写字

例 7-16　设计一个拖放后画圆的程序，当按下鼠标左键并移动时画圆，按下右键清除窗体。运行结果如图 7-17 所示。

```
Dim PreX As Single, PreY As Single                    '圆心的 x 坐标，y 坐标
Private Sub Form_Load()
  Me.Caption = "拖放画圆的程序"
  Form1.BackColor = vbWhite    '窗体的背景设置为白色
End Sub
```

编写鼠标的 MouseDown 事件过程，保存圆心或画线的起点。

```
Private Sub Form_MouseDown(Button As Integer, Shift As Integer, x As Single, y As Single)
  If Button = 1 Then               '左键按下，保存并点出圆心
    PreX = x: PreY = y             '
    PSet (x, y)
  Else
    Cls
  End If
End Sub
```

编写鼠标的 MouseUp 事件驱动程序，完成画圆。

```
Private Sub Form_MouseUp(Button As Integer, Shift As Integer, x As Single, y As Single)
  If Button = 1 Then               '完成画圆
    r = Sqr(Abs(PreX - x) * Abs(PreX - x) + Abs(PreY - y) * Abs(PreY - y))
     Circle (PreX, PreY), r
  End If
End Sub
```

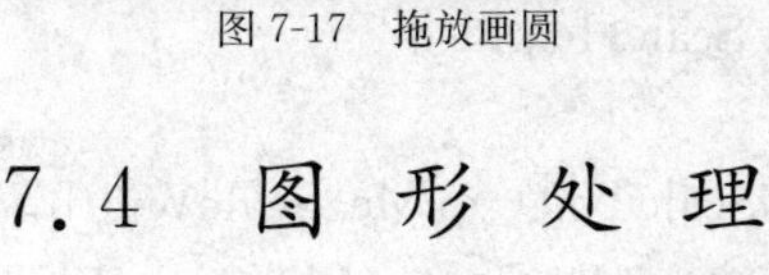

图 7-17　拖放画圆

7.4　图 形 处 理

图形处理包括的内容很多，如图形的重新绘制和图形大小的变换、旋转等。本节将用简单例子说明其方法。

7.4.1 图形的重绘

程序运行时，如果在窗体或图片框上绘制的图形部分或全部被其他窗体或对象覆盖了，一旦这些覆盖物被移走，绘制的图形就需要重新绘制。其方法有两种：一是在绘图前将窗体或图片框的 AutoRedraw 属性设置为 True，二是将绘图方法的程序代码放到窗体或图片框的 Paint 事件中。

1）AutoRedraw 属性

AutoRedraw 属性用于确定图片框或窗体中（用绘图方法绘制）的图形在覆盖它的对象移走后是否重新显示，取值为逻辑值。例如，把图片框的 AutoRedraw 属性设置为 True 时，改变了窗体大小，或覆盖此图片框的其他窗体被移走，都将重新显示该图形。

2）Paint 事件

Paint 事件是在窗体或图片框上的覆盖窗体被移走时被触发，或是在窗体加载、最小化、还原和最大化时被触发。另外，使用 Refresh 方法时也会触发该事件。该事件可用于重绘图片框或窗体上用绘图方法绘制的图形。该事件的触发与 AutoRedraw 属性值无关。

Paint 事件和 AutoRedraw 属性的功能有相似之处，但也有区别。Paint 事件可恢复全部被破坏的内容，而 AutoRedraw 属性为 True 时，只能恢复为 True 以后绘制的图形或文本，对 AutoRedraw 属性为 False 时绘制的图形或文本不能恢复。

3）Resize 事件

当一个对象第一次显示，或者是当一个窗体的窗口状态改变（如最大化、最小化）时都会触发 Resize 事件。如果调整窗体大小时想使图形大小也成比例调整，可在一个 Resize 事件中使用 Refresh 方法调用 Paint 事件。

Refresh 方法的作用是强制窗体中所有图形对象通过 Paint 事件自动重画。如果图形是按照 Scale 方法和 ScaleMode、ScaleLeft 等属性设置的坐标系绘制的，当在程序中改变窗体大小时，其中的图形均会按照大小比例而改变。

任何时候，只要窗体的 AutoRedraw 属性为 False，窗体改变大小时 VB 都将按照先 Resize 事件后 Paint 事件的顺序调用相关的事件，当给这些相关事件过程添加代码时应确保它们的操作不会互相冲突。

例 7-17 设计程序，实现调整窗体大小时，其中画米字形也随之自动调整。程序运行结果如图 7-18 所示。

程序代码如下：

```
Private Sub Form_Paint()
x = Me.ScaleLeft + Me.ScaleWidth / 2
y = Me.ScaleTop + Me.ScaleHeight / 2
'下面开始画米字
Line (Me.ScaleLeft, Me.ScaleTop)-(Me.ScaleWidth, Me.ScaleHeight)   '画对角线
Line (Me.ScaleLeft, Me.ScaleHeight)-(Me.ScaleWidth, Me.ScaleLeft)
Line (x, Me.ScaleTop)-(x, Me.ScaleHeight)                            '画十字
Line (Me.ScaleLeft, y)-(Me.ScaleWidth, y)
```

```
End Sub
Private Sub Form_Resize()
Refresh
End Sub
```

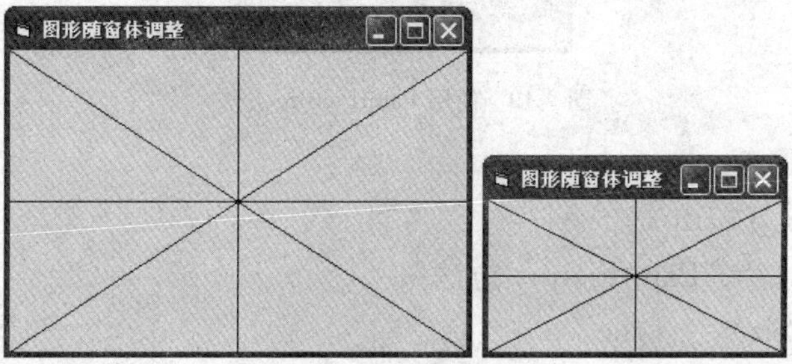

图 7-18 图形随窗体调整

7.4.2 图形的变换

利用 PaintPicture 方法,可以在窗体、图片框和 Picture 对象上的任何地方绘制图形,并对图形进行复制、翻转、改变大小、重新定位及水平或垂直翻转等操作。

PaintPicture 方法只能对用 Picture 属性、LoadPicture 函数设置的图形进行操作,用绘图方法绘制的图形在未存储为图形文件前不能用它操作。

【格式】 对象名. PaintPicture spic,dx,dy,dw,dh,sx,sy,sw,sh,rop

【功能】 实际上 PaintPicture 不是一个绘图方法,而是对图片的像素进行处理的方法。用该方法可以从一个窗体或图片框控件中向另一个对象复制一个矩形区域的像素。

其中:

对象名目标图形对象

spic 为传送源,可以是图形框、图像框或窗体的 Picture 属性

dx、dy 传送目标矩形区域左上角坐标,可以是目标控件的任一位置

dw、dh 目标形矩形区域的宽和高

sx、sy 要传送图形矩形区域左上角坐标

sw、sh 要传送图形矩形区域的大小

rop 指定传送的象素与目标中现有象素组合模式。常用象素组合模式有下列几种:

vbDstInvert &H00055009 逆转目标位图

vbNotSrcCopy &H00330008 复制源位图的逆到目标位图

vbSrcCopy &H00cc0020 复制源位图的到目标位图

vbSrcInvert &H00660046 用 XOR 组合源位图与目标位图

例 7-18 使用 PaintPicture 方法复制、水平翻转、上下翻转位图。

分析:复制是设置目标区左上角坐标和大小与要传送图形矩形区相同;翻转是改变坐标系,其中水平翻转是设置图形宽为负数,上下翻转是设置图形高为负数,两个方向翻转是设置图形宽和高均为负数。

①创建一个工程,在窗体上添加两个图片框 Picture1、Picture2,一个含三个命令按钮的

命令按钮数组 Command1。程序的用户界面如图 7-19 所示。

图 7-19　使用 PaintPicture 方法

②编写程序代码如下：

```
Private Sub Form_Load()
  Form1.Caption = "PaintPicture 方法"
  Picture1.AutoSize = True
  Picture2.AutoSize = True
  Picture1.Picture = LoadPicture("C:\Program Files\Microsoft Visual Studio
\Common\Graphics\Bitmaps\OffCtlBr\Large\B&W\help.bmp")
  Command1(0).Caption = "放大复制"
  Command1(1).Caption = "水平翻转"
  Command1(2).Caption = "上下翻转"
End Sub
```

编写命令按钮数组 Command1 的 Click 事件过程，实现图像的复制、翻转操作。

```
Private Sub Command1_Click(Index As Integer)
  Select Case Index
      Case 0
        sw = Picture1.ScaleWidth: dw = sw * 2.5
        sh = Picture1.ScaleHeight: dh = sh * 2.5
        Picture2.Picture = LoadPicture("")
        Picture2.PaintPicture Picture1, 0, 0, dw, dh, 0, 0, sw, sh, vbSrcCopy
      Case 1
        sw = Picture1.ScaleWidth: dw = sw * 2.5
        sh = Picture1.ScaleHeight: dh = sh * 2.5
        sx = sw: sy = 0
        Picture2.Picture = LoadPicture("")
        Picture2.PaintPicture Picture1, 0, 0, dw, dh, sx, sy, -sw, sh, vbSrcCopy
      Case 2
        sw = Picture1.ScaleWidth: dw = sw * 2.5
        sh = Picture1.ScaleHeight: dh = sh * 2.5
        sx = 0: sy = sh
        Picture2.Picture = LoadPicture("")
        Picture2.PaintPicture Picture1, 0, 0, dw, dh, sx, sy, sw, -sh, vbSrcCopy
```

```
    End Select
End Sub
```

7.4.3 图形的保存

图形的保存是指从窗体或图片框的 Picture 属性或图像框中将图形保存到图形文件中。

无论在设计时还是运行时加载到窗体或图片框中的文件，只要它们是位图、图标、源文件或增强源文件，则保存图形时将使用与原始文件同样的格式。如果是.gif 或.jpeg 文件，则将保存为位图文件。图像框中的图形总是以位图格式保存。

【格式】SavePicture pic，FileName

【功能】将对象中的图形存储到指定文件中。

其中：

pic：产生图形文件的图形对象。

FileName：保存图形文件的文件名。

例如，下面语句将图片框中的图形存储到 e:\abc.bmp 文件中。

```
SavePicture Picture1.Picture, "e:\abc.bmp"
```

7.5 图 形 控 件

VB 提供了 PictureBox 、Image 、Line 和 Shape 共四个图形特性的控件。其中，PictureBox 控件和 Image 控件用于显示图形或图片，Line 控件和 Shape 控件用于生成简单的图形。

在窗体设计时，利用图像控件(Image)、直线控件(Line)和形状控件(Shape)创建图形十分有用。

这三个图形控件的优点是，创建图形所用的代码比图形方法要少。例如，要在窗体上绘制一个圆，既可用 Circle 方法，也可用形状控件 Shape。Circle 方法要求在运行时用代码创建圆；而用形状控件的话，只需在设计时简单地把它拖到窗体上，并设置特定的属性即可创建一个圆。使用图像控件(Image)、直线控件(Line)和形状控件(Shape)时要注意，不能出现在其他控件(容器除外)之上。不能在运行时接收焦点，不能作为其他控件的容器。

7.5.1 图片框和图像框

图片框(PictureBox)控件主要作用是显示图片、作为其他控件的容器、显示图形方法输出的图形、显示 Print 方法输出的文本，是在窗体中的小窗体，在前面例题中已经多次使用。

图像框(Image)控件用于显示图形。在窗体上使用图像框 Image 的步骤与使用图片框 PictureBox 相同。Image 控件不能作为容器，没有 Autosize 属性。

图像框有一个很重要的属性 Stretch，其值指定图形是否要拉伸大小，以适应 Image 控件的大小。如果 Stretch 属性为 True，表示图形要拉伸大小以适应控件；如果 Stretch 属性设置为 False(缺省值)，表示控件要调整大小以适应图形。关于图片框和图像框的属性、方法和事件在第 3 章已经介绍，这里不再赘述。

7.5.2 直线

直线(Line)控件是一个画线工具,用于在窗体、图片框和框架中画各种直线段,既可以在设计时通过设置线的端点坐标属性画出直线,也可以在程序运行时动态地改变直线的各种属性。

1)常用属性

(1)BorderStyle 提供了七种画线的样式。

vbTransparent	0	透明
vbBSSolid	1	实线(缺省值)
vbBSDash	2	虚线
vbBSDot	3	点线
vbBSDashDot	4	点划线
vbBSDashDotDot	5	双点划线
vbBSInsideSolid	6	内收实线(边框的外边界就是形状的外边缘)。

(2)BorderColorn:指定画线的颜色,设计时可在属性窗口中选择该属性,然后从提供的调色板中选择颜色。

(3)BorderWidth:设置直线控件画线的宽度。

(4)x1、x2、y1、y2:指定画线的起点(x1,y1)和终点(x2,y2)坐标。改变直线控件的位置和长短必须通过调整 x1、x2、y1 和 y2 属性的值来实现。

2)使用直线控件

例 7-19 设计如图 7-20 所示秒表。当秒针停止不动时,单击窗体,秒针从 0 开始走动;当秒针走动时单击窗体,秒针在当前位置停止走动。

设计步骤:

①新建一个工程,在窗体上添加一个 Line 控件作为秒针(起点在窗体中心),一个计时器控件 Timer1、四个标签 Label1~Label4 用于显示秒数。

②编写程序代码。

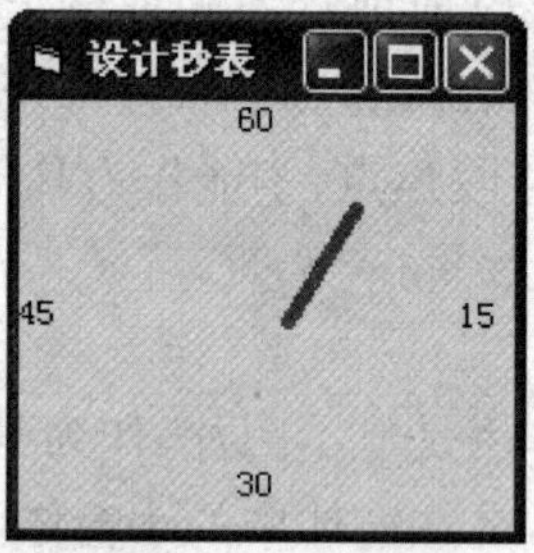

图 7-20 使用 Line 控件设计秒表

编写窗体的 Load 事件过程,设置控件的有关属性,初始化秒表,同时在通用段定义窗体级的变量和常量。

```
Dim d As Single                    '存放秒针长度
Dim s As Integer                   '存放从 0 开始的秒数
Const pi = 3.14159
```

```
Private Sub Form_Load()
  Line1.BorderStyle = 6:Line1.BorderColor = RGB(255, 0, 0)
  Line1.BorderWidth = 5
  d = Sqr((Line1.y2 - Line1.y1) ^ 2 + (Line1.x2 - Line1.x1) ^ 2)
  Timer1.Interval = 1000                  '每秒移动一次秒针
  Timer1.Enabled = False
End Sub
```

编写窗体的 Click 事件过程,起、停秒表,代码如下:

```
Private Sub Form_Click()
  If Timer1.Enabled = True Then
     Timer1.Enabled = False
  Else
     Line1.x2 = Line1.x1 - d * Sin(Pi * 30 / 30)
     Line1.y2 = Line1.y1 + d * Cos(Pi * 30 / 30)
     Timer1.Enabled = True
     s = 0
  End If
End Sub
```

编写 Timer1 控件的 Timer 事件过程,使用秒针走动,代码如下:

```
Private Sub Timer1_Timer()
  s = s + 1                                 '秒数加 1
  Line1.x2 = Line1.x1 - d * Sin(Pi * (30 + s) / 30)
  Line1.y2 = Line1.y1 + d * Cos(Pi * (30 + s) / 30)
End Sub
```

7.5.3 形状控件

形状(Shape)控件是图形控件,用于绘制矩形、正方形、椭圆、圆形、圆角矩形或者圆角正方形。

1)常用属性

(1)Shape:设置 Shape 控件的外观,提供了如下几种设置值:

VbShapeRectangle	0	矩形(缺省值)
VbShapeSquare	1	正方形
VbShapeOval	2	椭圆形
VbShapeCircle	3	圆形
VbShapeRoundedRectangle	4	圆角矩形
VbShapeRoundedSquare	5	圆角正方形

(2)BorderColor:边框颜色。

(3)BorderStyle:边框线型,其设置值与 Line 控件相同。

(4)BorderWidth:边框线宽。

2)使用 Shape 形状控件(该控件不能当作容器)

例 7-20 显示形状控件的六种图形。

①新建一个工程,在窗体上添加一个 Shape 控件数组的第一个元素 Shape1(0),画为矩形,并放置在窗体的最左端。程序运行界面如图 7-21 所示。

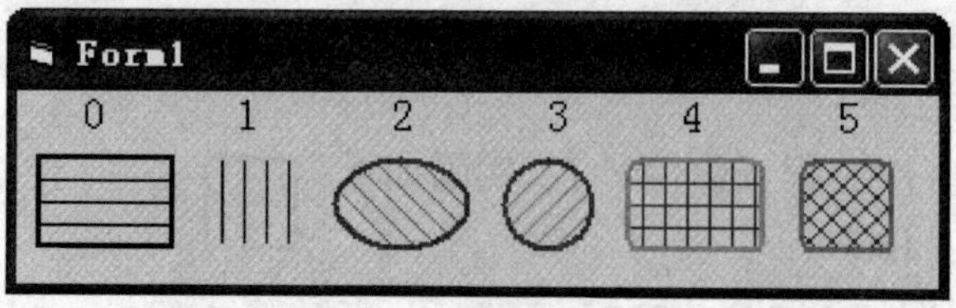

图 7-21 使用形状控件

②编写程序代码。

编写窗体的 Activate 事件过程,显示 Shape 控件的六种图形,代码如下:

```
Private Sub Form_Activate()
  Dim i As Integer
  Print "   0      1      2      3     4      5"
  Shape1(0). Shape = 0
  Shape1(0). FillStyle = 2                    '填充的形式
  Shape1(0). BorderWidth = 2                   '边框线宽
  For i = 1 To 5
    Load Shape1(i)                            '装载控件数组元素 Shape1(i)
    With Shape1(i)
   . Left = Shape1(i - 1). Left + 800  '为 Load 添加的 Shape 定位
   . Shape = i
   . BorderColor = QBColor(15 - i)   '边框作色
   . FillStyle = i + 2
   . FillColor = QBColor(8 + i)   '填充作色
   . Visible = True
   End With
Next
End Sub
```

例 7-21 使用 Shape 控件数组制作奥运五环旗帜,程序运行界面如图 7-22 所示。

设计步骤:

①新建一个工程。

②在窗体上添加一个 Shape 控件,并设置为圆形,Index=0。

③关键代码如下:

```
Private Sub Form_Load()
t = Shape1(0). Top     '记录第一控件的位置
```

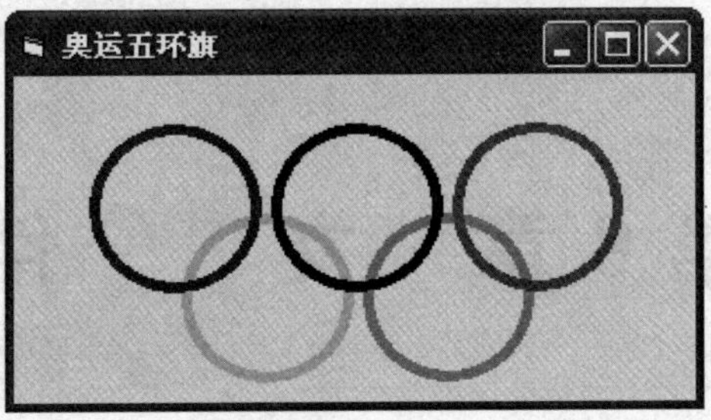

图 7-22 奥运五环旗帜

```
l = Shape1(0). Left + Shape1(0). Width
Shape1(0). BorderColor = vbBlue
Shape1(0). Shape = 3
Shape1(0). BorderWidth = 5
For i = 1 To 2
For j = 1 To 2
   k = (i - 1) * 2 + j
   Load Shape1(k)
   Select Case k
     Case 1
      myColor = 0          '黑色
     Case 2
      myColor = 12         '红色
     Case 3
      myColor = 14         '黄色
     Case 4
      myColor = 10         '绿色
    End Select
    With Shape1(k)
      . BorderColor = QBColor(myColor)
      . Visible = True
      . Top = t            '设置控件位置
      . Left = l
    End With
    l = l + Shape1(0). Width        '下一列的位置
   Next j
   t = t + Shape1(0). Width / 2     '下一行的位置
   l = Shape1(0). Left + Shape1(0). Width / 2
Next i
End Sub
```

第8章　文　　件

本章之前，程序运行时需要的数据均是通过键盘或控件输入，程序处理结果均是通过屏幕或控件输出。如果想让结果直接写入磁盘（或其他外存），或从磁盘文件中读取数据作为程序输入的数据，则会用到数据文件操作流程。数据文件操作流程示意如图8-1。

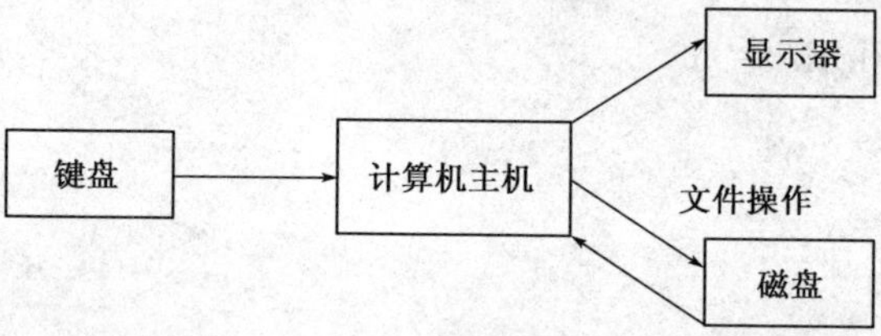

图8-1　文件示意

文件是存储在外存储器（如磁盘、光盘等外部存储介质）上的数据集合。例如，用Word或写字板编辑的文档就是一种文件。操作系统也是以文件为单位对数据进行管理。如果想访问存放在外部存储器上的数据，必须先按文件名找到所指定的文件，然后再从文件中读取数据。如果在程序中需要向外部存储器存储数据，也必须建立一个文件，才能向它输出数据。

VB具有较强的文件处理能力，在程序中可以直接读、写文件，同时又提供了大量与文件管理有关的语句和函数，以及制作文件系统的控件。使用这些手段可以开发出功能强大的文件管理程序。

8.1　数据文件概述

在VB程序中，可以把程序运行的结果，以数据文件的形式输出并存储到磁盘上，也可以从磁盘文件读取数据，赋值给程序中的变量或数组，以方便程序对这些数据进行处理。

8.1.1　文件的结构特点

VB数据文件由记录组成，记录由字段组成，字段由字符或字节组成。

字符（Charcter）或字节（Byte）是数据的最小单位。在VB中数字、字母、符号和汉字都可以表示为一个字符。当计算字符长度时，一个西文字符和一个汉字都作为一个字符计算。

字段（Field）由若干个字符或字节组成，表示一项数据。例如，学号、姓名、出生日期等都可以作为一个字段。

记录（Record）由若干个相关的字段组成。例如，每一个学生的成绩可以视为一条记录，其中包括学生的学号、姓名及各科的成绩，如下所示：

学号	姓名	数学成绩	语文成绩	外语成绩	总分

文件(File)则由一批记录组成,并存储在外部存储介质上。例如,某专业某班的学生成绩记录一并输出到文件中,就构成一个成绩文件保存在外存储器上。

8.1.2 文件的分类

在 VB 中提供了三种文件访问模式:顺序访问模式、随机访问模式和二进制访问模式。按照访问模式,文件分为顺序文件、随机文件和二进制文件。

1)顺序文件

顺序文件(Sequential Access File)是连续存放的文本(字符)数据块,各记录写入的顺序、存储的顺序和读出的顺序完全一致,即对文件各记录读、写操作的逻辑顺序与记录在磁盘文件中存放的物理顺序一致。其主要特点是:

(1)从顺序文件读取记录必须从第一条记录开始,不能从中间某条记录开始,读、写操作效率较低。

(2)顺序文件以 ASCII 码方式存储数据(字符串)。一条记录没有固定的长度(以字节数为单位),以回车、换行作为记录结束的标志,即回车换行是各条记录之间的分隔符。

(3)顺序文件结构简单,存取不够灵活,适用于存储有规律、不经常修改的数据。

2)随机文件

随机文件(Random Access File)是有固定记录长度的文本数据或二进制数据块,所有记录都是等长的,记录中各数据项的长度也是固定的(即字节数是固定的),各记录之间不需要特定的分隔符号。其主要特点是:

(1)随机文件中每一个记录有一个唯一的记录号,根据记录号完成文件的读写操作,如下所示:

记录1	记录2	记录3	……	记录n

(2)随机文件中各记录的写入顺序、(存储)排列顺序、读出顺序不一定一致,在磁盘文件中存放的物理顺序与读写操作的逻辑顺序可以是不一致的。

(3)随机文件以二进制形式存储在磁盘上,是一种在空间上、时间上都比顺序文件效率更高的文件形式。

(4)每条记录数据都是类似的一组信息,较适合用随机文件存放。如一个班级的学生,每个同学的数据项目一样,采用随机文件存储,访问起来比较方便。如果要想更改某个同学的数据,只要找到他的记录号,直接更改该记录就可以了。

随机文件可以同时进行读、写操作,存取速度快,数据容易更新。

3)二进制文件

二进制文件(Binary File)是字节的集合,直接把二进制码存放在文件中。二进制文件的读、写单位是字节,一个字节为一条记录,可以视为记录长度为 1 的随机文件,这些字节可以代表任何数据。二进制文件除了没有数据类型或者记录长度的含义以外,与随机文件很相似。

二进制文件能够充分发挥编程人员的个性,使之能够完全控制文件,在这三种文件类型中是最灵活的。此外,使用二进制文件,还可以节省磁盘空间,更充分有效地使用磁盘。

8.1.3 文件处理的一般步骤

写文件:计算机把程序运行结果存储到外存储器上,以便长期保存。

读文件:计算机把外存储器上存储的文件数据读取到计算机的内存中,以方便对这些数据进行处理。

计算机完成读、写数据文件的操作都是通过在内存中建立的文件缓冲区完成的。文件缓冲区是计算机为了读写外部介质上的文件数据,在内存中建立的数据暂存区。写文件时是把数据写入文件缓冲区,然后通过操作系统把缓冲区中暂存的数据转存到外存储器中;读文件是借助操作系统把外存储器上存储的文件数据传送到文件缓冲区中暂存,然后由文件缓冲区把数据传送到内存中。文件的读、写操作本质上是外存储器与内存文件缓冲区之间的数据传递(如图 8-2 所示)。

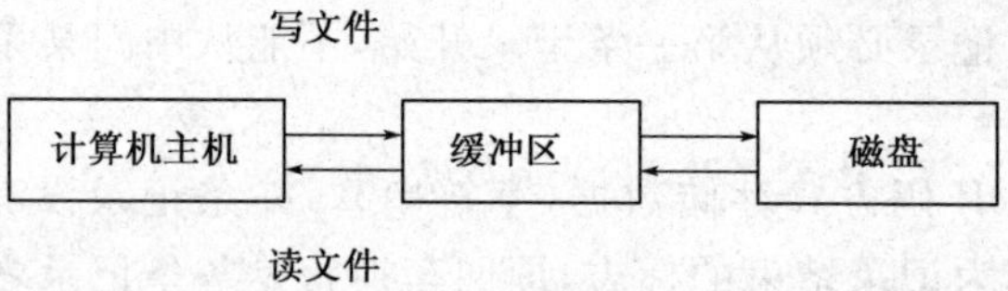

图 8-2　读写文件过程示意

文件操作的一般步骤如下:

(1)打开(或新建)文件。为文件建立一个特定的文件缓冲区。每一个文件在内存中都必须有一个独立的读、写缓冲区。

(2)进行读、写操作。在对文件进行读、写操作时,为了记住当前读、写的位置,文件中设置了一个文件指针,存储当前文件读、写操作的位置,当存取文件数据时文件指针随之移动。

(3)关闭文件。把文件缓冲区中暂存的数据写入外存储器(写操作)或清除掉(读操作),割断文件与缓冲区的关联,释放缓冲区占用的存储空间。

8.1.4 文件的打开和关闭

1)打开文件(Open)语句

【格式】 Open 文件名[For 模式][Access 存取类型][锁定]As[#]文件号[Len=记录长度]

【说明】

①文件名:指定要打开的文件。文件名可以包括文件路径。

②模式:指定文件访问的方式,默认方式是 Random。模式包括以下几种:

Output:顺序输出模式,以向文件输出(写)数据的方式打开或建立一个顺序文件。

Append:顺序追加模式,以在文件末添加(写)数据的方式打开或建立一个顺序文件。

Input:顺序输入模式,以从文件输入(读取)数据的方式打开一个顺序文件。

Random:随机存取模式,打开或建立一个随机文件。

Binary:二进制存取模式,打开或建立一个二进制文件。

当使用 Input 模式时,文件必须已经存在,否则会产生一个错误;以 Output 模式打开一个不存在的文件时,则建立一个新文件,如果该文件已经存在,则删除文件中的原有数据,从头开始写入数据。用 Append 打开文件或创建一个新的顺序文件,文件指针位于文件的末尾。

③文件号:指定该文件使用的是哪一个文件缓冲区。在文件打开期间,使用文件号即可访问相应的内存缓冲区,以便对文件进行读、写操作。文件号的取值范围是 1~511 之间的整数,前面的"#"可以省略。

④存取类型:指定打开文件所能进行的操作,其值可以为 Read(只读)、Write(只写)、Read Write(读写)。

⑤锁定:本参数只在多用户或多进程环境中使用,用于限制其他用户或其他进程对该文件进行读写操作。可设置为 Shared(共享)、Lock Read(禁止读)、Lock Write(禁止写)、Lock Read Write(禁止读写)、默认为 Lock Read Write。

⑥Len:指定每条记录的长度(字节数),其值不大于 32767(字节)。对于用随机访问方式打开的文件,该值就是记录长度。对于顺序文件,该值就是缓冲字节数。

例如,执行语句 Open "d:\temp\data. txt" For Output As #1,将以 Output 模式打开 D 盘 temp 文件夹下的 data. txt 文件,文件号为 1。如果把文件建立在 D 盘的根目录下,执行语句 Open "d:\data. txt" For Output As #1。

注意,上述语句中的"\"不能省略,否则不能正常建立和打开该文件。

2)关闭文件(Close)

打开的文件操作结束后必须关闭,以保证数据不丢失或以不同的模式重新打开该文件(对于顺序文件)。

【格式】 Close[[#]文件号 1[,[#]文件号 2…))

当 Close 语句没有参数时,将关闭所有已打开的文件。例如,执行 Close #1 语句将关闭文件号为 1 的文件。

除了用 Close 语句关闭文件外,在程序结束时将自动关闭所有打开的数据文件。

8.1.5 相关语句和函数

文件的主要操作是读和写,在对文件读、写操作过程中要用到一些与文件操作有关的通用语句和函数。

1)FreeFile 函数

【格式】 FreeFile

【功能】 返回一个在程序中没有使用的文件号,供 Open 语句使用。

当程序中打开的文件较多时,用这个函数可以避免使用正在使用的文件号。例如:

FileNo=FreeFile

Open "d:\temp\Mydata. txt" For Output As #1 As FileNo

2)Seek 语句和 Seek 函数

文件打开后,会自动生成一个文件指针,文件的读或写就从这个指针所指的位置开始。一般情况下,打开文件时,文件指针将指向文件头。完成一次读写操作后,文件指针自动移到下一个读写操作的起始位置。使用 Seek 语句和 Seek 函数,可以进行与文件指针有关的操作。

(1)Seek 函数

【格式】 Seek(文件号)

【功能】 返回文件指针的当前位置。对于随机文件,Seek 函数返回指针当前所指的记录号。对于顺序文件和二进制文件,Seek 函数返回指针所在的当前字节位置(从头算起的字节数)。

(2)Seek 语句

【格式】 Seek[#]文件号,位置

【功能】 指定文件的文件指针设置在指定位置,以便进行下一次读或写操作。"位置"参数是一个1～2,147,483,647的整数。对于 随机文件,"位置"是一个记录号;对于顺序文件和二进制文件,"位置"表示从文件开始算起的字节序号(字节位置)。

若在文件结尾之后进行 Seek 操作,则文件写入的操作会把文件扩大。如果试图对一个文件进行位置为负数或零的 Seek 操作,则会导致错误发生。

3)EOF 函数

【格式】 EOF(文件号)

【功能】 测试与文件号相关的文件指针是否已移到文件的结束位置。如果是,函数值为真(True),否则为假(False)。使用 EOF 是为了避免在文件结束处读取数据而发生错误。

对于以 Output 模式打开的顺序文件,EOF 总是返回 True。

4)LOF 函数

【格式】 LOF(文件号)

【功能】 返回与文件号相关的文件的总字节数。若函数返回值为0,表示是一个空文件。

注意,对于尚未打开的文件,使用函数"FileLen(文件名)"取得文件的长度。

5)Loc 函数

【格式】 Loc(文件号)

【功能】 返回与文件号相关的文件的当前读写位置。

不同模式打开的文件,其 Loc 函数返回值的意义是不同的:

随机文件是上一次对文件进行读出或写入的记录号。

顺序文件是文件中当前字节位置除以128的值。但是,对于顺序文件而言,不会使用 Loc 的返回值,也不需要使用 Loc 的返回值。

二进制文件是上一次读出或写入的字节位置。

8.2 顺序文件

顺序文件的读、写操作与打开的模式有关。若以向文件写入数据的模式打开文件,就只能向文件写入数据,写操作完成之后关闭文件,又重新以读出数据的模式打开文件,才能读出文件中的数据;反之,若以读出文件数据的模式打开文件,就只能由文件读出数据,读操作完成之后关闭文件,又重新以向文件写入数据的模式打开文件,才能向文件写入数据。

8.2.1 顺序文件的写入操作

要将数据写入顺序文件(文本文件),应以 Output 或 Append 模式打开文件,然后使用 Print #语句或 Write #语句将数据写入文件中。

1)Print #语句

【格式】 Print #文件号,表达式表

【功能】 将表达式表中的各项数据写到与文件号相关的顺序文件中。表达式之间可以用分号、逗号或空格分隔。写入文件的数据格式与 Print 语句向屏幕输出的格式相似。

说明:在表达式表中可以使用 Print 语句中使用的控制符和函数,且功能类似。

注意:使用 Print #语句时,“#”不能省略。

例 8-1 利用 Print #语句把数据写入到文件中。

代码如下:

```
Private Sub Form_Load()
  Open "d:\temp\testfile.txt" For Output As #1  '打开文件供写操作(输出)
  Print #1, "这是一个试验文件"                    '独占一行
  Print #1,                                      '输出空行
  Print #1, "宇宙", "天体",                    '分区输出,下一行在下一个输出区输出
  Print #1, "大同"; "世界";                    '紧凑输出,下一行也紧随其后输出
  Print #1, "Visual"; Spc(10); "Basic"         '用 Spc(10)产生 10 个空格
  Print #1, Tab(10); "求是", 1234 + 8765     '在第十列上开始输出字符串
  Close #1                                       '关闭文件
End Sub
```

程序运行后,用记事本打开所写的文件,其显示情况如图 8-3 所示。

图 8-3 使用 Print #语句写的文本文件

2)Write #语句

【格式】 Write #文件号,表达式表

【功能】 将表达式的数据写到与文件号相关的顺序文件中。表达式之间可以用分号、逗号或空白分隔各数据项。

说明:

①每一条以回车结束的 Write #语句向顺序文件写入一条记录,并自动地用逗号分开每个数据项(表达式),且不管这些表达式在语句中是用分号、逗号或空白分隔(实际上,当输入表达式表使用空白分隔各表达式,系统会自动更改为分号),并为字符串数据加上双引号,且不在正数前面设置空格,每一个 Write #语句后自动加回车换行,作为记录的结束标记。

②函数 Spc(n)、Tab(n)和逗号、分号在 Write #语句中的作用,与在 Print #语句中的作用相同。

例 8-2 利用 Write #语句把数据写入到文件中。

代码如下：

```
Private Sub Form_Load()
  Open "d:\temp\testfile.txt" For Output As #1  '打开文件供写操作(输出)
  Write #1, "这是一个试验文件"                  '独占一行
  Write #1,                                     '输出空行
  Write #1, "宇宙", "天体",           '用逗号分隔数据项,下一行也紧随其后输出
  Write #1, "大同"; "世界";           '用分号分隔数据项,下一行也紧随其后输出
  Write #1, "Visual"; Spc(10); "Basic"         '用 Spc(10)产生 10 个空格
  Write #1, Tab(10); "求是", 1234 + 8765  '在第十列上开始输出,用计算功能
  Close #1                                      '关闭文件
End Sub
```

这里的代码与例 8-1 基本相同,仅用“Write #”替换“Print #”。运行后,用记事本打开所写的文件,其显示情况如图 8-4 所示。

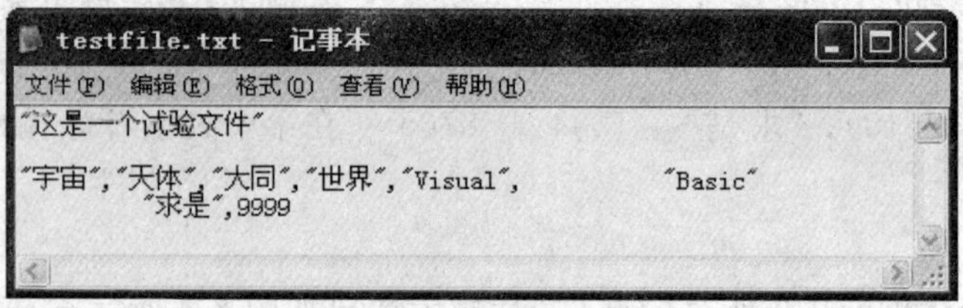

图 8-4　使用 Write #语句写的文本文件

3)文本框的内容写文件

在 VB 中可以直接把文本框的内容以文件的形式保存到磁盘上,有下列两种方法供选择。

(1)把整个文本框中的内容一次性地写入文件。

【格式】 Print #文件号,文本框名.Text

这里不适合使用 Wrinte #语句,因为该语句会把文本框中的数据作为字符串,全部用双引号括起来写入文件。

例 8-3 把文本框的内容保存到磁盘文件中。

创建一个工程,在窗体上添加一个文本框和一个命令按钮,程序界面如图 8-5 所示,编写代码如下:

```
Private Sub Form_Load()
  Me.Caption = "文本框数据保存到磁盘文件"
  Command1.Caption = "文本框数据写文件"
End Sub
Private Sub Command1_Click()
  Open "d:\temp\test1.txt" For Output As #1
  Print #1, Text1.Text                '文本框已输入数据
  Close #1
End Sub
```

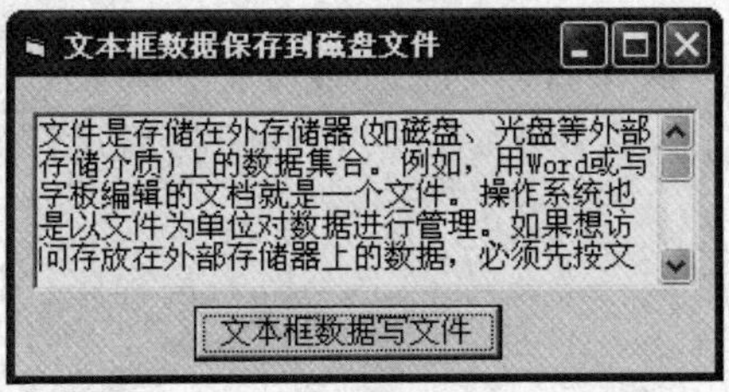

图 8-5 文本框数据写文件

程序运行后，在文本框中输入一段文字，然后单击命令按钮，文本框中的内容便全部写入到文件“test1.txt”中，可以用记事本查看。

(2)把整个文本框的内容逐字符写入磁盘文件，即用一个 For 循环，逐字符从文本框中取字符，同时写入文件中。程序如下：

```
For i=1 to Len(文本框名.Text)
    Print #文件号,Mid(文本框名.Text,i,1);
Next
```

注意： Print 语句结尾必须是分号“;”，以确保数据在文件中存放的格式与文本框一致。

例如，可以把上例中命令按钮事件过程中的“Print #1, Text1.Text”语句用下面的程序替换，其功能保持不变。

```
For i = 1 To Len(Text1.Text)
   Print #1, Mid(Text1.Text, i, 1);
Next
```

8.2.2 顺序文件的读出操作

顺序文件的读出操作，是指从顺序文件中读取数据传送到计算机程序中。要进行读出操作，先要用 Input 模式打开文件，然后应用 Input 语句、Line Input 语句或 Input 函数从文件中读出数据。

1)Input #语句

【格式】 Input #文件号,变量,变量,…

【功能】 从一个顺序文件读出数据，并把读取的数据赋值给指定的各个变量。每执行一次 Input #语句从文件中读出的数据项个数，与变量表中的变量个数一致。在读出数据时不经修改就可直接将字符串或数值数据赋值给变量。

说明：

①Input #语句中的变量的个数和类型应该和从磁盘文件读取的记录所存储的数据状况一致，否则会报错。

②变量列表中的变量不可能是一个数组或对象变量，但可以使用数组元素或用户定义类型的字段(记录变量的字段或域)。

③为了能够用 Input #语句将文件的数据正确读入到变量中，在将数据写入文件时要使用 Write #语句而不要使用 Print #语句。使用 Write #语句可以确保将各个单独的数据域

正确分隔开。

例 8-4 生成一个英文字母表文件，文件中的每一行有四个数据项，分别为大写字母、大写字母的 ASCII 码、小写字母、小写字母的 ASCII 码。然后从该文件读出各表项，并在列表框中显示输出。

创建一个工程，在窗体上添加一个列表框 List1，书写程序代码如下：

```
Private Sub Form_Load()
    Dim i As Integer, Au As Integer, Al As Integer
    Dim Cu As String, Cl As String, p As String
    Me.Caption = "英文字母表"
    Open "d:\temp\char2.txt" For Output As 1
    For i = 65 To Asc("Z")
        Write #1, Chr(i), i, Chr(i + 32), i + 32
    Next
    Close 1
    Open "d:\temp\char2.txt" For Input As 1
    Do While Not EOF(1)
        Input #1, Cu, Au, Cl, Al
        p = Cu & Space(1) & Au & Space(4) & Cl & Space(1) & Al
        List1.AddItem p
    Loop
    Close 1
End Sub
```

运行程序，用记事本打开文件 char2.txt，与列表框的显示情况进行比较，如图 8-6 所示。

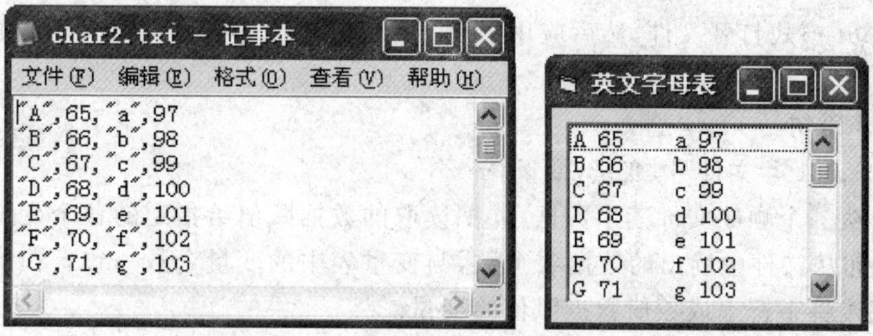

图 8-6 使用 Input #语句读数据文件

显然，只要 Input #语句中的变量类型和个数与文件中一条记录的各数据项一致，则执行一次 Input #语句就可以在顺序文件中读出一条记录。

2)Line Input 语句

【格式】 Line Input #文件号，字符串变量

【功能】 从打开的顺序文件中读出一行信息，即一条记录，并赋值给字符串变量。

说明：Line Input ＃ 语句一次只从文件中读出一行字符，直到遇到回车符(Chr(13))或回车/换行符(Chr(13)＋Chr(10))为止。

例 8-5 同例 8-4。要求用 Print ＃语句写文件，用 Line Input ＃语句读文件，程序代码如下：

```
Private Sub Form_Load()
  Dim i As Integer, a As String
  Me.Caption = "英文字母表"
  Open "d:\temp\char1.txt" For Output As 1
  For i = 65 To Asc("Z")
     Print #1, Chr(i); Spc(1); i; Spc(4); Chr(i + 32); Spc(1); i + 32
  Next
  Close 1
  Open "d:\temp\char1.txt" For Input As 1
  Do Until EOF(1)
    Line Input #1, a
    List1.AddItem a
  Loop
  Close 1
End Sub
```

运行程序，用记事本打开文件 char1.txt，得到与图 8-6 相同的结果。

可以看出，执行一次 Line Input ＃语句，即可在顺序文件中读出一行数据，并把该行各数据项作为一个字符串赋值给字符串变量。

3)Input 函数

【格式】 Input(字符数，＃文件号)

【功能】 从文件中读取指定个数的字符。

说明：

①Input 函数只用于以 Input 或 Binary 方式打开的文件，从文件中读取指定的字符数。

②与 Input ＃语句不同，Input 函数返回它所读出的所有字符，包括逗号、回车符、空白列、换行符、引号和前导空格等。

③如果试图用 Input 函数读出整个文件，则会在 EOF 返回 True 时产生错误。

例如，创建一个工程，编写窗体的 Load 事件过程，用 Input 函数从例 8-4 用 Write ＃语句写的文件 char2.txt 中，读取 100 个字符并显示在窗体。其程序代码如下，运行结果如图 8-7 所示。

```
Private Sub Form_Load()
  Show
  Open "d:\temp\char2.txt" For Input As 1
  Dim p As String
  p = Input(100, 1)
```

```
  Print p
  Close 1
End Sub
```

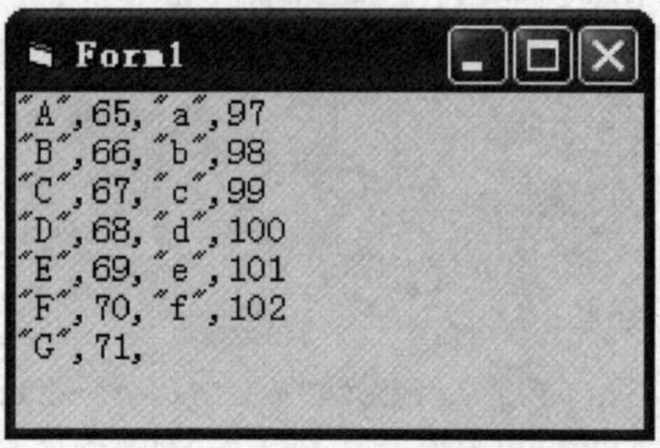

图 8-7 用 Input 函数读数据文件

4)文本文件内容读入文本框显示

(1)用 Line Input #把文本文件的内容逐行读入文本框显示。

【格式】 Do While Not EOF(1)

```
        Line Input #已打开的文件号,字符串变量
        文本框名.Text=文本框名.Text+字符串变量+vbCrLf      'vbCrLf 是回车换行
Loop
```

例如,创建一个工程,在窗体上添加一个文本框,把例 8-5 所写的文件 char1.txt 的内容读到文本框中,代码如下,程序运行结果如图 8-8 所示。

```
Private Sub Form_Activate()
Text1.Text =""
  Open "d:\temp\char1.txt" For Input As 1
  Do While Not EOF(1)
    Line Input #1, p
    Text1 = Text1 + p + vbCrLf
Loop
  Close 1
End Sub
```

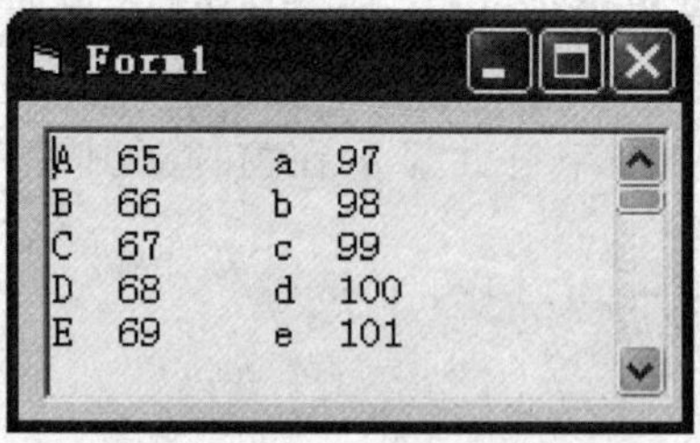

图 8-8 文件内容读入文本框

(2)用 Input 函数把文本文件的内容一次性地读入文本框。

【格式】 文本框名.Text=Input(LOF(文件号),文件号)

例如,把上面的程序修改为用 Input 函数一次性地将文件中的内容读入文本框显示,代码如下:

```
Private Sub Form_Activate()
   Text1.Text = ""
   Open"d:\temp\char1.txt" For Input As 1
   Text1 = Input(LOF(1), 1)
   Close 1
End Sub
```

(3)用 Input()函数把文本文件的内容逐字符读入文本框。

【格式】 Do While Not EOF(1)

```
    文本框名.Text=文本框名.Text+ Input(1,文件号)
        Loop
```

例如,把上面的程序修改为用 Input 函数将文件内容逐字符读入文本框显示,代码如下:

```
Private Sub Form_Activate()
   Text1.Text = ""
   Open "d:\temp\char1.txt" For Input As 1
   Do While Not EOF(1)
     Text1 = Text1 + Input(1, 1)
Loop
   Close 1
End Sub
```

8.3 随机文件

在随机文件中,根据记录号,可以直接而迅速地读、写记录,不必从头到尾顺序地进行读、写,操作较顺序文件方便。

8.3.1 打开随机文件

以 Random 模式打开或建立随机文件后,既可以对文件进行写操作,也可以对文件进行读操作,但打开时需要指定记录长度 Len。

【格式】 Open 文件名 For Random As #文件号 Len=记录长度

【说明】 在随机文件中,数据以记录的形式存放在文件中,可以省略打开模式的说明"For Random"。记录长度的单位为字节,若省略该项,自动设置记录长度为 128 字节,允许的最大记录长度为 32767 字节。随机文件的关闭仍然用 Close 语句。

8.3.2 随机文件的读写操作

随机文件的读写操作是以记录为单位进行的,既每一次写操作,是把程序中的一个记录变量的数据写入文件指定的记录中；每一次读操作，是从文件中读取指定的记录数据赋值给程序中的记录变量。因此，对随机文件的读写操作是以用户自定义类型，即记录类型为基础的（关于记录数据，读者可以参考其他书籍，本教材中不作深入介绍）。

在对随机文件进行读、写操作时，程序中的记录变量存储的数据和文件记录中存储的数据必须为同一记录类型，否则不能正确对文件数据进行读、写操作。

(1)将记录变量的内容写到指定文件的记录中，使用 Put 语句。

【格式】 Put [#]文件号 [,记录号],记录变量名

【功能】 将一个记录变量的内容作为文件的一条记录，写到打开的随机文件中，并插入到文件中由记录号所指定的位置。记录号是大于 1 的整数，表示写入的是第几条记录。如果忽略记录号，则表示在上次写入的记录后插入一条记录，其记录号顺序也加 1。

(2)从文件中读取一条记录，赋值给记录变量，使用 Get 语句。

【格式】 Get [#]文件号 [,记录号],记录变量名

【功能】 从打开随机文件中，将一条由记录号指定的记录内容读入记录变量。如果忽略记录号，则表示读取当前记录（上次读、写操作后的那一条记录）的内容。

例如，变量 a 和变量 b 都是与文件记录类型相同的记录变量，可以用下列语句对文件进行读、写操作：

```
Get #2,5,a              '读取 2 号文件的第五条记录到变量 a 中
Put #1,4,b              '把变量 b 的数据插入到 1 号文件的第四条记录处
```

注意：用 Get 命令读取文件中的记录数据后，原磁盘文件的数据保持不变，即记录数、各记录的顺序关系均保持不变。用 Put 命令写磁盘文件后，文件中的记录数将增加，记录插入位置以后各记录的记录号将改变。

例 8-6 建立一个数学用表文件，可以从该文件中查到 1～100 各个整数的平方根、平方、自然对数、立方。

①在窗体上添加一文本框数组 Text1（索引号分别为 0、1、2、3 四个文本），用来显示查表的结果；添加一个文本框 Text2，用于输入一个整数。

②编写程序代码。

在通用段定义一个记录数据类型 MathList 和 MathList 类型的变量 Ma。为窗体编写 Load 事件过程，设置控件的有关属性，建立一个数学用表文件 math.dat。其代码如下：

```
Private Type MathList                   '定义记录类型 ，是随机文件操作要求的
          num As Integer
          sqr As Single
          squ As Long
          lga  As Single
          cub As Long
End Type
Dim Ma As MathList                       '定义记录变量 Ma
Private Sub Form_Load()
Me.Caption = "数学用表"
```

```
Open "d:\temp\math.dat" For Random As 1 Len = Len(Ma)
For i = 1 To 100
   Ma.num = i
   Ma.sqr = sqr(i)
   Ma.squ = i*i
   Ma.lga = Log(i)
   Ma.cub = i * i*i
   Put 1, , Ma                    '记录变量的数据写入随机文件
Next
Close 1
Show
Label1(0).Caption = "输入一个整数:"
Label1(1).Caption = "平方根:": Label1(2).Caption = "平  方:"
Label1(3).Caption = "自然对数:": Label1(4).Caption = "立  方:"
Text2.Text = ""
Text1(0).Text = "": Text1(1).Text = ""
Text1(2).Text = "": Text1(3).Text = ""
Text2.SetFocus
End Sub
```

编写文本框 Text2 的 KeyPress 事件过程，实现输入一个整数，读取数学用表文件中相应记录的数据，并在文本框数组 Text1 中显示查表的结果。其代码如下：

```
Private Sub Text2_KeyPress(KeyAscii As Integer)
  If KeyAscii = 13 Then
    Open "d:\temp\math.dat" For Random As 1 Len = Len(Ma)
    n = Val(Text2.Text)
    If n >= 1 And n <= 100 Then
       Get 1, n, Ma
       Text1(0) = Ma.sqr: Text1(1) = Ma.squ
       Text1(2) = Ma.lga: Text1(3) = Ma.cub
    Else
       MsgBox "输入的整数超出范围!"
    End If
    Close 1
  End If
End Sub
```

运行程序后，在指定的文本框中输入一个整数并回车，即查得相应的结果，如图 8-9 所示。

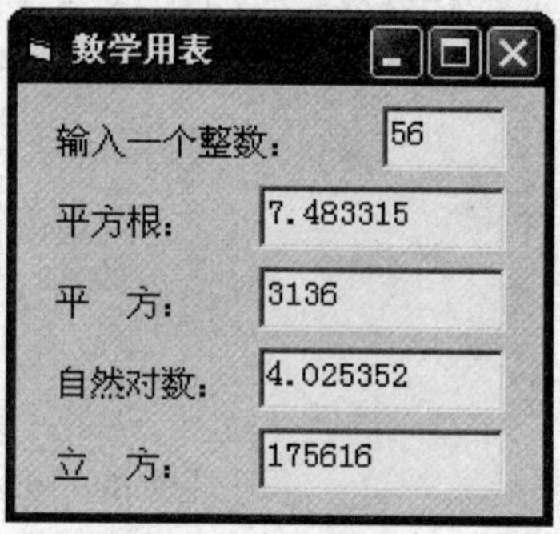

图 8-9　数学用表

8.4　二进制文件

二进制文件并不是一种新的文件类型，而是以字节为单位对文件进行操作的方法。在某种意义上，可以把二进制文件视为记录长度为 1 的随机文件。

8.4.1　以二进制方式打开文件

【格式】 Open 文件标识 For Binary As ＃文件号

【功能】 在 VB 中以 Binary 模式生成或打开的均为二进制文件。

由于以二进制模式读、写文件的记录长度恒为 1，这里不需要指定记录长度。

8.4.2　以二进制方式读写文件

(1)与随机文件类似，在二进制操作模式中仍然用 Put 语句向文件写数据。

【格式】 Put [＃]文件号，字节号，变量

【功能】 将变量中的数据写到打开的二进制文件中，并把数据插入到由字节号所指定的位置。

在二进制模式下，使用字节号指定读、写操作的位置。语句中的"字节号"是对文件进行读、写操作的起始位置，结束位置取决于变量能容纳的字节数。

(2)按二进制方式读取文件数据可以用 Get 语句和 Input 函数。

【格式】 Get[＃]文件号，字节号，变量

【功能】 从打开的二进制文件指定的字节号开始，读取若干个字节数据赋值给变量，读取的字节数据取决于变量的数据类型。

【格式】 变量名＝Input(字节数，文件号)

【功能】 从二进制文件中，由文件指针的当前位置开始，读取指定字节数的数据赋值给变量。

(3)定位文件的当前位置

【格式】 Seek[＃]文件号，字节号

【功能】 将文件号指定的文件读写指针的当前位置移到字节号指定的位置。

还可以使用 Seek 函数获取文件指针的当前位置(字节号)。

例 8-7 把 300 以内的素数输出到二进制文件中。通过单击窗体,能从文件中读出素数并显示在窗体上,程序界面如图 8-10 所示。

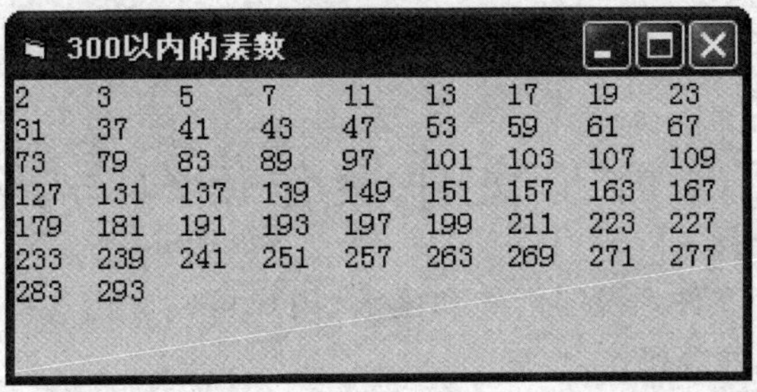

图 8-10 读写二进制文件

创建一个工程,首先编写窗体的 Load 事件过程,找出 300 以内的所有素数,并写入一个二进制文件 prime.dat 保存。其代码如下:

```
Private Sub Form_Load()
  Me.Caption = "300 以内的素数"
  Dim n As Integer, i As Integer
  Open "d:\temp\prime.dat" For Binary As 1
  For n = 2 To 300
     flg = 0
     For i = 2 To Int(Sqr(n))
        If n Mod i = 0 Then
           flg = 1: Exit For
        End If
     Next
     If flg = 0 Then
        Put 1, , n          '素数 n 写入二进制文件
     End If
  Next
  Close 1
End Sub
```

编写窗体的 Click 事件过程,从文件 prime.dat 中读出各素数并显示在窗体上,代码如下:

```
Private Sub Form_Click()
  Dim n As Integer, i As Integer
  Open "d:\temp\prime.dat" For Binary As 1
  Do
    Get 1, , n             '从二进制文件中读出素数赋值给变量 n
    Print Format(n, "! @@@@@");
```

```
    i = i + 1
    If i >= 10 Then Print: i = 0
  Loop While Loc(1) < LOF(1)
  Close 1
End Sub
```

8.5 常用文件操作语句与函数

VB提供了一些管理文件系统的语句和函数，用户可以应用这些语句和函数方便地对文件或文件夹进行复制、删除等操作。

1)FileCopy 语句

【格式】 FileCopy source, destination

【功能】 复制一个文件。

source 字符串表达式，用来表示要被复制的文件名。

destination 字符串表达式，用来指定要复制的目地文件名。

说明：

①source 和 destination 可以包含文件夹(目录)和驱动器。

②如果想要对一个已打开的文件使用 FileCopy 语句，则会产生错误。

2)Kill 语句

【格式】 Kill pathname

【功能】 从磁盘中删除指定的文件。

pathname 参数是用来指定一个文件名的字符串表达式，可以包含文件夹(目录)和驱动器。

说明：在 Kill 语句中允许使用多字符(*)和单字符(?)的通配符指定多个文件。

3)Name 语句

【格式】 Name oldpathname As newpathname

【功能】 重新命名一个文件和文件夹(目录)。

oldpathname 字符串表达式，指定已存在的文件名和位置，可以包含文件夹和驱动器。

newpathname 字符串表达式，指定新的文件名和位置，可以包含文件夹和及驱动器。而由 newpathname 所指定的文件名应该是不存在的。

说明：

①Name 语句重新命名文件并将其移动到一个不同的目录或文件夹中。如有必要，Name 可跨驱动器移动文件。但当 newpathname 和 oldpathname 都在相同的驱动器中时，只能重新命名已经存在的目录或文件夹。Name 不能创建新文件和文件夹。

②在一个已打开的文件上使用 Name，将会产生错误。必须在改变名称之前，先关闭打开的文件。

③Name 语句中不能包括多字符(*)和单字符(?)的通配符。

4)ChDrive 语句

【格式】 ChDrive drive

【功能】 改变当前的驱动器。

drive 参数是一个字符串表达式，它指定一个存在的驱动器。如果使用零长度的字符串("")，则当前的驱动器将不会改变。如果 drive 参数中有多个字符，则 ChDrive 只会使用首字母。

5)MkDir 语句

【格式】 MkDir path

【功能】 创建一个新的目录或文件夹。

path 参数是用来指定所要创建的目录或文件夹的字符串表达式。path 可以包含驱动器。如果没有指定驱动器，则 MkDir 会在当前驱动器上创建新的目录或文件夹。

6)ChDir 语句

【格式】 ChDir path

【功能】 改变当前的文件夹。

path 参数是一个字符串表达式，它指明哪个目录或文件夹将成为新的缺省目录或文件夹。path 可以包含驱动器。如果没有指定驱动器，则 ChDir 在当前的驱动器上改变缺省目录或文件夹。

说明：ChDir 语句改变缺省目录位置，但不会改变缺省驱动器位置。例如，当前缺省的驱动器是 C，则 ChDir "D:\TMP"语句将会改变驱动器 D 上的缺省目录，但是 C 仍然是缺省的驱动器。

7)RmDir 语句

【格式】 RmDir path

【功能】 删除一个存在的目录或文件夹。

path 参数是一个字符串表达式，用来指定要删除的目录或文件夹。path 可以包含驱动器。如果没有指定驱动器，则 RmDir 会在当前驱动器上删除目录或文件夹。

【说明】 如果想要使用 RmDir 删除一个含有文件的目录或文件夹，则会发生错误。删除目录或文件夹之前，先使用 Kill 语句删除其中的所有文件。

8)CurDir 函数

【格式】 CurDir[(drive)]

【功能】 返回一个 Variant(String)，用来代表当前的路径。

drive 参数是一个字符串表达式，指定一个存在的驱动器。如果没有指定驱动器，或 drive 是零长度字符串 ("")，则 CurDir 会返回当前驱动器的路径。

9)Shell 函数

【格式】 Shell(pathname[,windowstyle])

【功能】 执行一个可执行文件，返回一个 Variant (Double)。如果成功的话，代表这个程序的任务 ID；若不成功，则会返回 0。

pathname 是一个字符串表达式，表示要执行的程序文件名，以及任何必需的参数或命令行变量，可能还包括目录或文件夹及驱动器。

windowstyle 是可选参数，Integer 类型，表示在程序运行时窗口的样式。如果 windowstyle 省略，则程序是以具有焦点的最小化窗口来执行的。windowstyle 命名参数有以下这些值：

vbHide	0	窗口被隐藏，且焦点会移到隐式窗口
VbNormalFocus	1	窗口具有焦点，且会还原到它原来的大小和位置
VbMinimizedFocus	2	窗口会以一个具有焦点的图标来显示
VbMaximizedFocus	3	窗口是一个具有焦点的最大化窗口
VbNormalNoFocus	4	窗口会被还原到最近使用的大小和位置，活动的窗口保持活动
VbMinimizedNoFocus	6	窗口会以一个图标来显示。活动的的窗口保持活动

说明：如果 Shell 函数成功地执行了所要执行的文件，则它会返回程序的任务 ID。任务 ID 是一个唯一的数值，用来指明正在运行的程序。如果 Shell 函数不能打开命名的程序，则会产生错误。

8.6 与文件操作相关的控件

8.6.1 通用对话框

通用对话框提供了"打开"和"另存为"两种与文件操作相关的对话框，因此在文件操作中经常会使用到。本教材在 6.4.1 已经介绍过通用对话框，这里不再赘述。

8.6.2 文件系统控件

文件系统控件有三种：驱动器列表框（DriveListBox）、目录列表框（DirListBox）和文件列表框（FileListBox）。利用这三种控件可以建立简单的文件管理器。

1)驱动器列表框（DriveListBox）

①Drive 属性

驱动器列表框控件是一种下拉式列表框，除了具有列表框的一般属性外，还有一个重要属性 Drive。

Drive 属性在程序运行时（设计时不能用）用来返回或设置驱动器名称，该名称可以是任何一个有效的字符串表达式。该字符串的首字母必须是有效的磁盘驱动器符号，如"D："或"D：\"。其语句格式为：

Drive1. Drive = "d："或 Drive1. Drive = "d：\"都表示 D 驱动器被设置为当前驱动器。

②ChDrive 语句

ChDrive 语句的功能是将指定的驱动器设置为当前驱动器，语法格式为：

ChDrive drive

drive 参数是一个字符串表达式，指定一个存在的驱动器。如果该字符串是空串，则不改变当前驱动器。如果有多个字符，则 ChDrive 只会使用首字母。

ChDrive "D"　　　'将 D 盘设为当前驱动器

ChDrive Drive1. Drive'将用户在驱动器列表框 Drive1 中选择的驱动器设为当前驱动器

③Change 事件

驱动器列表框的常用事件是 Change。重新设置 Drive 属性将触发该事件。

2)目录(文件夹)列表框(DirListBox)

目录(文件夹)列表框控件也是一个列表框,用来在程序运行时显示当前驱动器的目录(文件夹)结构(目录树)和当前目录下的的所有子目录。

①Path 属性

Path 属性用来在程序运行时(设计时不能用)返回或设置当前路径和目录。

[对象.].Path[= pathname]

pathname:一个路径名字符串。

例如,要在目录列表框 Dir1 中显示用户在驱动器列表框 Drive1 选择的驱动器的目录树,即把用户选择的驱动器作为当前的工作目录,可以使用语句:

Dir1.Path=Drive1.Drive

若要把"c:\windows"设置为当前的工作目录,可以使用语句:

Dir1.Path="c:\windows"

Path 属性的值是一个指示路径的字符串。Path 属性也可以设置限定的网络路径而不需要驱动器连接,如:

\\servername\sharename\path

②ChDir 语句

ChDir 语句的功能是改变当前的目录或文件夹。语法格式为:

ChDir path

path 参数是一个字符串表达式,它指明哪个目录或文件夹将成为新的缺省(当前)目录或文件夹。path 可能会包含驱动器。如果没有指定驱动器,则 ChDir 在当前的驱动器上改变缺省目录或文件夹。

ChDir 语句改变缺省目录位置,但不会改变缺省(当前)驱动器位置。例如,如果缺省的驱动器是 C,则下面的语句将会改变驱动器 D 上的缺省目录,但是 C 仍然是缺省的驱动器:

ChDir "D:\TMP"　　　'在 D 驱上以"\TMP"为缺省目录

③Change 事件

双击一个目录项或用代码改变 Path 属性的设置时均会触发该事件。

3)文件列表框(FileListBox)

(1)属性

文件列表框控件是一个列表框,用来显示当前驱动器中当前目录下的文件目录清单。

①Path 属性:设置或返回文件列表框所显示的文件的绝对路径,默认为工程所在路径。例如:

File1.Path=Dir1.Path,表示文件列表框 File1 中显示的文件目录清单是当前用户在目录列表框 Dir1 中选择的目录(文件夹)中的文件。

②Pattern 属性:返回或设置在运行时,显示在 FileListBox 控件中的文件类型。其引用语法格式为:

[对象.]Pattern [= value]

value:一个用来指定文件规格的字符串表达式,如" *.* "或" *.FRM"。缺省值是" *.* ",它返回所有文件的列表。除使用通配符外,还可以使用分号(;)分隔多种类型,如" *.exe; *.

bat"。

③FileName 属性：返回或设置所选文件的路径和文件名。该属性在窗体设计时不可用。引用的语法格式为：

[对象.]FileName [= pathname]

pathname：字符串表达式，指定路径和文件名。

④ListCount 属性：文件列表中的文件总数。

(2)事件

常用事件有 Click 和 DblClick，当用户单击或双击文件列表框中的文件时将触发这两个事件。

例 8-8 开发一个文件管理系统，实现文件系统控件(驱动器列表框、文件夹列表框、文件列表框)的基本功能，用户在文件列表框中单击某文件时输出该文件名。

(1)新建一个工程，在窗体上添加驱动器列表框 Drive1、目录列表框 Dir1 和文件列表框 File1 和一个组合框。程序的用户界面如图 8-11 所示。

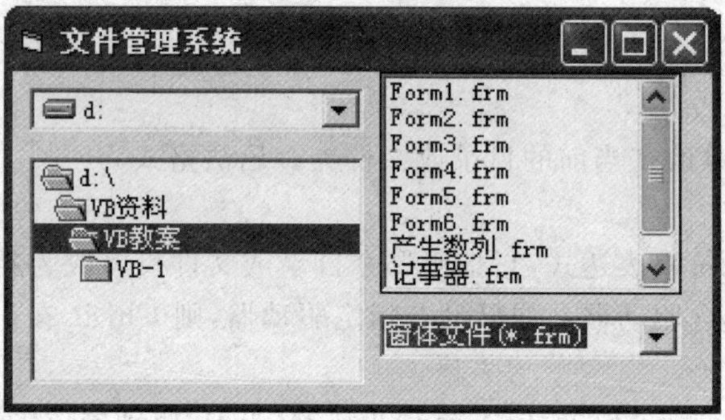

图 8-11 文件管理器

(2)编写程序代码。

```
Private Sub Form_Load()'先在组合框中设置文件类型字符串
Dim item As String
item = "所有文件(*.*)"
Combo1.AddItem item
item = "窗体文件(*.frm)"
Combo1.AddItem item
item = "位图文件(*.bmp)"
Combo1.AddItem item
Combo1.ListIndex = 0
End Sub
Private Sub Combo1_Click()'选择组合框某项确定文件类型
Select Case Combo1.Text
   Case "所有文件(*.*)"
      File1.Pattern = "*.*"
```

```
    Case "窗体文件(*.frm)"
        File1.Pattern = "*.frm"
    Case "位图文件(*.bmp)"
        File1.Pattern = "*.bmp"
End Select
End Sub
Private Sub Dir1_Change()'选中目录记录其路径
File1.Path = Dir1.Path
End Sub
Private Sub Drive1_Change()
Dir1.Path = Drive1.Drive
End Sub
Private Sub Filc1_Click()
'单击文件列表框中的某个文件时,输出该文件的文件名
MsgBox File1.FileName
End Sub
```

第 9 章　数据库应用

利用前面学习过的文件，可以进行简单的数据管理，但需要程序员具体详细地确定数据的存储结构、存取方法和输入输出方式，效率很低。

采用数据库技术，可以减少数据冗余，提高存储空间利用率，还能实现数据与程序的相互独立，使程序员不必象使用文件那样需要考虑数据的具体操作，从而提高编程效率。

VB 拥有强大的数据库管理功能，同时还提供了功能强大的数据环境设计器，使得数据库编程更为灵活、简便。本章将以一个 Access 数据库 student. mdb 作为讨论问题的基础，介绍如何使用 VB 进行简单的数据库编程。

9.1　数据库基本概念

9.1.1　数据库类型

数据库的类型包括关系型、层次型、网络型等，其中应用最广泛的是关系型数据库。信息管理系统中常用的 Access、Oracle、SQL Server 等都是关系型数据库。

关系型数据库模型把数据用表(Table)的集合来表示。通过建立简单表之间的关系定义数据结构，而不是根据数据的物理存储方式建立数据中的关系。无论表在数据库文件中的物理存储方式如何，都可以把它看成一组行和列。

9.1.2　数据表

数据表是一组相关联的数据按行和列排列的二维表格，简称为表(Table)，通常用来描述一个实体。每个数据表均有一个表名。一个数据库可以包含一个或多个数据表，各个数据表之间可以存在某种关系。

表中的行称为记录(Record)，表中的列称为字段(Field)。设计表的时候为每个字段规定了取值范围。显然，每个记录中包含的字段数量和类型都是相同的。例如，图 9-1 是 student. mdb 中的“基本情况表”。

每个表都应该有一个主关键字(简称主键)，主键可以是表中的一个字段或字段的组合，且对表中的每一行都是唯一的。为了便于快速检索，通常将表按主键建立索引。在图 9-1 的学生基本情况表中，以学号作为表的主键，因为学号对每个学生来说都是唯一的。

9.1.3　VB 的数据库应用

一个完整的数据库系统除了包括可以共享的数据库外，还包括用于处理数据的数据库应用系统。一般将数据库本身称为后台，由数据库管理系统(Database Management System)软件管理。数据库本身以及相关的管理软件一般存储在专门的服务器中(数据库服务器)。数据库应用系统则称为前台，是一个应用程序。通过该程序，用户可以对后台数据库中的数据进行处理。

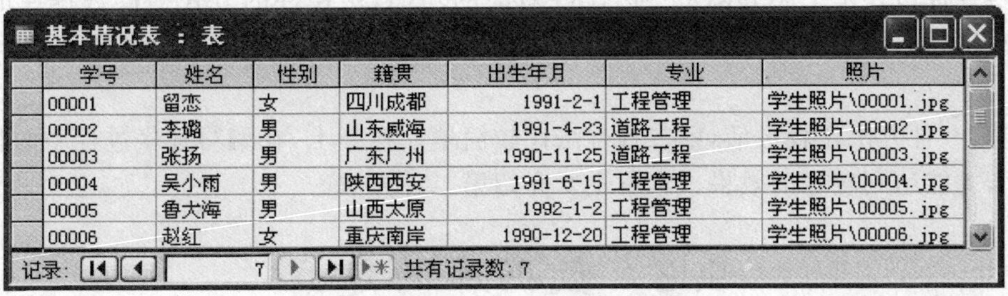

学号	姓名	性别	籍贯	出生年月	专业	照片
00001	留恋	女	四川成都	1991-2-1	工程管理	学生照片\00001.jpg
00002	李璐	男	山东威海	1991-4-23	道路工程	学生照片\00002.jpg
00003	张扬	男	广东广州	1990-11-25	道路工程	学生照片\00003.jpg
00004	吴小雨	男	陕西西安	1991-6-15	工程管理	学生照片\00004.jpg
00005	鲁大海	男	山西太原	1992-1-2	工程管理	学生照片\00005.jpg
00006	赵红	女	重庆南岸	1990-12-20	工程管理	学生照片\00006.jpg

图 9-1　学生基本情况表

VB 是一个功能强大的数据库应用系统开发平台，其数据库应用系统由用户界面、数据库引擎、数据三个部分组成。

1)数据库引擎

数据库引擎(DataBase Engine)位于前端用户与后台数据库之间，起着中介作用。应用程序通过数据库引擎完成对数据库的操作，操作结果也通过数据库引擎返回给用户界面。

VB 默认的数据库引擎是 Jet(Joint Engineering Technology)。Jet 并不是一个可执行文件，而是由一群动态链接库(Dynamic Linking Library，简称 DLL)构成。运行时，这些 DLL 被链接到 VB 程序，其作用是把应用程序的请求翻译成对数据库的操作。

2)VB 可以访问的数据库

VB 可以访问的数据库有以下三类，默认的是 Microsoft Access，其文件扩展名是.mdb。

(1)Jet 数据库

由 Jet 引擎直接生成和操作的数据库，这种数据库的访问快速、灵活。Access 也使用数据库引擎 Jet。

(2)外部数据库

采用“索引顺序访问方法(ISAM)”的数据库，dBASE、Foxpro、Text Files 和 Paradox 都是这种类型。在 VB 中可以方便地生成和操作这些数据库。

(3)远程数据库

遵守开放式数据库连接(Open DataBase Connectivity，简称 ODBC)标准的客户/服务器数据库，如 Microsoft SQL Server、Oracle、Sybase 等。VB 可以使用任何支持 ODBC 标准的数据库。

3)VB 的数据源

数据源是一个被访问的对象，它向数据库使用者(任何可以和外部数据源绑定的类或控件)提供数据。在 VB6.0 以前的版本中，数据源包括内部的 Data 控件和 RemoteData 控件。VB 6.0 增加了 ActiveX 数据对象(ADO)、数据访问对象(DAO)和远程数据对象(ADO)。

4)VB 访问数据库的方式

(1)直接通过 DAO、RDO 和 ADO 对象。

这三种数据访问模型都提供了相关的对象,用于连接数据库。操纵数据库中的数据。可以在程序实现时创建这些对象,调用相关方法实现数据库访问。

(2)通过数据控件访问。

DAO、RDO 和 ADO 对象分别由 Data 控件、RemoteData 控件和 ADO Data 控件进行封装,即这些控件包含了 DAO、RDO 和 ADO 对象的功能,用控件的方式提供数据库的访问能力。用户只需把这些控件放置在窗口中并简单的指定一些属性就可以对数据库进行访问,非常方便。

上述第一种方法比较灵活,第二种方法比较简单。实际上,在编写程序过程中两种方法要结合使用,才能达到较好的效果。本章主要介绍第二种方法。

9.2 数据库的建立

VB 中使用的数据库既可以利用相关的数据库管理系统(如 Microsoft Access)建立,也可以用 VB 自己提供的“数据管理器”工具建立(利用“数据管理器”建立数据库的操作将在例 9-1 中介绍)。

9.3 数据库的访问

利用 VB 访问数据库涉及到以下内容:数据控件、数据绑定控件、数据访问接口、数据源和数据库引擎。

9.3.1 Data 控件

Data 控件是 VB 访问数据库最常用的工具之一。利用该控件,用户在程序中几乎不需要编写任何代码就可以完成数据库访问。该控件最适合较小的(桌面)数据库,例如 Access 和 ISAM 数据库。

可以在 VB 工具箱中直接找到 Data 控件,也可以将多个 Data 控件添加到窗体中,每个控件可以连接到不同的数据库或同一个数据库的不同表。它相当于一个记录指针,指向数据库表的当前记录,单击其左右两边的箭头按钮,则移动该指针到需要的记录。

1)Data 控件的主要属性

(1)Connect

指定 Data 控件所要连接的数据库类型,其值为一个字符串,默认为“Access”数据库。Data 控件可识别的数据库都在 Connect 属性的下拉列表中。

例如,要链接一个 Jet 引擎数据库,则:

```
Data1.Connect = "Access"
```

要连接一个 ODBC 的数据库,则:

```
Data1.Connect = "ODBC;database=student;uid=admin;pwd=;dsn=student"
```

(2)DatabaseName 属性

返回或设置 Data 控件所要连接的数据源名称及位置。如果连接的是单表数据库(如

Foxpro),则 DatabaseName 属性应设置为数据库文件所在的子目录名,而文件名放在 RecordSource 属性中。

例如,要连接一个 Access 的数据库 d:\vb\student.mdb,则用语句:

Data1.DatabaseName = "d:\vb\studen1.mdb"

要连接一个 Foxpro 数据库,则用语句:

Data1.DatabaseName = "d:\vb"

RecordSource = "studen1.dbf"

(3)RecordSource 属性

返回或指定记录的来源,可以是数据库中的一个表名、一个查询(QueryDef)的名字或一条返回记录的 SQL 语句。

例如,要指定数据库 studen1.mdb 中的"基本情况"表,则:

Data1.RecordSource = "基本情况 "

若要访问表中所有男生的数据,则:

Data1.RecordSource = "select * form 基本情况 where 性别='男'"

(4)RecordsetType 属性

确定 Data 控件创建的记录集(Recordset)的类型,其类型见表 9-1。

记录集的类型 表 9-1

值	类型	说明
0	表类型(Table)	一个记录集合,所进行的添加、删除等操作是直接更新数据库表中的数据,且只限于对一个表进行操作
1	动态集类型(Dynaset)	一个记录的动态集合。它可以由库中的一个表或多个表中的数据组成,对记录集进行的添加、删除等操作,不仅修改记录集,还会对组成该记录集的原始表进行修改
2	快照类型(Snapshot)	一个记录集的静态副本,包含的数据是固定的。记录集为只读状态,不能进行添加、删除的操作,反映了产生快照的瞬间数据库的状态。

备注:

表类型的记录集可用于调用数据库表,比动态集和快照处理速度快。其缺点是只能对应一个表,需要大量内存开销。

动态集最灵活,功能最强大。快照缺少灵活性,所需内存开销小,如不需要更新数据库内数据,仅浏览则可使用快照型的记录集。

如果使用 Access 的 mdb 文件,应选择 0(表)类型;如果使用其他数据库,应选择 1(动态集)类型;如果只需读数据而不更新它,可选择 2(快照)类型。

(5)ReadOnly 属性

返回或设置一个逻辑值,指定基本记录集所依赖的数据库是否可修改。若为 True,不能修改,只能查看。

(6)BOFAction 和 EOFAction

决定当这个控件位于光标的开始或末尾时的行为。可能的选择包括:停留在开始或末尾,移动到第一个或最后一个记录,或者添加一个新的记录(只有在末尾时)。属性的取值见表 9-2 所示。

BOFAction 和 EOFAction 的属性设置 表 9-2

属　性	值	常　数	操作行为
BOFAction	0	vbBOFActionMoveFirst	缺省设置,将第一个记录作为当前记录
	1	vbBOFActionBOF	第一个记录上触发 Data 控件的 Validate 事件
EOFAction	0	VbEoFActionMoveLast	缺省设置,保持最后一个记录为当前记录
	1	vbEOFActionEOF	将在最后一个记录上触发 Data 控件的 Validate 事件
	2	vbEOFActionAddNew	将在当前记录上触发 Data 控件的 Validate 事件,并自动添加新的空记录

(7)Exclusive 属性

用于确定数据库是为单用户打开还是为多用户打开。默认为 False(多用户)。

2)Data 控件的主要事件

(1)Reposition 事件

单击 Data 控件上某个按钮,进行记录间的移动,或者使用了某个 Move 方法(如 MoveNext)、Find 方法(如 FindFirst),或任何其他改变当前记录的属性或方法,在每条记录成为当前记录以后,均会发生该事件。通常,可以在这个事件中显示当前记录指针的位置。

(2)Validate 事件

如果移动 Data 控件的记录指针,并且被绑定控件中的内容已被修改,此时数据库当前记录的内容将被更新,同时触发该事件。使用 Validate 事件可以对写入数据库的记录进行合法性检查。该事件过程格式为:

Private Sub Data1_Validate([index As integer,]Action As Integer, Save As Integer),其中:

index 是可选参数,为控件在控件数组中的索引号。

Action 由系统传递给该过程,用于指明触发该事件的操作。其参数值如表 9-3 所示。

Action 参数的值 表 9-3

值	常　数	操　作
0	vbDataActionCancel	取消对数据控件的操作
1	vbDataActionMoveFirst	MoveFirst 方法
2	vbDataActionMovePrevious	MovePrevious 方法
3	vbDataActionMoveNext	MoveNext 方法
4	vbDataActionMoveLast	MoveLsat 方法
5	vbDataActionAddNew	AddNew 方法
6	vbDataActionUpdata	Updata 操作
7	vbDataActionDelete	Delete 方法
8	vbDataActionFind	Find 方法

续上表

值	常 数	操 作
9	vbDataActionBookmark	Bookmark 属性
10	vbDataActionClose	Close 方法
11	vbDataActionUnload	卸载窗体

Save 用于判断是否有被绑定控件的内容被修改过。如果该事件结束时,Save 为 True 则保存所做的修改,否则忽略修改。

3)Data 控件的常用方法

(1)Refresh 方法

重新建立或显示与 Data 控件相连的数据库记录集。如果在程序代码中改变了 DatabaseName、ReadOnly 或 Connect 属性的值,必须用此方法刷新记录集。

在多用户环境中,由于其他用户可以对数据进行修改,因此常使用 Refresh 方法重新显示数据,以保证用户看到的是最新数据。

(2)UpdateControls 方法

将数据从数据库中重新读到被 Data 控件绑定的数据控件中,恢复为原始值。

(3)UpdateRecord 方法

当被绑定控件的内容改变时,如果不移动记录指针,则数据库中的值不会改变。可通过调用 UpdateRecord 方法确认对记录的修改,将被绑定控件中的数据强制写入数据库。

9.3.2 数据绑定(感知)控件

Data 控件只相当于一个记录指针,单击其左右两边的箭头按钮移动该指针,达到选择当前记录的目的。但是,Data 控件本身并不能显示和编辑当前记录,只有通过将可见的数据感知控件(如文本框)与 Data 控件"绑定"后,才能实现可视化的数据库操作。

如果修改了数据感知控件中的数据,并且 Data 控件的 RecordType 和 ReadOnly 属性设置为合适的值,只要移动记录指针,数据库的数据就会联动。

VB 中可以作为数据绑定控件的标准控件有文本框(TextBox)、标签(Label)、图片框(Picture)、图像框(Image)、检查框(CheckBox)、列表框(ListBox)、组合框(ComboBox)、OLE 控件等八种。很多第三方提供的控件也可以作为数据绑定控件,如 DataList、DataCombo、DataGrid 和 MSHFlexGrid 控件,这些控件都允许一次显示或操作几条记录。

将数据控件与数据绑定控件建立关联的过程称作"绑定"(Bounding)。被绑定以后的数据绑定控件才能提供对数据库中特定数据的访问功能。数据控件只能访问数据库,不能建立新表和索引,也不能改变表结构。

例 9-1 设计一个窗体,用文本框数据感知控件实现对 student. mdb 库中数据的浏览。

设计步骤:

①在 VB 中选菜单"外接程序"→"可视化数据管理器"→打开"VisData"窗口→"文件"→"新建"→" Microsoft Access"→"Version7. 0MDB",即可在磁盘上建立一个数据库文件 student. mdb(建议选 7.0 版),如图 9-2 所示。

②右击如图 9-3 所示"数据库窗口"的空白处，选"新建表"，然后按照表 9-4 和表 9-5 建立"基本情况表"和"学生成绩表"的结构并输入表中记录。

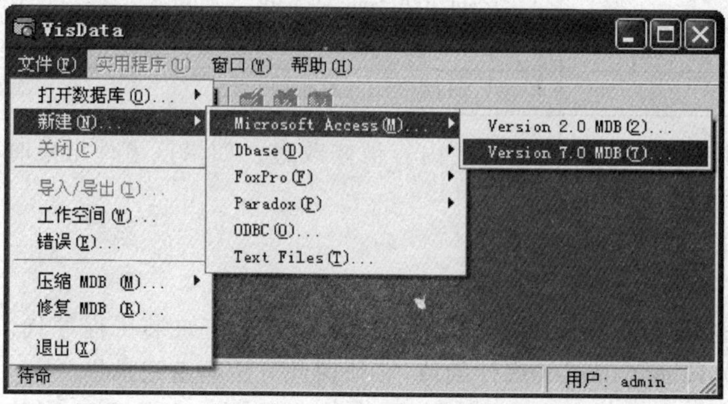

图 9-2 可视化数据管理器

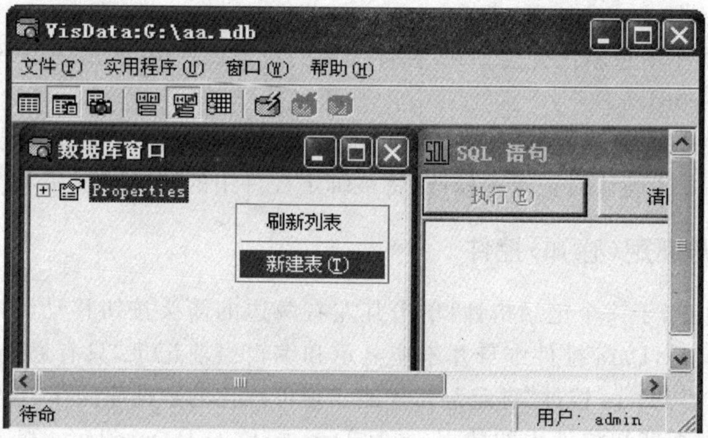

图 9-3 新建表

"基本情况表"的字段结构 表 9-4

字 段 名	数 据 类 型	宽度(大小)	缺省(默认)值
学号	Text	10	
姓名	Text	10	
性别	Text	2	
籍贯	Text	20	
出生年月	Date	8	
专业	Text	12	
照片	Text	50	

注意:"照片"字段存放的内容只是包括路径在内的图形文件名，而不是实际照片。

"学生成绩表"的字段结构 表 9-5

字段名	数据类型	宽度(大小)	缺省(默认)值
学号	Text	6	
数学	Integer	2	
英语	Integer	2	
计算机基础	Integer	2	
画法几何	Integer	2	

③在 VB 中新建一个工程,添加包含八个元素的标签控件数组,包含七个元素的文本框控件数组,一个显示照片的图片框,一个 Data 控件,其界面如图 9-4 所示。

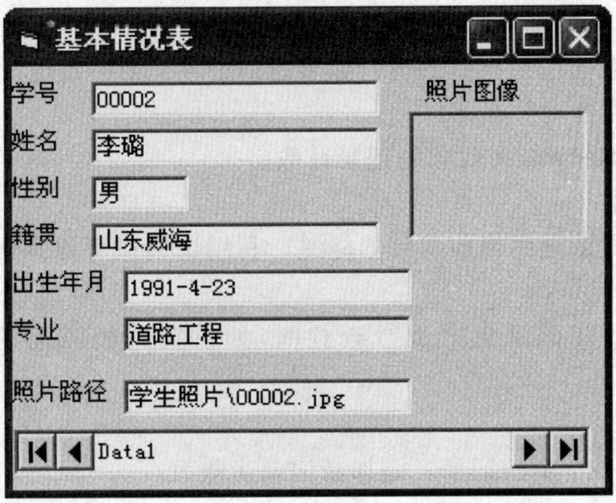

图 9-4 用数据绑定控件显示数据表的记录

④在 VB 的属性窗口中,设置 Data1 的属性如下:

DatabaseName:Student.mdb

Connect:Access

RecordSource:基本情况表

⑤将文本框 Text1(0)~Text1(6)的 DataSource 都设置成 Data1。通过单击这些绑定控件的 DataField 属性按钮,分别选择与其对应的字段,使之建立联动关系。

⑥书写代码实现在窗体的标题栏显示表名

```
Private Sub Form_Load()
Form1.Caption = Data1.RecordSource
End Sub
```

⑦运行工程,即可出现图 9-4 所示效果,单击 Data 控件的左右按钮即可浏览表中所有记录。

说明:本例几乎不书写代码,利用 Data 控件的左右按钮就可以对数据表中数据进行浏览。

9.3.3 Recordset 对象

在 VB 中,数据库表是不能直接被访问的,只能通过记录集(Recordset)对象对其进行浏览和操作。Data 控件可以使用三种类型(表 Tabel、动态集 Snapshot 和 Dynset 快照)的记录集(Recordset)对象,实现对数据库中数据的访问。

记录集对象是一个或多个数据库表的字段集合,来自基本表或执行一次查询所得到的记录全集。一个记录集由行和列构成,和表类似,但它可以包含多个表中的数据。

1)常用属性

(1)BOF 属性和 EOF 属性

BOF 属性:判断当前记录是否位于 Recordset 对象的首记录之前,若为 True 则是。否则就不是。

EOF 属性:判断当前记录是否位于 Recordset 对象的末记录之后,若为 True 则是,否则就不是。

(2)AbsolutionPosition 属性

只读属性,返回当前记录指针的值。如果当前记录为第一条记录,则该属性值为 0。

(3)RecordCount 属性

只读属性,实现对 Recordset 对象的记录计数。

(4)BookMark 属性

取值为字符串,设置或返回当前指针的标签。利用该属性可保存当前记录的位置并随时返回到该记录。

(5)NoMatch 属性,在记录集中进行查找时,如果找到相匹配的记录,则该属性值为 False,否则为 True。

2)常用方法

(1)AddNew:添加一个空白记录。添加新记录步骤为:

①利用 AddNew 添加一个新记录;

②通过与 Data 控件绑定的感知控件给各个字段赋值;

③单击 Data 控件的箭头按钮,移动记录指针,或利用 Updata 方法确定所做的添加。

备注:如果用 AddNew 添加了新记录,但还没有用 Updata,直接移动到其他记录,或者关闭了记录集,则前面的输入全部作废,且没有任何警告。当利用 Updata 写入记录后,记录指针自动从新记录返回到添加新记录前的位置上,而不显示新记录,为此,可在调用 Updata 后,用 MoveLast 将记录指针再次移到新记录上。

(2)Delete:删除当前记录。删除记录步骤为:

①将要删除记录定位为当前记录;

②用 Delete 删除;

③移动指针,确定所做的操作。

备注:使用 Delete 后,当前记录立即被删除,但和数据库绑定的感知控件依旧显示的是该记录,因此,必须移动指针刷新绑定控件,移到下一个记录即可。

(3)Edit:使当前记录处于编辑状态,允许用户进行编辑操作。编辑记录的步骤为:

①将要编辑的记录定位为当前记录;

②用 Edit;

③通过与 Data 控件绑定的感知控件修改各字段的值;

④移动指针,或用 Updata,确定所做修改。

备注:如果要放弃对数据的所有修改,可在第四步之前使用 UpdataControls 或 Refresh,重新读数据库,刷新记录集。

(4)Update:将暂存区中记录更新到数据库中。

(5)Move:移动指针,设置当前记录。

①MoveFirst:移动到记录集的首记录;

②MoveLast:移动到记录集的末记录;

③MoveNext:移动到下一条记录;

④MovePrevious:移动到上一条记录;

⑤Move[n]:向前或向后移动 n 条记录(+或-)。

(6)Find:在动态集或快照集中搜索满足条件的记录。若找到则该记录成为当前记录,否则当前位置设置在记录集的末尾。语法格式为:

Data 控件名. Recordset. Find 方法 条件

①FindFirst:查满足条件的第一条记录;

②FindLast:查满足条件的最后一条记录;

③FindNext:查满足条件的下一条记录;

④FindPrevious:查满足条件的前一条记录。

(7)Seek:在表类型的记录集中从头开始搜索满足指定条件的第一个记录,并使该记录成为当前记录。

备注:使用 Seek 方法必须打开表的索引,其语法格式为:

Data 控件名. Recordset. seek comparison,key1,key2,. . . ,key13

其中,comparison 为关系运算符;keyn 为当前索引中的各字段值,最多有 13 个。

(8)Close:关闭记录集,释放其占用的空间。

9.3.4 SQL 语句

SQL(Structure Query Language)是关系数据库的标准语言,SQL 包括许多命令,实现对数据库的操作。关于 SQL 命令语法请参考相关资料,这里只介绍常用的几个命令(见表 9-6)。表中左边三个命令用于数据定义,Select 用于数据查询,后面三个命令用于数据操作。

常 用 的 SQL 命 令 表 9-6

命 令	功 能	命 令	功 能
Create	创建数据库和数据表	Insert	向数据库中添加记录
Drop	删除数据库中的表和索引	UPdate	改变指定字段的值
Alter	添加字段或修改字段	Delete	从数据库中删除记录
Select	数据查询		

SQL 的 Select 命令的格式非常繁杂,简化书写如下:

Select < * | 字段名|表达式> FROM <表名> [WHERE <查询条件>] _ [GROUP BY 分组字段][HAVING 分组条件][ORDER BY 排序依据]

SQL 有两种执行的方式：一种是直接执行，即在 SQL 解释器中输入 SQL 语句，采用联机交互的方式对数据库进行操纵；二是嵌入式执行，即嵌入到高级语言程序中执行。VB 同时支持这两种执行方式。对于第一种方式，可以在“可视化数据管理器”的“SQL 语句”窗口中直接执行 SQL 语句；对于第二种方式，可以通过将 SQL 语句嵌入到 VB 代码中执行。

1）使用 Select 语句查询数据

SQL 中用 Select 语句完成查询操作，在 VB 中可使用 Select 语句定义一个记录集。Data 控件的 RecordSource 属性不一定是数据表名，可以是数据表中的某些行或多个数据表中的数据组合。可以直接在 Data 控件的 RecordSource 属性栏中输入 SQL，也可在代码中通过 SQL 语句将选择的记录集赋给数据控件的 RecordSource 属性，也可赋予对象变量。

2）统计操作

利用 Select 语句提供的统计功能还能实现统计操作。SQL 用于计算机检索的函数有：Count-计数、Sum-求和、Avg-求平均、Max-最大值、Min-最小值等。VB 中使用这些函数时，只需构造相应的 Select 语句，并把它指给 Data 控件的 RecordSource 属性。

3）插入、更新、删除操作

在 SQL 中，可以分别使用 Insent、Update、Delete 语句完成插入、更新和删除操作，直接对数据库的记录进行操纵。在 VB 中，可以使用 ADO 的 Connection 对象的 Excute 方法调用以上 SQL 语句操纵数据库中的记录。具体使用见综合实例。

例 9-2 设计一个程序，显示 student. mdb 库中男生或女生的记录。程序运行界面如图 9-5 所示。

设计步骤：

①新建一个工程，添加包含八个元素的标签控件数组，包含七个元素的文本框控件数组，一个显示照片的图片框，一个 Data 控件，其界面如图 9-5 所示。

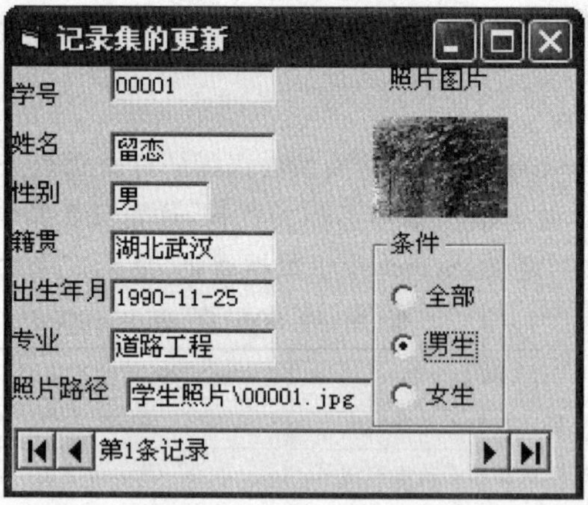

图 9-5 选择显示记录

②在 VB 的属性窗口中，设置 Data1 的属性如下：

DatabaseName：Student. mdb

Connect：Access

RecordSource：基本情况表

③将文本框 Text1(0)～Text1(6)的 DataSource 都设置成 Data1。通过单击这些绑定控件的 DataField 属性按钮，分别选择与其对应的字段，使之建立联动关系。

④书写代码：

```
Private Sub Option1_Click()            '全部记录
Option2. Value = False
Option3. Value = False
Data1. RecordSource = "基本情况表"   '记录源为整个表
Data1. Refresh                        '刷新
End Sub
Private Sub Option2_Click()
Option1. Value = False
Option3. Value = False
Data1. RecordSource = "select * from 基本情况表 where 基本情况表. 性别='男'"
                                                        '记录源为一个查询
Data1. Refresh
End Sub
Private Sub Option3_Click()
Option1. Value = False
Option2. Value = False
Data1. RecordSource = "select * from 基本情况表 where 基本情况表. 性别='女'"
                                                        '记录源为一个查询
Data1. Refresh
End Sub
Private Sub Data1_Reposition()                   '从一条记录移到另一条记录
                                                  时触发
If Data1. Recordset. EOF Then '若是记录集尾部，移到最后一条记录
    Data1. Recordset. MoveLast
Else
    Data1. Caption="第"& Data1. Recordset. AbsolutePosition+1&"条记录"
                                                        '显示当前记录号
    Image1. Picture=LoadPicture(App. Path & "\学生照片\0000" & Data1. Record-
set. AbsolutePosition+1&". jpg")          '显示照片
End If
End Sub
```

说明：记录源属性是一个字符串，无论是表、查询还是 SQL 语句，都要以字符串的形式表现，即都用双引号括起来。

例 9-3　使用记录集对象，在例 9-1 的基础上加入"添加"、"修改"、"删除"、"查找"按钮，进一步实现对数据库表的编辑工作。结果如图 9-6 所示。

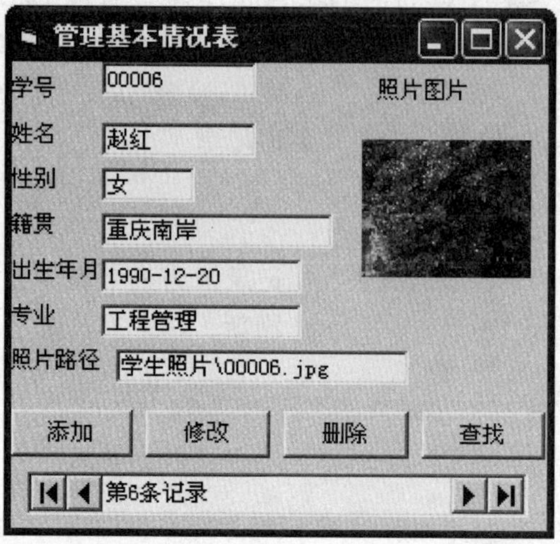

图 9-6　功能扩展的“基本情况表”管理界面

设计步骤：

①界面设计：在例 9-1 的基础上增加“添加”、“修改”、“删除”、“查找”按钮。

②编写程序代码如下：

```
Private Sub Command1_Click(Index As Integer)
Select Case Index
Case 0   '增加记录
Command1(2).Enabled = Not Command1(2).Enabled      '除"放弃"按钮，其他按钮不可用
Command1(1).Enabled =Not Command1(1).Enabled
If Command1(0).Caption="添加" Then   '如果是"添加"，则标题改为"确认"
        Command1(0).Caption="确认"
        Data1.Recordset.AddNew        '添加一条新记录
        Text1(0).SetFocus
  Else
        Command1(0).Caption="添加"    '若是"确认"，则确认添加的记录
        Data1.Recordset.Update
       Data1.Recordset.MoveLast
   End If
Case 1   '修改记录
       Command1(0).Enabled = Not Command1(0).Enabled
       Command1(2).Enabled = Not Command1(2).Enabled
       Command1(3).Enabled = Not Command1(3).Enabled
       If Command1(1).Caption ="修改" Then      '若是修改，将标题改为"确认"
             Command1(1).Caption ="确认"
```

```
            Data1.Recordset.Edit                    '进行修改
            Text1(0).SetFocus
        Else
            Command1(1).Caption = "修改"  '确认修改
            Data1.Recordset.Update
        End If
    Case 2 '删除记录
        Dim queren As String
        On Error Resume Next              '运行发生错误,忽略错误行,继续下行语句
        queren = MsgBox("真要删除?", vbYesNo)
        If queren = vbYes Then
          Data1.Recordset.Delete  '进行删除
          Data1.Recordset.MoveNext  '移到下一条记录
          If Data1.Recordset.EOF Then  '若是记录集尾部,移到最后一条记录
            Data1.Recordset.MoveLast
          End If
        End If
     Case 3  '查找记录
         Dim xuehao As String
         xuehao = InputBox("请输入学号:", "输入查找信息") '根据学号查找
         Data1.Recordset.FindFirst "学号='" & Trim(xuehao) &"'"'查找
         If Data1.Recordset.NoMatch Then          '未找到给出提示
           MsgBox "无此学号!", , "提示"
         End If
    End Select
    End Sub
    Private Sub Data1_Reposition()                    '从一条记录移到另一条记录时触发
    If Data1.Recordset.EOF Then '若是记录集尾部,移到最后一条记录
        Data1.Recordset.MoveLast
    Else
        Data1.Caption = "第" & Data1.Recordset.AbsolutePosition + 1 & "条记录"
                                                                    '显示当前记录号
        Image1.Picture = LoadPicture(App.Path & "\学生照片\0000" & Data1.Record-
set.AbsolutePosition + 1 & ".jpg")            '显示照片
    End If
    End Sub
    Private Sub Form_Load()
    Form1.Caption = "管理" & Data1.RecordSource
    End Sub
```

9.4 ADO 数据访问对象

利用 Data 数据控件、记录集对象和数据绑定感知控件的联合工作，可以实现对数据库的操作和管理。但是，如果要设计更复杂、灵活的应用程序，利用 VB 的数据访问对象会更便捷些。VB 提供了三种数据访问对象，即数据访问对象 DAO、远程数据对象 RDO、ActiveX 数据对象 ADO(ActiveX Data Object)，它们分别代表了数据访问技术的不同发展阶段，ADO 是最新的一种。

ADO 是基于 Microsoft 的数据访问层 OLE DB 而设计的一个低层数据访问接口，利用它可以访问任何数据源，包括关系和非关系数据库、电子邮件和文件系统、文本和图形、自定义业务对象等。

9.4.1 ADO 对象简介

ADO 数据对象是通过 Microsoft ActiveX 数据对象(ADO)快速建立数据源连接的数据绑定控件。应用程序可以通过 ADO 控件与数据提供源连接，数据提供源可以是任何符合 OLE DB 规范的数据源。

ADO 模型定义了一个可编程的分层对象集合，主要有三个对象成员 Connection、Command 和 Recordset，以及几个集合对象 Errors、Properties、Parameters 和 Fields，可用于 VB、Visual C＋＋、Java 以及其他各种支持自动化特性的脚本语言。

要想在程序中使用 ADO 对象，必须先为当前工程添加引用，具体操作为：选菜单“工程”→“引用”，在引用清单中选择“Microsoft ActiveX Data Objects 2.0 Library”。

1)Connection 对象

该对象用于建立与数据源的联系，它包含了数据提供程序的信息。其常用属性和方法如表 9-7 和表 9-8 所示。

Connection 对象的常用属性 表 9-7

属　性	意　义
ConnectionString	提供连接到数据库所需要的信息
ConnectionTimeOut	产生连接的事件限制
CommandTimeOut	执行一个指令的时间限制
State	连接的状态
Provider	OLE DB Provider 的名称

2)Command 对象

Command 对象用来给出对数据库操作的命令，如查询、修改等。Command 命令所使用的命令语言与底层所对应的 OLE DB 数据源有关，不同数据源可使用不同的命令语言。其属性与方法如表 9-9 和表 9-10 所示。

Connection 对象的常用方法 表 9-8

方 法	功 能
Open	打开 Connection 对象
Clos	关闭 Connection 对象
Execute	对连接执行各种操作(如 SQL 命令)
Begintrans	开始一个新的事务处理(Transaction)
Committrans	确定当前所有处理事务所做的改变
RollBackTrans	放弃当前所有的处理事务并开启一个新的事务

Command 对象的常用属性 表 9-9

属 性	意 义
ActiveConnection	指定 Command 对象当前所属的连接对象
CommandText	指定发送的命令文本,如 SQL 语句等
CommandType	设置或返回 CommandText 的类型

Command 对象的常用方法 表 9-10

方 法	操 作
Execute	执行 CommandText 属性指定的操作
Cancel	取消 Execute 方法的调用

3)Recordset 对象

Recordset 对象是基础表或查询结果的集合,用于对结果集数据进行维护或浏览等。Recordset 对象是 ADO 数据操作的核心,它既可以作为 Connection 对象或 Command 对象执行特定方法的结果数据集,也可以独立于这两个对象而使用。

ADO 的其他集合对象及其元素对象,都用在特定的上下文环境中,比如 Parameter 对象一定要与某个 Command 对象相联系后,才能真正起作用。而另外三个对象 Field、Error 和 Property 对象只能依附于其父对象,不能单独创建这些对象。

4) Error 对象和 Errors 集合对象

Error 对象包含数据提供程序出错时的扩展信息。Errors 集合对象包含了 Error 对象集合。

5)Field 对象和 Fields 集合对象

Field 对象对应于记录集中的一列,使用 Field 对象的 Value 属性可设置或返回当前记录的数据,该对象常用的属性为 Name 和 Value。Fields 集合对象包含了一个 Field 对象集合。

6)Parameter 对象和 Parameters 集合对象

Parameter 对象包含参数化的 Command 对象的某单个参数的信息。该 Command 对象有一个包含其所有 Parameter 对象的 Parameters 集合。

7)Property 对象和 Properties 集合对象

Property 对象包含某个 ADO 对象的提供程序定义的特征。Properties 集合对象则包含一个 Property 对象集合。

例 9-4 使用 ADO 对象设计窗体显示学生"基本情况表"中的记录，程序界面如图 9-6 所示。

说明：ADO 对象和 ADO 控件是不同的。ADO 对象也是没有外在控件显示的一种对象，在使用 ADO 以前也需要先引用 ADO 对象。

设计步骤：

①新建一个工程，选菜单"工程"→"引用"，选择"Microsoft ActiveX Data Objects 2.0 Library"，即可引用 ADO 对象。

②在窗体上添加包含七个元素的标签控件、包含七个元素的文本框控件、包含四个元素的命令按钮控件，设置相应的标题，并注意将 student.mdb 文件和 VB 的工程文件存放在同一个路径下。

③程序代码如下：

```
Dim cnn As New ADODB.Connection              '定义 ADO 对象类型变量
Dim rst As New ADODB.Recordset
Private Sub Command1_Click(Index As Integer)
Select Case Index
  Case 0                  '第一条
    rst.MoveFirst         '第一条
  Case 1
      rst.MoveNext        '下一条
      If rst.EOF Then rst.MoveLast
    Case 2                 '上一条
        rst.MovePrevious
        If rst.BOF Then rst.MoveFirst
  Case 3  '最后一条
        rst.MoveLast
End Select
End Sub
Private Sub Form_Load()
Dim str As String                                   '设定连接字符串
str = "provider=microsoft.jet.oledb.3.51;data Source=" & App.Path & "\student.
mdb;Persist Security Info=False" '打开数据库
cnn.CursorLocation = adUseClient '游标在客户端方式
cnn.open str
rst.open "基本情况表", cnn '打开基本情况表
For Each bb In Text1
  Set bb.DataSource = rst       '绑定所有文本框到记录源
Next
```

End Sub

④运行程序,得到图 9-7 所示界面。

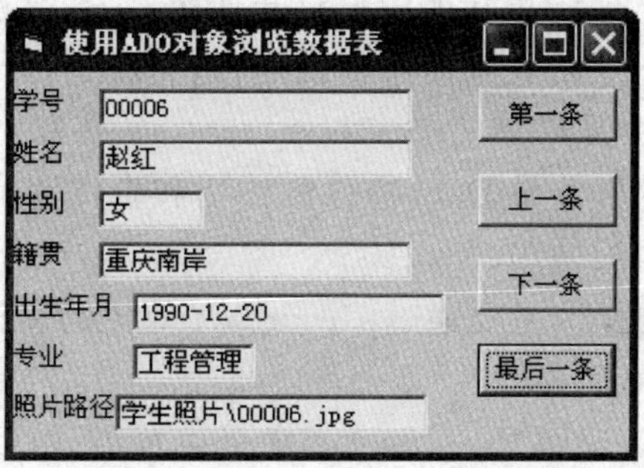

图 9-7　使用 ADO 对象浏览记录

说明:使用 ADO 对象,可以用代码完成连接数据源、绑定控件等工作,不需要像例 9-1、例 9-2、例 9-3 那样,事先要手工设置连接数据源、绑定感知控件等。

9.4.2　ADO Data 控件

ADO Data 控件(默认名称 Adodc1)用于访问 OLE DB 所支持的数据库,与 VB 的 Data 控件外观相似,也有自己的属性、事件和方法。由于 ADO Data 控件属于 ActiveX 控件,所以在每次创建工程前都要先将其添加到工具箱中,操作方法是:选菜单“工程”→“部件”,选择“Microsoft ADO Data Control 6.0(OLE DB)”。

1)基本属性

(1)ConnectionString(ADO):建立到数据源的连接信息。设置或返回数据源连接信息的字符串值。

(2)CommandType(ADO):设置或返回 RecordSource 的类型。

(3)RecordSource(ADO):返回或设置 Recordset 对象的生成方法。语法为:

object.RecordSource[=value]

value 是一个字符串表达式,它指定了一个记录源,value 的设置值为:

表名称:一个数据库表的名称。

SQL 查询:一个有效的 SQL 字符串,该字符串使用了适合于数据源的语法。

(4)Recordset (ADO):返回或设置对下一级 ADO Recordset 对象的引用。语法为:

object.Recordset [= recordset]

recordset 是一个记录集对象。

(5)Mode (ADO):设定在 Connection 中的数据的可用权限,即对数据的操作范围。设置和返回值为:

AdModeUnknown	默认值。表明权限尚未设置或无法确定
AdModeRead	表明权限为只读
AdModeWrite	表明权限为只写
AdModeReadWrite	表明权限为读/写

AdModeShareDenyRead　防止其他用户使用读权限打开连接

AdModeShareDenyWrite　防止其他用户使用写权限打开连接

AdModeShareExclusive　防止其他用户打开连接

AdModeShareDenyNone　防止其他用户使用任何权限打开连接

2)方法和事件

ADO Data 控件的方法和事件与 Data 控件的方法和事件完全一样。

3)ADO Data 控件对数据的操作

ADO Data 控件对数据的操作主要通过 Recordset 对象的属性与方法实现。

(1)Recordset 对象常用属性

Source(ADO Recordset):返回 Recordset 对象的生成方式(Command 对象、SQL 语句、表的名称或存储过程)。

RecordCount(ADO):返回或设置 Recordset 对象中记录的当前数目。

BOF、EOF(ADO):BOF 指示当前记录位置位于 Recordset 对象的第一个记录之前。EOF 指示当前记录位置位于 Recordset 对象的最后一个记录之后。

Bookmark(ADO):返回唯一标识 Recordset 对象中当前记录的书签。

CursorType(ADO):指示在 Recordset 对象中使用的游标类型。

Filter(ADO):为 Recordset 中的数据指示筛选条件。

Sort(ADO):指定一个或多个 Recordset 以之排序的字段名,并指定按升序还是按降序对字段进行排序。

(2)Recordset 对象常用方法

Open(ADO Recordset):打开游标(当前记录指针)。

Move(ADO):移动 Recordset 对象中当前记录指针到指定的位置。

MoveFirst、MoveLast、MoveNext 和 MovePrevious(ADO):移动 Recordset 对象中的当前记录指针到第一个、最后一个、下一个或上一个记录。

AddNew(ADO):为可更新的 Recordset 对象创建新的空记录。

Requery(ADO):通过重新执行对象所基于的查询,来更新 Recordset 对象中的数据。

Update(ADO):保存对 Recordset 对象的当前记录所做的所有更改。

CancelUpdate(ADO):取消在调用 Update 方法前对当前记录或新记录所做的任何更改。

Delete(ADO Recordset):删除当前记录或记录组。

例 9-5　利用 ADO 控件查询显示"基本情况表"中男学生的信息。

设计步骤:

①新建一个工程,选菜单"工程"→"部件",选择"Microsoft ADO Data Control 6.0"和"Microsoft DataGrid Control 6.0",将 ADO Data 控件和 DataGrid 控件添加到工具箱。

②把 ADO Data、DataGrid 和图像框添加到窗体上,设置 Adodc1 的 Visible 属性为 False,适当调整窗体、DataGrid1 和图像框的大小及位置。

③在代码窗口输入以下代码:

```
Private Sub DataGrid1_Click()
    photo = App.Path + "\" + Adodc1.Recordset.Fields("照片")'获得"照片"字段
```

```
                                                        信息
    Image1.Picture = LoadPicture(photo)          '显示照片
End Sub
Private Sub Form_Load()
    Adodc1.ConnectionString = "provider=microsoft.jet.oledb.3.51;data Source=" & App.Path & "\student.mdb;Persist Security Info=False"打开数据库
    Adodc1.CommandType = adCmdText
    Adodc1.RecordSource = "Select * from 基本情况表 where 性别='男'"
    Adodc1.Refresh                               '激活 ADO 控件
    Set DataGrid1.DataSource = Adodc1            '将 DataGrid 控件与 ADO 控件绑定
End Sub
```

④把工程文件、数据库文件 student.mdb、名为“学生照片”的文件夹(其中包含一组学生的照片文件)保存在同一个路径下。启动运行,将看到如图 9-8 所示结果。当用户单击 DataGrid1 的某一行时,右边的图片框中就会同时显示出学生的照片。

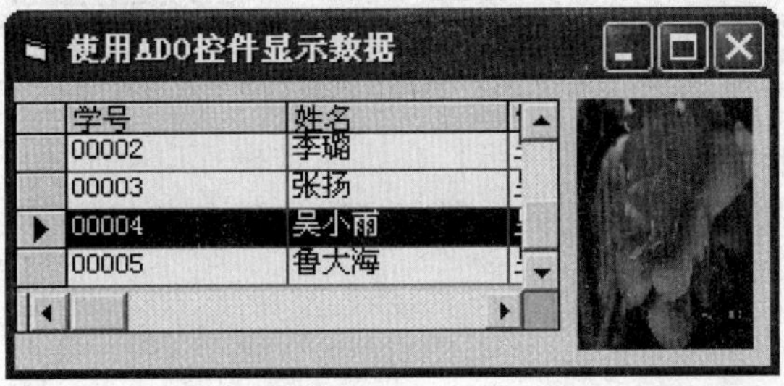

图 9-8　利用 ADO 控件查询显示“基本情况表”另学生信息

例 9-6　设计程序,从 student.mdb 的两个数据表“基本情况表”和“学生成绩表”中选择数据构成记录集,并通过 ADO 控件浏览该记录集。记录集包含字段为:学号、姓名、某课程成绩。

设计步骤:

①新建一个工程,选菜单“工程”→“部件”,选择“Microsoft ADO Data Control 6.0”和“Microsoft DataGrid Control 6.0”,将 ADO Data 控件和 DataGrid 控件添加到工具箱。

②把 ADO Data、DataGrid 添加到窗体上,设置 Adodc1 的 Visible 属性为 False,适当调整窗体、DataGrid1 的大小及位置。添加一个标签、一个文本框、一个命令按钮。

③在代码窗口输入以下代码:

```
Private Sub Command1_Click()
    Dim kcname As String
    Adodc1.ConnectionString = "provider=microsoft.jet.oledb.3.51;data Source=" & App.Path & "\student.mdb;Persist Security Info=False"'打开数据库
    Adodc1.CommandType = adCmdText
    kcname = Trim(Text1.Text)                    '获得查询课程名
    Form1.Caption = "查询" & kcname & "成绩"     '显示窗体标题
```

```
    Adodc1.RecordSource = "Select 基本情况表.姓名,学生成绩表." & kcname & " from 基本情况表,学生成绩表 where 基本情况表.学号=学生成绩表.学号"  '获得记录集
    Adodc1.Refresh                                  '激活 ADO 控件
    Set DataGrid1.DataSource = Adodc1      '将 DataGrid 控件与 ADO 控件绑定
End Sub
Private Sub Text1_GotFocus()
Text1.Text = ""
End Sub
```

④程序运行后，在文本框中输入查询的课程名，再单击命令按钮，则得到图 9-9 所示效果。

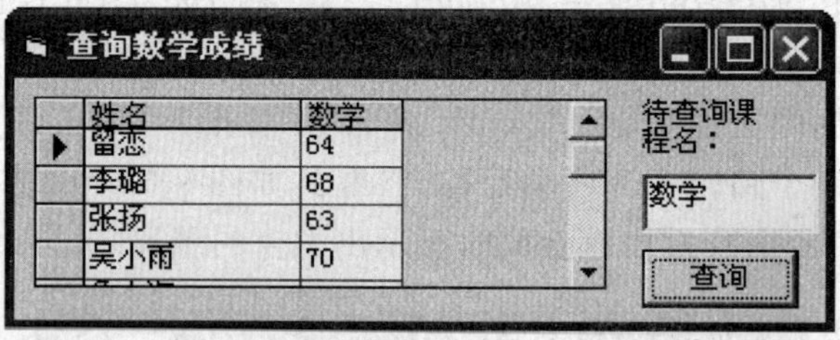

图 9-9　利用 ADO 控件查询显示多个表的数据

通过上面两个例题的学习，可以体会到，在访问数据库时，利用 ADO 对象和 ADO 对象控件比使用 Data 控件更简单、直接。更多数据库的操作请参考其他资料，篇幅所限，不再赘述。

第 10 章　VBA 在 Excel 中的应用

VBA(VB for Applications)是微软开发的嵌入在 Microsoft Office 中的编写宏代码的语言,必须依赖于 Excel、Word 等宿主程序而存在,其语法规则与标准版本的 VB 语言非常相似,只是多了一些体现宿主程序特点的对象。VBA 不能开发独立的应用程序,而是用来提高宿主程序处理数据的自动化能力,可以创建自定义的解决方案,特别适合于非计算机专业人员解决自己工作中遇到的具有鲜明专业特点、计算规模不大的应用问题。

10.1　在 Excel 中创建宏

例 10-1　在 Excel 中创建一个功能简单的宏(macro),初步体验一下 VBA 的应用方法。

①启动 Excel,创建一个名为 Book1. xls 的空白文档,其中默认包含三个工作表,依次命名为 Sheet1、Sheet2、Sheet3,并以 Sheet1 作为默认的当前工作表。

②选菜单"工具"→"宏"→"Visual Basic 编辑器",打开如图 10-1 所示的 VB 编辑器(简称 VBE)界面。

③选菜单"插入"→"模块",就会在工程资源管理器窗口中增加一个默认名为"模块 1"的项目,同时在界面右侧打开一个空白的代码编辑窗口。在代码编辑窗口中输入以下代码,则在当前的 Excel 文档中创建了一个名为 macro1 的宏,并且保存在"模块 1"中。

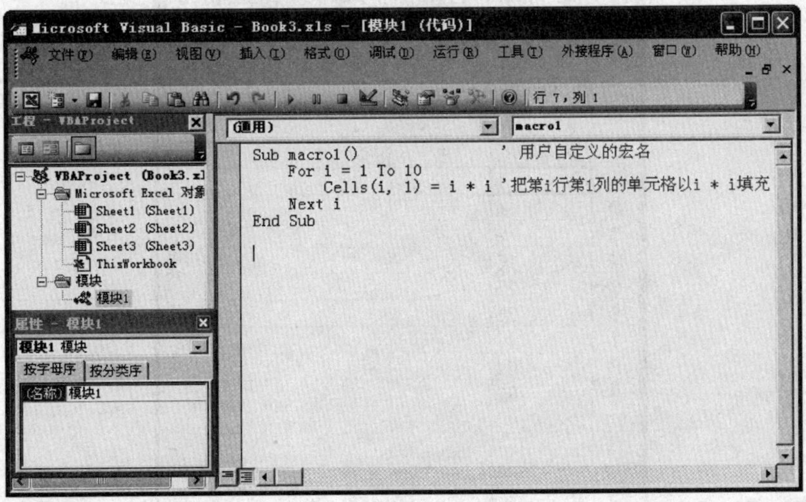

图 10-1　VB 编辑器界面

```
Sub macro1()              '用户自定义的宏名
    For i = 1 To 10
        Cells(i, 1) = i * i'把第 i 行第 1 列的单元格以 i * i 填充
    Next i
End Sub
```

④在图 10-1 的工具栏上单击“运行宏”按钮 ▶ (或返回 Excel,选菜单“工具”→“宏”→“宏”),就可以看到图 10-2 所示的“宏”窗口,刚才创建的名为“macro1”的宏出现在列表框中。选中 macro1,单击“执行”按钮。

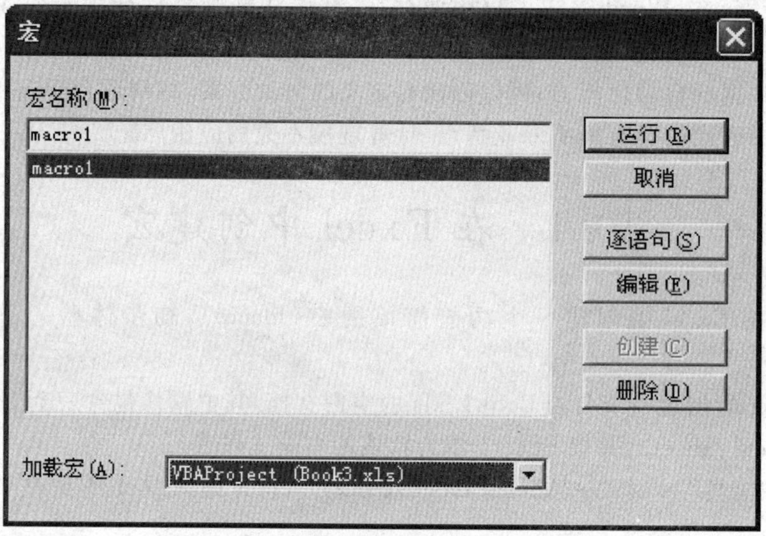

图 10-2　执行 Excel 中的宏

⑤回到 Excel 工作簿,可以看到如图 10-3 所示 Sheet1 中的数据。

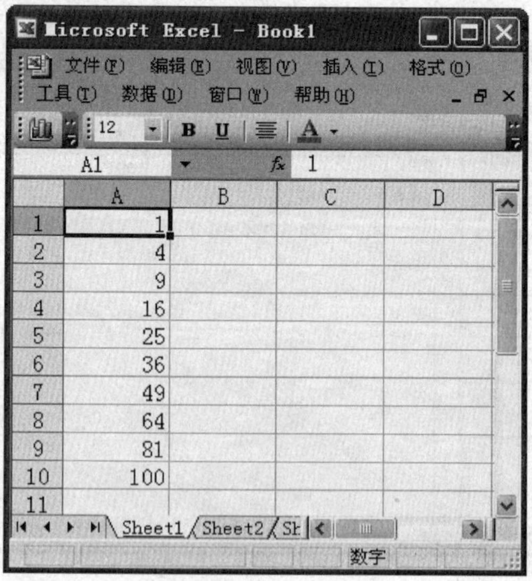

图 10-3　宏 macro1 执行之后的结果

在 Excel 中依次选择 Sheet2、Sheet3 为当前工作表，再次执行宏 macro1，就会在这两个工作表中的 A1～A10 单元格填充同样的内容。

上述例子说明，在 Excel 中调用宏，可以自动地完成以交互式操作需要许多步骤才能完成的操作。假如把自己平时工作中需要按固定套路重复操作的多个步骤写成宏，就能大大地提高工作效率。

10.2　VBA 的对象、属性和方法

由于很多 Microsoft 的应用软件都内嵌了 VBA，因此 VBA 在不同软件中的操作对象也是不同的。本章讨论的对象均限于 Excel。

10.2.1　VBA 的常用对象及其引用

1）对象及对象集合

Excel 有上百个对象，但核心对象只有五个，依次为 Application（Excel 程序本身）、Workbook（工作簿）、Worksheet（工作表）、Range（单元格区域）、Chart（图表）。表 10-1 列出了 VBA 编程时常用对象的名称与含义。

VBA 编程时常用的 Excel 对象　　表 10-1

对象名称	说明	对象名称	说明
Application	代表整个 Excel 应用程序	Range	代表工作表中的一个单元格区域
Workbook	代表一个 Excel 工作簿	Cells	代表工作表中的一个单元格
Worksheet	代表一个 Excel 工作表	Name	代表单元格区域的定义名
Sheets	代表指定的或活动工作簿中所有工作表的集合	Chart	代表工作簿中的图表

在 Excel VBA 应用程序中，对象集合也是一个很重要的概念。把一组具有相同性质的对象集中在一起，就成为对象集合，通常用对象的复数形式表示。例如，Worksheet 是一个工作表，Worksheets 就是一个工作表集合。因此，程序中也经常使用 Workbooks 集合、Worksheets 集合、Sheets 集合、Ranges 集合、Charts 集合等。

对象集合拥有 Count 属性，表示集合中对象的数目。例如，Worksheets. Count 的返回值就是工作表集合中包含的工作表数目。

在对象集合中，每个对象都被赋予一个下标（Index），从 1 开始依次编号，直到对象集合的 Count 属性值。

2）引用对象

(1)按名称引用对象

每创建一个对象,Excel 都会自动为其赋予一个默认的名称。例如每个新创建的Excel工作簿都默认包含三个工作表,默认的名称依次为 Sheet1、Sheet2、Sheet3。用户也可以根据自己的需要将它们改成其他的名称。在 VBA 程序中,可以按对象名称引用特定的对象。以下语句将访问工作表 Sheet1 中的 B5 单元格,并把字符串"测试"写入单元格 B5 中。

Worksheets("Sheet1"). Range("B5") ="测试"

(2)完整路径引用对象

对象的描述是分层次的。在 Excel 中,Application 为最高层次,下面的各层次依次为 Workbook(工作簿)、Worksheet(工作表)、Range(单元格区域)等。所谓完整路径引用,就是从最高层次开始,通过完整地描述各个层次指定对象。例如,以下语句用于将"学生资料. xls"工作簿中"学生成绩表"的 C7 单元格赋值为"优秀"。

Application. Workbooks("学生资料. xls"). Sheets("学生成绩表"). Range("C7") ="优秀"

(3)下标引用对象集合

由于对象集合中包含多个对象,和数组类似,可以用下标引用单个对象。例如,在图 10-1 所示的工作簿中,可以用 Worksheets(1)、Worksheets(2)、Worksheets(3)依次表示位于最左边的工作表 Sheet1、Sheet2、Sheet3。

(4)引用单元格

Range 对象主要用于对单元格区域的引用,下面列出了几个实例:

```
Range ("A1")                '引用单元格 A1
Range ("C3:F8")             '引用单元格区域 C3:F8(共 24 个单元格)
Range ("C3:F8,H3:L8")       '引用 C3:F8 和 H3:L8 两个不相邻的单元格区域
Range ("2:2")               '引用第二行的所有单元格
Range ("D:H")               '引用 D 到 H 共六个整列的所有单元格
```

Cells 对象主要用于对单个单元格的引用,下面也列出几个实例:

```
Cells(1, 1)                 '引用单元格 A1
Cells(8,"F")                '引用单元格 F8
Cells(m, 3)                 '引用位于第三列(即 C 列)第 m 行的单元格
Cells(m, n)                 '引用位于第 m 行第 n 列的单元格
```

由于 Cells 对象的引用参数可以是变量,因而便于通过循环逐个引用一个指定的单元格区域中的每个单元格。图 10-1 中的宏 macro1 就是通过循环引用了单元格区域A1～A10。

10.2.2 VBA 的常用对象简介

和 VB 一样,了解 VBA 中的对象也要关注其属性、方法和事件。下面将对常用对象的属性、方法和事件进行简单介绍,更详细内容请参考相关资料。

1)Application 对象

Application 对象最常用的属性有 ActiveCell(返回活动单元格的 Range 对象)、ActiveSheet(返回一个活动工作表)、ActiveWorkbook(返回一个工作簿对象)、RangeSelection(返回一个选定单元格区域 Range 对象)、Caption(Excel 标题栏上的标题)、FileSearch(返回一个指定类型的所有文件对象)Calculate(计算指定区域)、GetOpenFilename(显示"打开"对话框)、Quit(关闭 Excel)等。

Application 对象也有事件,但在使用前必须新建一个类模块并声明一个带有事件的 Application 类型对象,由于涉及知识超出本章范围,不再作深入探讨。

2)Workbooks 集合

常用的属性有 Count(打开的工作簿的个数)。

常用方法有 Add(创建工作簿)、Open(打开工作簿)、Close(关闭工作簿)等。

3)Workbook 对象

常用属性有 ActiveSheet(返回活动工作表)、ActiveChart(返回活动工作表,可以是图表)、Name(获取工作簿名称)、FullName(获取工作簿的含完整路径的名称)、Path(获取工作簿的不含尾部的分隔符和程序名的完整路径)。

常用方法有 Active(激活工作簿)、Close(关闭工作簿)、RunAutoMacros(运行自动宏)等。

常用事件有 Open(打开工作簿时)、BeforeClose(关闭工作簿时)、BeforeSave(保存工作簿时)、Activate(激活工作簿时)、Deactivate(工作簿从活动转为非活动时)等。

4)Worksheets 集合

常用属性有 Count(获取工作簿中工作表的数量)、Visible(工作表是否可见)等。

常用方法有 Add(新建工作表)、Delete(删除工作表)、Copy(复制工作表)、Move(移动工作表)、FillAcrossSheets(填充相同区域)、Select(选择工作表)等。

5)Worksheet 对象

常用属性有 Cell(返回指定工作表中的所有单元格)、Columns\Rows(返回指定工作表上所有列\行)、Range(返回一个单元格或一个区域的 Range 对象)、UsedRange(返回工作表上已使用区域的 Range 对象)等。

常用方法有 Active(激活工作表)等。

常用事件有 Deactivate(工作表从活动转为非活动时)、Change(更改单元格内容时)、SelectionChange(选定区域变化时)、BeforeDoubleClick(双击时)、BeforeRightClick(右击时)、Calculate(重新计算时)。

6)Range 对象

Range 对象是 Excel 处理一切数据的基础,任何单元格区域被处理之前都必须将其表示为一个 Range 对象。其常用属性有 Address(获取单元格地址)、Font(设置字体格式)、Formula(向单元格输入公式)、Name(为单元格命名或获得其名字)、Value(返回或设置单元格的值)等。

常用方法有 Active(激活单元格)、Clare\ClareComments\ClearContents\ClearFormate(清除单元格区域对象的组成部分)、Copy(复制单元格)、Cut(剪切单元格)、Delete(删除单元格)、Insert(插入单元格)、Select(选定单元格区域)等。

例 10-2 将 Excel 工作表中的空行删除。

说明:在 VBE 的编辑窗口中输入下面宏代码,运行后即可以删除当前工作表中的空行。

```
Sub deleteEmptyrows()
Dim lastrow As Long
Dim r As Long
lastrow = ActiveSheet.UsedRange.Row - 1 + ActiveSheet.UsedRange.Rows.Count
Application.ScreenUpdating = False
For r = lastrow To 1 Step -1
If Application.WorksheetFunction.CountA(Rows(r)) = 0 Then
  Rows(r).Delete
End If
Next r
Application.ScreenUpdating = True
End Sub
```

7)Chart 对象

常用属性有 ActiveChart(图表为活动对象时,可用该属性对其引用)、ActiveTitle(指定图表的标题,要求 HasTitle 属性为 True)、ChartType(图表类型)、ChartArea(图表的区域)、HasAxis(图表中具有的坐标轴)、PlotBy(返回或设置行和列在图表中作为数据系列使用的方式)等。

常用方法有 SetSourceData(为图表设置源数据区域)、ChartObjects(嵌入图表的对象)等。

例 10-3 下面宏代码将激活第一张图表,并设置图表类型和标题。

```
Sub macro1()
Charts(1).Activate
With ActiveChart
.Type = xlLine
.HasTitle = True
.ChartTitle.Text = "1月份的销售量"
End With
End Sub
```

例 10-4 假设数据系列 X 的数据放在 A 列,数据系列 Y 的数据放在 B 列,且均从第二行开始,数据个数不定。A1 单元格存放"数据序列 X",B1 单元格存放"数据序列 Y",书写 VBA 程序绘制基本图表。

构成图表的两个要素是:数据源和图表类型。而数据源的引用有两种,一种是数据源区域(适合绘制两个以上系列数据的图表),另一种是 x、y 数组参数的方法(仅绘制一个系列数据的图表)。本例要求绘制第二种图表,如图 10-4 所示。

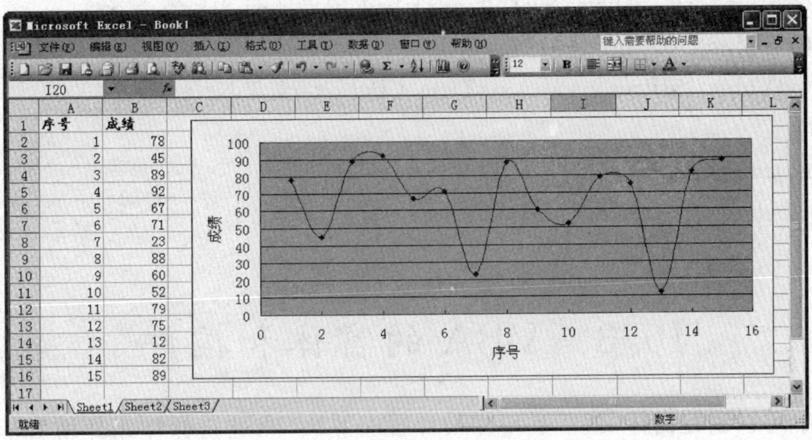

图 10-4　用 VBA 宏代码实现图表输出

```
Sub Macro1()
On Error Resume Next
Sheet1.ChartObjects.Delete
Dim n As Integer, ty As Integer
Dim sj As String, x As String, y As String
n= Range("A65536").End(xlUp).Row
x= Cells(1, 1)
y= Cells(1, 2)
ty=InputBox("请输入图表类型"& vbCrLf & vbCrLf & "1-xy 散点图" & vbCrLf & "
2-柱形图" & vbCrLf & "3-折线图")
sj="A" & 1 & ":b" & n
Range(sj).Select
Charts.Add
If ty = 1 Then
  ActiveChart.ChartType = xlXYScatterSmooth
ElseIf ty = 2 Then
  ActiveChart.ChartType = xlColumnClustered
ElseIf ty = 3 Then
  ActiveChart.ChartType = xlLineMarkers
End If
ActiveChart.SetSourceData Source:=Sheets("sheet1").Range(sj), PlotBy:=xlColumns
ActiveChart.Location where:=xlLocationAsObject, Name:="sheet1"
With ActiveChart
  .HasTitle = False
  .Axes(xlCategory, xlPrimary).HasTitle = True
```

```
    .Axes(xlCategory, xlPrimary).AxisTitle.Characters.Text = x
    .Axes(xlValue, xlPrimary).HasTitle = True
    .Axes(xlValue, xlPrimary).AxisTitle.Characters.Text = y
End With
ActiveChart.Legend.Select
Selection.Delete
End Sub
```

10.3 VBA的窗体和控件

在 VBA 中可以创建窗体，像 VB 一样设计程序界面，通过它操作工作簿和工作表。本节将通过一个简单的实例，说明如何运用 VBA 窗体程序处理工作表中的数据。

10.3.1 插入窗体与控件

在 VBE 界面中，选菜单"插入"→"用户窗体"，当前工程中就出现了一个默认名为 UserForm1 的窗体，同时出现了载有各种控件的工具箱，如图 10-5 所示。可以把工具箱中的控件拖放到窗体上，在"属性"窗口中设置窗体和控件的属性，从而构建出适合自己需要的应用程序界面。

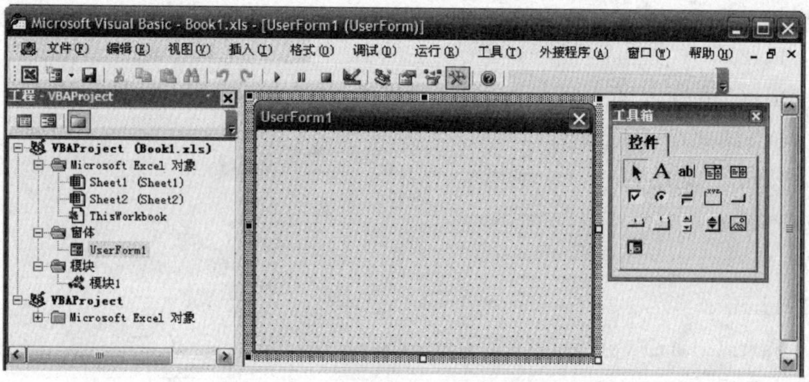

图 10-5 UserForm1 窗体

10.3.2 与工作表结合的窗体程序

已知通过一次实验采集到的原始数据保存在 Excel 工作簿 book1.xls 的工作表 Sheet1 中，由于串扰等原因，原始数据中混入了一些杂散信号，致使输出波形中存在毛刺，如图 10-6a) 所示。

实践中常常采用计算滑动平均的方法滤除这些杂散信号，实现的思路是：对于原始数据序列中的第 i 个数据，用包括第 i 个数据在内的前 k 个数据的平均值代替它。这里的 k 称为平滑窗口长度。当平滑窗口长度采用不同值的时候，滤波的效果也有所不同，图 10-6b)、c) 分别显示了平滑窗口长度为 3 和 5 的时候输出的波形。

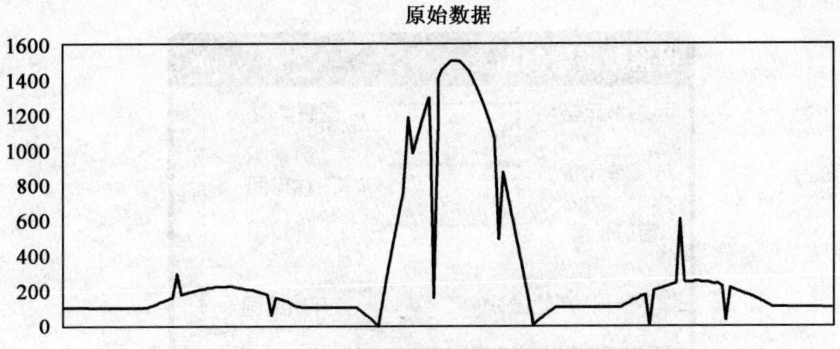

a）混入杂散信号的输出波形

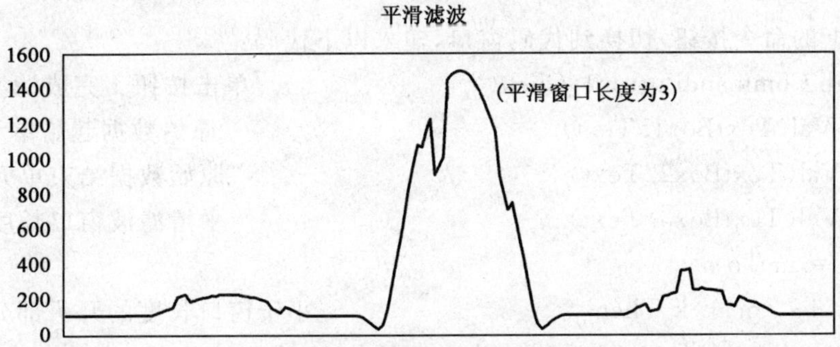

b）平滑窗口长度为3的输出波形

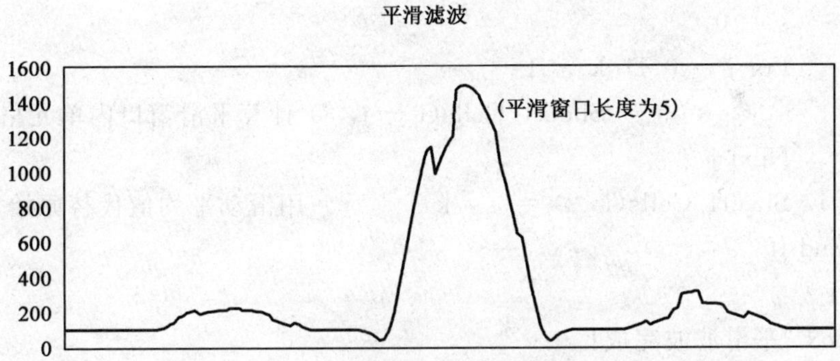

c）平滑窗口长度为5的输出波形

图 10-6　混有杂散信号的数字序列及平滑滤波效果

例 10-5　利用例 10-4 绘制图表的程序，再根据“滑动滤波”的思想，设计一个用窗体界面操作的程序。

设计步骤：

1）窗体模块

（1）启动运行 Excel，创建名为 book1. xls 的工作簿，将实验数据导入到 Sheet1 工作表的 C 列中。

（2）打开 VBE 界面，然后在“工程资源管理器窗口”中插入名为 UserForm1 的窗体，在这个窗体上添加标签、文本框、命令按钮等控件，构建如图 10-7 所示的应用程序界面。

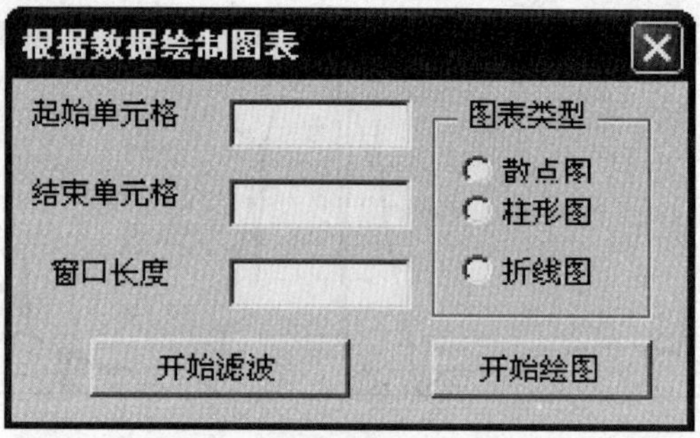

图 10-7　平滑滤波程序的窗口界面

双击窗体上的命令按钮，切换到代码窗口，输入以下代码：

```
Private Sub CommandButton1_Click()                    '单击按钮 1 完成滤波
    m = Val(TextBox1. Text)                            '原始数据起始单元格
    n = Val(TextBox2. Text)                            '原始数据结束单元格
    k = Val(TextBox3. Text)                            '平滑滤波窗口长度
    For i = m To n
        If i < m + k Then                        '小于窗口长度的开头部分不处理
            Sheet1. Cells(i, 2) = Sheet1. Cells(i, 3)
        Else
            s = 0
            For j = 0 To k - 1
                s = s + Sheet1. Cells(i - j, 3)'计算平滑窗口内单元格的累加和
            Next j
            Sheet1. Cells(i, 2) = s / k          '用滑动平均值代替原始数据
        End If
    Next i
    MsgBox "平滑滤波完成！……"
End Sub
Private Sub CommandButton2_Click()          '单击按钮 2 绘制图表
    MsgBox "“散点图”是默认类型…，请选择图表类型哦"
    ty=1
    If OptionButton2. Value=True Then
      ty = 2
    ElseIf OptionButton3. Value=True Then
      ty=3
    End If
    MsgBox ty
```

```
    Call 绘制图表
End Sub
```

②工作簿模块

在工程资源管理器窗口中双击“ThisWorkbook”图标，切换到工作簿的代码窗口，在其中输入以下代码：

```
Private Sub Workbook_Open()                    '工作簿打开时触发此事件
    UserForm1.Show 0                            '显示用户窗体
End Sub
```

③选菜单“插入”→“模块”，再双击“工程资源管理器”窗口的“模块”，在代码窗口输入“绘制图表”宏（过程）

```
Public ty As Integer      'ty保存选择的图表类型
Sub 绘制图表()
On Error Resume Next
Sheet1.ChartObjects.Delete
Dim n As Integer
Dim xmin As Single, xmax As Single, ymin As Single, ymax As Single
Dim sj As String, x As String, y As String, a As String, b As String
n = Range("A65536").End(xlUp).Row
x = Cells(1, 1)
y = Cells(1, 2)
a = "A" & 2 & ":A" & n
b = "B" & 2 & ":B" & n
xmin = Application.WorksheetFunction.Min(Range(a)) '根据最大值和最小值确定
                                                    坐标
xmax = Application.WorksheetFunction.Max(Range(a))
ymin = Application.WorksheetFunction.Min(Range(b))
ymax = Application.WorksheetFunction.Max(Range(b))
sj = "A" & 1 & ":b" & n
Range(sj).Select  '选择绘图的数据源
Charts.Add
If ty = 1 Then
  ActiveChart.ChartType = xlXYScatterSmooth  '散点图
ElseIf ty = 2 Then
  ActiveChart.ChartType = xlColumnClustered  '柱形图
ElseIf ty = 3 Then
  ActiveChart.ChartType = xlLineMarkers  '折线图
End If
ActiveChart.SetSourceData Source:=Sheets("sheet1").Range(sj), PlotBy:=xlCol-
```

```
umns
    ActiveChart. Location where:=xlLocationAsObject, Name:="sheet1"
    With ActiveChart              '标注序列
      . HasTitle = False
      . Axes(xlCategory, xlPrimary). HasTitle=True
      . Axes(xlCategory, xlPrimary). AxisTitle. Characters. Text=x
      . Axes(xlValue, xlPrimary). HasTitle=True
      . Axes(xlValue, xlPrimary). AxisTitle. Characters. Text=y
    End With
    ActiveChart. Axes(xlCategory). Select
    With ActiveChart. Axes(xlCategory)
      . MinimumScale = xmin
      . MaximumScale = xmax
      . MinorUnitIsAuto = True
      . MajorUnitIsAuto = True
      . Crosses = xlAutomatic
      . ReversePlotOrder = False
      . ScaleType = xlLinear
      . DisplayUnit = xlNone
    End With
    ActiveChart. Axes(xlValue). Select
    With ActiveChart. Axes(xlValue)
      . MinimumScale = ymin
      . MaximumScale = ymax
      . MinorUnitIsAuto = True
      . MajorUnitIsAuto = True
      . Crosses = xlAutomatic
      . ReversePlotOrder = False
      . ScaleType = xlLinear
      . DisplayUnit = xlNone
    End With
    ActiveChart. Legend. Select
    Selection. Delete
    End Sub
```

保存所有程序设计内容，关闭 book1. xls。当重新打开 book1. xls 时，首先显示的就是图 10-7 所示的程序界面，要求输入原始数据的起始单元格行号、结束单元格行号和平滑窗口长度(为了简化程序起见，本例要求原始数据必须存放在工作表 Sheet1 的 C 列)。

输入三个预设值之后，单击“平滑滤波”按钮，就开始了平滑滤波的计算过程，结果数据存放在 B 列的对应位置。单击“开始绘图”按钮，则可以绘制出 B 列数据的图表，如图 10-8 所示。

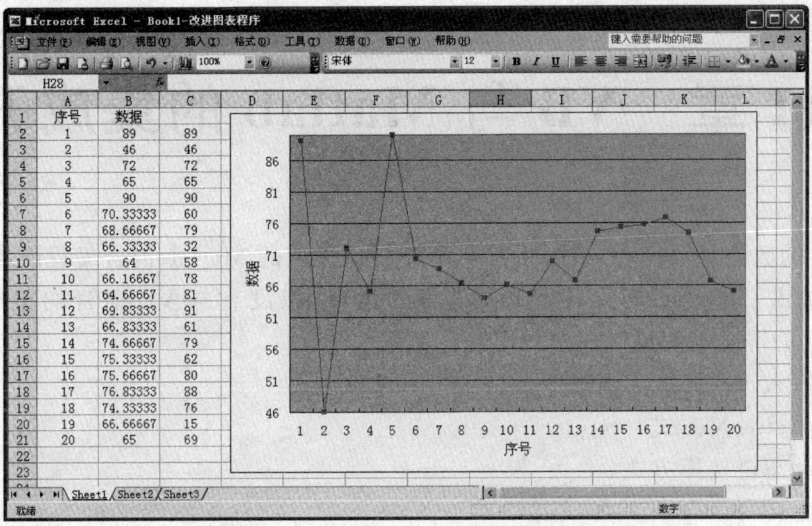

图 10-8 用 VBA 程序处理工作表数据实例

VBA 是嵌入 Excel、Word 等宿主应用程序中的一个编程环境。在掌握了 VB 标准版本编程技能的基础上，可以利用 VBA 构建出帮助宿主程序进行数据处理的程序。还可以利用窗体和控件构建应用程序的操作界面，这在工程中有实用价值。

第 11 章　VB 与 Matlab 的集成开发

由于 VB 的数值计算能力欠佳，将其与计算能力强大的 Matlab 混合编程能体现各自的优势。Matlab 提供了与 C/C++、Fortran 语言的接口，但没有与 VB 语言的接口，要想实现 Matlab 与 VB 的混合编程可以通过以下途径实现。

(1)通过嵌入 VB 的矩阵函数库 MatrixVB 的方法。

(2)通过 ActiveX 方式。

(3)通过动态链接库方式。

11.1　通过矩阵函数库 MatrixVB 的方法

MatrixVB 是由第三方(Mathtools 公司)提供的 COM 组件，包含了大量与 Matlab 相似的函数与调用语法，可以加强 VB 内建数学运算与图形展示功能。在 VB 程序代码中可以像使用 VB 自己的函数一样使用 MatrixVB 的函数，可以不依赖于 Matlab 的环境在 VB 中完成矩阵运算与图形绘制显示等功能，这种方法使用起来简单，编程效率高。MatrixVB 函数库的功能大致可分为八大类(矩阵运算、运算符重载、图形图像处理、最优化运算、多项式、信号处理、随机与统计分析、控制系统)。

11.1.1　在 VB 中引入 MatrixVB

1)安装 MatrixVB

2)在 VB 中选菜单“工程”→“引用”，在如图 11-1 所示对话框中勾选“MMatrix”项，单击“确定”按钮。

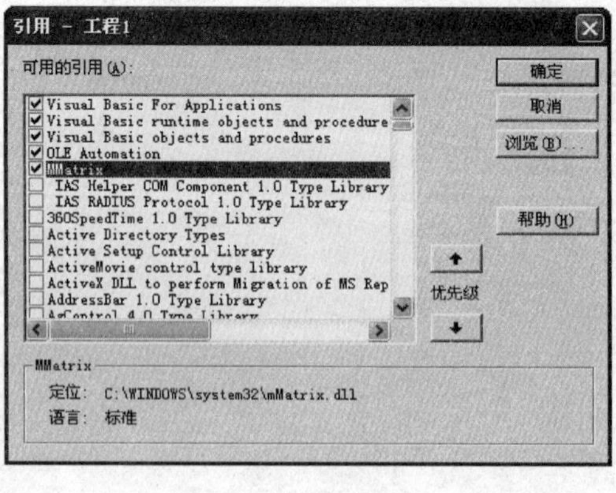

图 11-1　引用对话框

3)在 VB 中使用 MatrixVB 的命令与函数。例如，下面程序代码将产生 4×4 矩阵：

```
Private Sub Command1_Click()
A = eye(4, 4)
A.Show
End Sub
```

11.1.2　MatrixVB 运算符

1)算术运算符：矩阵的算术运算符及与 VB 对应的运算符如表 11-1 所示。

MatrixVB 的算术运算符函数及与 VB 相关运算符的对应关系　　表 11-1

VB	MatrixVB	MatrixVB 运算函数说明
a^b	power(a,b)	a 的 b 次方
a * b	times(a,b)	a 乘 b
a/b	rdivide(a,b)	a 右除 b
a\b	ldivide(a,b)	a 左除 b
a Mod b	mmod(a,b)	a 对 b 求余
a+b	plus(a,b)	a 加 b
a−b	minus(a,b)	a 减 b
−a	uminus(a)	取 a 的每一个元素的相反数

说明：

①a 和 b 可以为 VB 所支持的整型、浮点型变量或常量，运算的结果为 MatrixVB 标量矩阵，此时与 VB 的运算符所起的作用是一样的。例如，下面代码运算的结果为 16：

```
Dim x As Double
Dim y As integer
x=4.0
y = 2
C = power(x, y)
C.Show
```

②a 与 b 都为 MatrixVB 矩阵，此时两者的维数、大小均要一致，所做的运算为两个矩阵对应元素的运算。例如，下面代码将产生一个矩阵 C，其中任一元素 C(i,j)的值为 A 矩阵对应元素 A(j,i)的 B(j,i)次方，计算结果如图 11-2 所示。

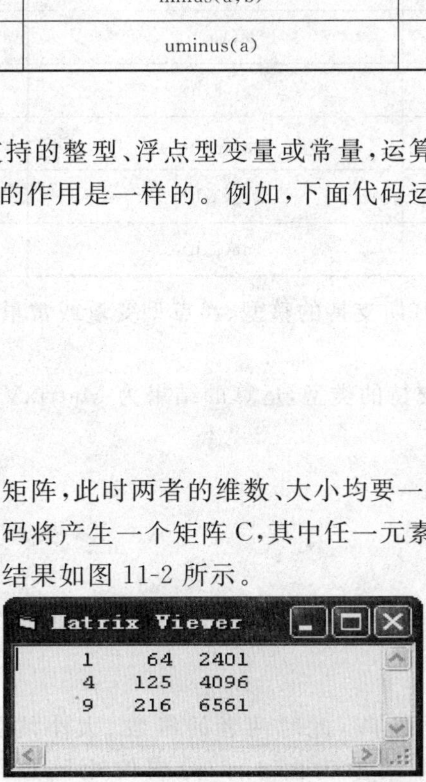

图 11-2　矩阵运算

```
A = CreateMatrix(1, 2, 3, 4, 5, 6, 7, 8, 9)
B = CreateMatrix(2, 2, 2, 3, 3, 3, 4, 4, 4)
A = reshape(A, 3, 3)
B = reshape(B, 3, 3)
C = power(A, B)
C. Show
```

③a 与 b 中一个为 MatrixVB 矩阵，一个为 VB 中的数据类型(整型、浮点型)的标量，所做的运算为该标量对矩阵每个元素的算术运算。例如，下面代码将产生一个每一个元素为矩阵 A 对应元素值 2 次方的矩阵。

```
A = CreateMatrix(1, 2, 3, 4, 5, 6, 7, 8, 9)
A = reshape(A, 3, 3)
B = power(A, 2)
B. Show
```

2)关系运算符

矩阵的关系运算符及与 VB 对应的运算符如表 11-2 所示。

MatrixVB 的关系运算符函数及与 VB 相关运算符的对应关系　　表 11-2

VB	MatrixVB	MatrixVB 运算函数说明
a＜b	lta,b	a 若小于 b 则结果为真，否则为假
a＜=b	le((a,b)	a 若小于等于 b 则结果为真，否则为假
a＞b	gt(a,b)	a 若大于 b 则结果为真，否则为假
a＞=b	ge(a,b)	a 若大于等于 b 则结果为真，否则为假
a=b	eq(a,b)	a 若等于 b 则结果为真，否则为假
a＜＞b	ne(a,b)	a 若不等于 b 则结果为真，否则为假

说明：a 和 b 可以都为 VB 所支持的整型、浮点型变量或常量，此时与 VB 的运算符所起的作用相同。

①如果 a、b 都为 VB 所支持的类型，运算的结果为 MatrixVB 标量矩阵，其中的值为 0 或 1。下面代码的结果为 0：

```
Dim x As Integer
Dim y As Integer
x=1
y=2
C=ge(x, y)
C. show
```

②a 与 b 都为 MatrixVB 矩阵，此时两者的维数、大小均要一致，所做的运算为两个矩阵对应元素的运算，运算结果为由 1、0 构成的矩阵。下面代码的结果如图 11-3 所示。

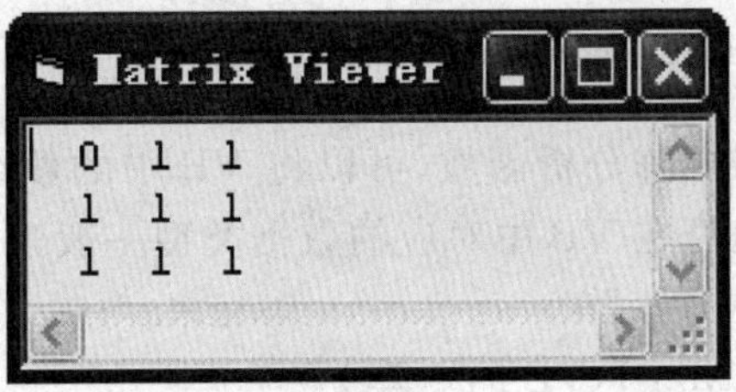

图 11-3　结果为 0 和 1 构成的矩阵

```
A = CreateMatrix(1, 2, 3, 4, 5, 6, 7, 8, 9)
B = CreateMatrix(2, 2, 2, 3, 3, 3, 4, 4, 4)
A = reshape(A, 3, 3)
B = reshape(B, 3, 3)
C = ge(A, B)
```

③a 与 b 中一个为 matricVB 矩阵，一个为 VB 中的数据类型（整型、浮点型）的标量，所做的运算为该标量对矩阵每个元素的逻辑运算。下面代码的结果如图 11-4 所示。

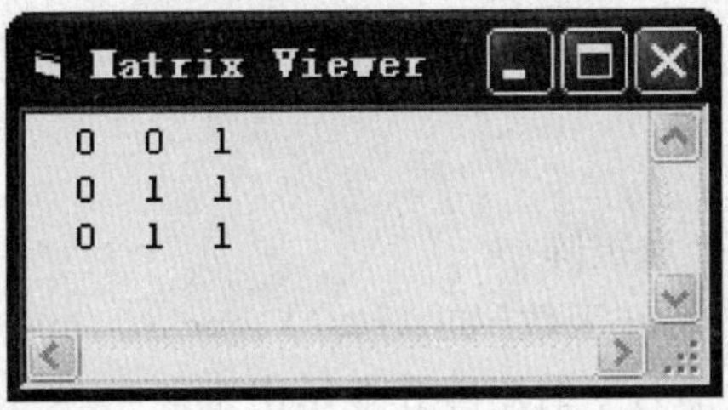

图 11-4　标量与矩阵运算

```
A = CreateMatrix(1, 2, 3, 4, 5, 6, 7, 8, 9)
A = reshape(A, 3, 3)
B = ge(A, 5)
B. Show
```

3）逻辑运算符

矩阵的逻辑运算符及与 VB 对应的运算符如表 11-3 所示。有关矩阵逻辑运算符的数据类型说明与关系运算符相同，所得到的结果值为由 0、1 构成的矩阵或标量。

MatrixVB 的逻辑运算符函数及与 VB 相关运算符的对应关系　　表 11-3

VB	MatrixVB	MatrixVB 运算函数说明
a And b	mand(a,b)	a 与 b 做与运算
a Eqv b	mnot(mxor(a),b	当 a 与 b 同时为真或假时结果为真，否则为假
a　Imp　b	mor(mnot(a),b)	a 为真 b 为假时结果为假，否则为真
not a	mnot(a)	a 做非运算
a Or b	mor(a,b)	a 与 b 做或运算
a Xor b	mxor(a,b)	a 与 b 做异或运算

11.1.3 MatrixVB 的矩阵操作

MatrixVB 中包含了许多矩阵分析函数，可以将 VB 中的数组当成矩阵进行处理，但是与 MatrixVB 矩阵元素相关的运算在 VB 中对应的数据类型一般为 double 类型。

1)在 VB 中生成 MatrixVB 矩阵

(1)用函数 mabs 转化为 MatrixVB 的矩阵

【格式】 Matrixvb_Matrlx=mabs(VB_Array)

【功能】 将 VB 中的数组 VB_Array 转化为 MatrixVB 的矩阵 Matrlxvb_Matrlx。

MatrixVB 的矩阵名称不需要事先定义，VB 程序中的数组一定要先定义。下面代码利用 mabs 函数将 VB 中的数组转化为 MatrixVB 矩阵 B 并将其显示出来。

```
Private Sub Command1_Click()
Dim a(1 to 2,1 to 3)As Double
a(1, 1)=6
a(1, 2)=-3
a(2, 3)=4
b=mabs(a)
b. show
End Sub
```

(2)通过 MatrixVB 函数生成矩阵

可以使用 MatrixVB 中的特殊函数(如 zeros()、ones()、magic()等)直接生成矩阵。下面代码将产生一个 3×4 的元素都为 0 的矩阵并显示出来。

```
Private Sub Command1_Click()
a = zeros(3, 4)
a. Show
End Sub
```

在程序中也可以先定义变量，然后再赋值产生矩阵。产生矩阵时，VB 支持的两种类型为 Matrix 与 Variant。例如，下面的语句都将产生一个 3×4 的 0 矩阵。

```
    Dim mat As Matrix
    Dim x As Variant
    Set mat=zeros(3,4)              '赋值为 3×4 的 0 矩阵
    Set x=zeros(3,4)                '赋值为 3×4 的 0 矩阵
```

(3)通过函数 CreateMatrix 创建矩阵

用函数 CreateMatrix 创建的矩阵可以在创建过程中直接赋值。

【格式】 CreateMatrix(p1,p2,…,pn)，“p1, p2,…,pn”为矩阵的值。

其中，用函数 Reshape 可以设置由函数 CreateMatrix 所创建函数的维数。

【格式】 Reshap(X,rows,cols)

X 为由 CreateMatrix 创建的矩阵，rows 为指定的行数，cols 为指定的列数。例如，下面代码可以创建一个矩阵，并将其指定为三行三列。

```
A=CreateMatrix(1,2,3,4,5,6,7,8,9)
Reshap(A,3,3)
A. Show
```

2)对矩阵元素进行操作

(1)通过圆括号方式访问 MatrixVB 矩阵。这种方式只能对矩阵元素进行写操作，其格式与访问 VB 的数组元素一样。例如，下面程序运行结果如图 11-5 所示

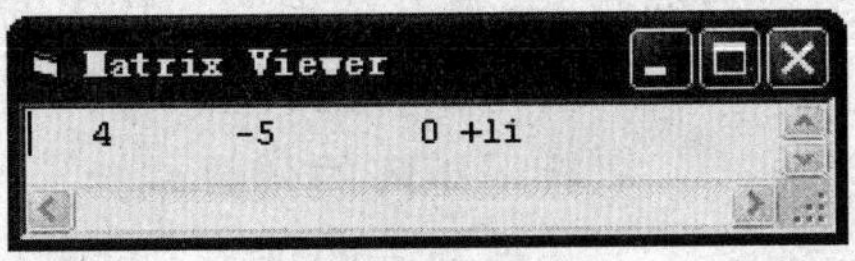

图 11-5　通过圆括号方式访问矩阵

```
Private Sub Command1_Click()
a = zeros(1, 3)
a(1) = 4
a(2) = -5
a(3) = mcomplex(0, 1)
a. Show
End Sub
```

注意:对于多行矩阵，通过矩阵名与括号的形式引用时其序号是列优先。

(2)MatrixVB 矩阵属性 rN(number)、iN(number)可以以读写的形式访问矩阵 X 中的每个元素，其中 N 表示矩阵的维数，number 为元素序号。其格式具体如下：

X. r1(n):返回一维矩阵第 n 个元素值；

X. r2(i,j):返回二维矩阵第 i 行、第 j 列元素值；

X. r3(i,j,k):返回三维矩阵编号为(i、j、k)的值。

例如，下面代码用于设置矩阵 X 第三行、第一列元素为－999，X=[8 1 6; 3 5 7; －999 9 2]。

```
X=magic(3)              'X=[ 8 1 6; 3 5 7; 4 9 2]
a=X. r1(1)              'a=8
b=X. r1(2)              'b=3
c=X. r2(2,3)            'c=7
X. r2(3,1)=-999
```

3)VB 与 MatrixVB 数据类型的转换

X. simple 可以将 MatrixVB 矩阵 X 转换为 VB 中的数据类型。在 X 为只有一个元素的矩阵情况下，若 X 为一个实数则将值转换为 VB 中的 Double 类型。例如：

```
Dim S As Double
A=CreateMatrix(1. 0)
S=A. simple
```

若 X 为一个字符的单元素矩阵，则 X. simple 返回一个 VB 中的字符串类型；若 X 为多个元素的一维或者多维矩阵，则该表达式将返回一个矩阵，但不能自动转换为 VB 中相应的一维

或者多维数组。

4)矩阵的显示及其行、列、维数

【格式】 X. Show

【功能】 功能是打开 Matrix viwer 窗口显示矩阵内容。

利用函数 rows()、cols()、dims()、dimension(n)返回矩阵的行数、列数、维数及第 n 维数的个数属性,与这些属性相关的 VB 中的数据类型一般为 Integer 类型。例如,对于二维矩阵 A,下面的代码将得到矩阵的函数与列数,并将其赋值给 VB 中的变量。

```
a=A.rows()          '获得矩阵的行数
b=A.cols()          '获得矩阵的列数
c=dims()            '获得矩阵的维数
d=dimension(1)      '第一维的个数
```

5)矩阵的保存与载入

【格式】 vbsave filename variable

vbload(filename)

【功能】 vbsave 命令将矩阵写入磁盘文件中,vbload 将数据文件中保存的文件读到程序中。

例如,下面代码将产生的魔方矩阵 A 保存到文件 magic. txt 中,并读到 B 中:

```
A=magic(3)
vbsave "magic.txt"  A
B=vbload("magic.txt")
```

也可以使用 MatrixVB 提供的与 C 语言语法格式相似的函数对特定格式的文件进行读写,把矩阵所有的元素都输出为一列,数据文件只能用 Dos 方式打开,如:

```
a=randn(1,8)
fid=fopen("list","w")  '打开文件
call fprintf(fid,"%g\n",a)  '写入文件
fclose(fid)
```

6)应用程序的发布

在发布基于 MatrixVB 的 VB 应用程序时,应将相应的库文件随系统一起发布。这些文件包括 v4510v. dll、c4510v. dll、ago4510. dll、msvcrt. dll、msvcirt. dll 和 MMatrix. dll。由于 MMatrix. dll 是 COM 服务器,所以必须在操作系统中注册后方可使用。注册时可在如图 11-6所示的"运行"对话框中输入 regsvr32 mmatrix. Dll 并运行。

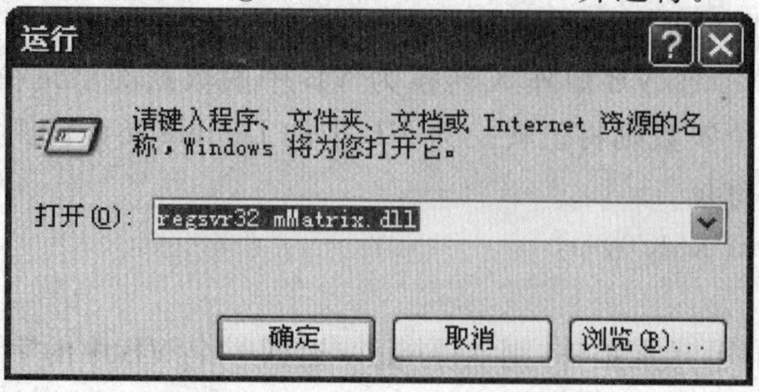

图 11-6 运行对话框

7)一个完整的结构动力计算示例

在结构动力计算中,往往牵涉到较复杂的数学计算及绘图,为了既保证程序编制简单又有良好的人机界面,采用 VB 和 MATLAB 联合编程完成。下面,以一个有阻尼单自由度体系自由振动为例,编制一个完整的示例程序。

例 11-1　一个有阻尼单自由度体系的自由振动,可建立如下的运动微分方程:

$$m\ddot{x} + c\dot{x} + kx = 0$$

式中 m,c,k 分别表示单自由度体系的质量、阻尼、刚度;$x\dot{x}\ddot{x}$ 分别表示单自由度体系的位移、速度、加速度。

令

$$\begin{cases} \omega^2 = \dfrac{k}{m} \\ \zeta = \dfrac{c}{2m\omega} \end{cases}$$

在初始条件为 $x=x_0,\dot{x}=\dot{x}_0$ 的条件下,可得位移响应为:

$$x = Ae^{-\zeta\omega t}\sin(\omega_d t + \phi)$$

式中:

$$\begin{cases} A = \sqrt{x_0{}^2 + \dfrac{\dot{x}_0 + \zeta\omega x_0}{\omega_d}} \\ \phi = \mathrm{arctg}\,\dfrac{\omega_d x_0}{\dot{x}_0 + \zeta\omega x_0} \\ \omega_d = \sqrt{1-\zeta^2}\,\omega \end{cases}$$

从(3)式可以看出,若已知 m,$\zeta,k,x_0,\dot{x}_0$,即可计算出该自由度体系的自由振动解。

采用 VB 编程,并利用 MatrixVB 插件编制求解该问题的程序如下:

```
Private Sub Command1_Click()
    Dim t(1 To 101, 1 To 1) As Double
    Dim x(1 To 101, 1 To 1) As Double
    Dim m As Double, k As Double , kc As Double , x0 As Double, v0 As Double
    m = Text1. Text:k = Text2. Text:kc = Text3. Text
    x0 = Text4. Text:v0 = Text5. Text
    omeg = Sqr(k / m)
    omegd = Sqr(1 - kc ^ 2) * omeg
    a = Sqr(x0 ^ 2 + ((v0 + kc * omeg * x0) / omegd) ^ 2)
    fai = Atn(omegd * x0 / (v0 + kc * omeg * x0))
    For i = 0 To 100 Step 1
      t(i + 1, 1) = i / 1000
      x(i + 1, 1) = a * Exp(-kc * omeg * t(i + 1, 1)) * Sin(omegd * t(i + 1, 1) + fai)
    Next i
    ax = vbaxes(Picture1. hWnd)
    plot (x)
```

```
    xlabel ("t/1/1000s")
    ylabel ("x/m")
End Sub
```

为计算方便，不妨假设：$m=10\text{Kg}$，$k=9000\text{N/m}$，$v_0=0.5\text{m/s}$，$\zeta=0.05$，$x_0=0.1\text{m}$，运行上面的程序，可看到如图 11-7 所示的程序界面及计算结果。

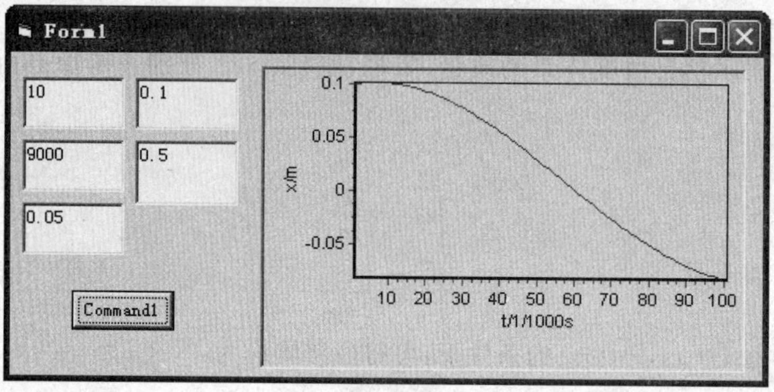

图 11-7　例 11-1 运行结果

11.2　ActiveX 技术在 VB 平台中的应用

使用 ActiveX 控件，可以很快地在网址、台式应用程序及开发工具中加入特殊的功能。现在，已有 1000 多个商用的 ActiveX 控件。开发控件可以使用各种编程语言，如 C、C++、VB 等。ActiveX 控件一旦被开发出来，设计和开发人员就可以把它当作预装配组件，用于开发客户程序。

VB 的 Active 技术主要是通过 ActiveX 部件的形式存在。VB 的 ActiveX 部件（Component）包括：

(1)ActiveX 控件

用 VB 创建 ActiveX 控件，与一般的 VB 应用程序设计大同小异。VB 为设计创建 ActiveX 控件提供了 Active 控件界面向导，通过简单的选择和输入，就可以创建 ActiveX 控件的框架结构。VB 的 ActiveX 控件工程允许同时设计创建多个控件，这些控件可以共享公共成员。

(2)ActiveX 文档

VB 的 ActiveX 文档提供了内置的窗口滚动、超链接以及菜单支持，直接嵌入 Web 页中。

(3)ActiveX DLL

ActiveX DLL 提供的对象与应用程序运行于同一个进程中。应用程序可以创建对象，设置对象属性，调用对象的方法。

(4)ActiveX EXE

ActiveX EXE 提供的对象与应用程序运行在不同的进程中。应用程序创建对象，调用对象的方法后，可以继续进行自己的工作。当对象的工作完成后，它会通知应用程序。ActiveX DLL 和 ActiveX EXE 合称为 VB 代码部件（Code Component）。

Matlab 自动化服务器在 Windows 平台上。Matlab 不但对自动化控制器可提供支持，而且还可以作为自动化服务器。当 Matlab 作为自动化服务器时，可以被 Windows 平台上任何可以作为自动化控制器的应用程序（比如 VB）所使用。通过使用 Matlab 自动化服务器功能，可以在 VB 应用程序中执行 Matlab 命令，并从 Matlab 的工作空间中获取 mxArray 结构体数据以及向 Matlab 输送 mxArray 结构体数据。

将 Matlab 作为一个自动化服务器使用时，VB 应用程序通过使用 Matlab. Application 作为 Matlab ActiveX 对象在系统注册表中的名字启动 Matlab 自动化服务器。对 Matlab 自动化服务器的使用，须通过服务器所提供的三个方法，即 Execute、PutFullMatrix 和 GetFullMatrix。下面分别对这三种方法进行说明。

1）Execute（用于执行一个合法的 Matlab 命令）

【格式】 BSTR Execute([in]BSTR Command)

【功能】 Execute 参数为一个字符串变量，可以包含任何合法的 Matlab 命令，并将结果以字符串的形式输出，同时命令所产生的任何图形都将被直接显示在屏幕上。

2）GetFullMatrix（用于从 Matlab 的工作空间中获取数据）

【格式】 void GetFullMatrix([in]BSTR Name,[in]BSTR Workspace,[in,out]SAFEARRAY,(double) * pr,[in,out]SAFEARRAY (double) * pi)

【功能】 应用程序可以从指定的 Matlab 工作空间 Workspace 中获取指定名字的 mxArray 结构体数据。注意，该结构体的存贮类型必须为满。

说明： 参数含义如下：

Name：应用程序希望从 Matlab 工作空间中提取的 mxArray 结构体的名字。

Workspace：应用程序指定的 Matlab 工作空间的名字，通常该变量有三种取值：

“base”表示从 Workspace 默认的工作空间中提取数据；

“global”表示从 Matlab 的全局工作空间中提取数据；

“caller”用于 MEX 文件中。

pr：一个与应用程序希望提取的 mxArray 结构体具有同样大小的实数阵列指针，该指针指向的阵列中将包含用户所希望提取的 mxArray 结构体实数部分的数据。

pi：一个与应用程序希望提取的 mxArray 结构体具有同样大小的实数阵列指针，该指针指向的阵列中将包含用户所希望提取的 mxArray 结构体虚数部分的数据。

3）PutFullMatrix（用于向 Matlab 工作空间中输出一个指定名字的 mxArray 结构体）

【格式】 void PutFullMatrix([in]BSTR Name,in]BSTR Workspace,[in,out]SAFEARRAY,(double) * pr,[in,out]SAFEARRAY (double) * pi)

【功能】 应用程序可以向指定的 Matlab 工作空间中输出一个指定名字的 mxArray 结构体。参数含义与 GetFullMatrix 命令中的对应参数含义相同。

例 11-2 通过 Matlab 实现数组的传递及计算。

设计步骤：

新建一个工程，在窗体上画一个 Text1 用于显示 Matlab 命令运行的结果，画一个 Command1 按钮用于运行 Matlab 命令。其代码如下：

```
Private Sub Command1_Click()
```

```
Dim result As String
Dim Matlab As Object
'声明 Matlab 为对象变量
Set Matlab = CreateObject("Matlab. Application")
'开启 Matlab 自动化服务器
Dim st(1) As Double
Dim b(1) As Double
Dim MImag() As Double
Dim i, j As Integer
st(0) = 1
st(1) = 2
Call Matlab. putfullmatrix("st", "base", st, MImag)
Matlab. execute ("b=st * 2")
Call Matlab. getfullmatrix("b", "base", b, MImag)
Text1. Text = b(0) & "" & b(1)
result = Matlab. execute(Text1. Text)
End Sub
```

单击按钮,则运行结果“2 4”显示在文本框中。

例 11-3 在 Matlab 中绘制正弦曲线并保存图片文件。程序运行结果如图 11-8 所示。

```
Private Sub Command1_Click()
Dim Matlab As Object
Set Matlab = CreateObject("Matlab. Application")
result = Matlab. execute("t=1:0.1:2 * pi;y=sin(t);plot(t,y)")
result = Matlab. execute("print(gcf,'-dbitmap','d:\fname. bmp')")
End Sub
```

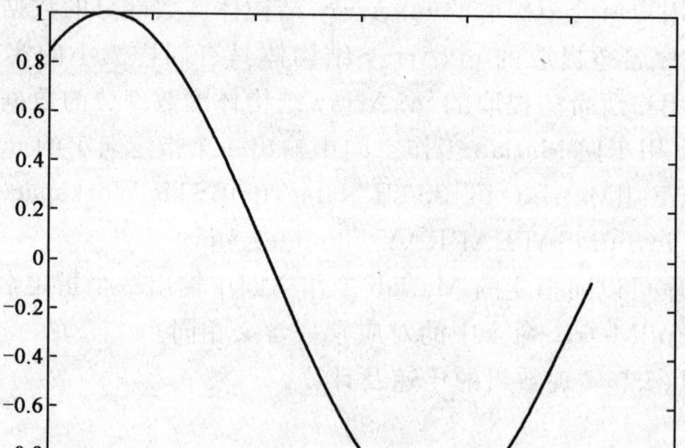

图 11-8 例 11-3 运行结果

例 11-4　在传热学中遇到的二维稳态导热问题的控制方程在直角坐标系中为：

$$\frac{\partial^2 t}{\partial x^2} + \frac{\partial^2 t}{\partial y^2} = 0$$

其边界条件为：

$$x = 0, t = 0℃$$

$$y = 0, t = 0℃$$

$$y = h, t = 100℃$$

在对方程(1)进行离散化建立有限差分方程时，考虑到如果采用显式差分方式，则需要对差分方程的稳定性、收敛性进行判断，而全隐式差分方程则是无条件稳定和收敛的，因此，采用了隐格式的中心差分法对二维稳态导热问题的控制方程进行了离散，建立了有限差分方程，避开了繁琐的判断差分方程的稳定性、收敛性的过程。而在具体编程时，通过设置前后两次迭代的变化小于某一固定值控制循环迭代精度，从而使用户程序变得短小、精悍、高效。编写代码并运行后，得到如图 11-9 所示结果。

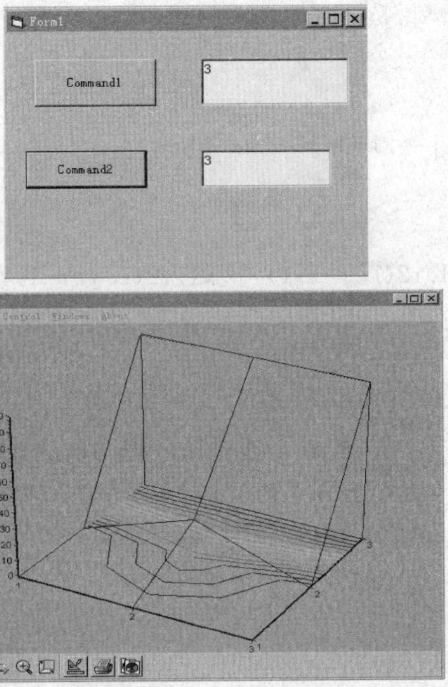

图 11-9　例 11-4 运行结果

```
Dim v0 As Long                '在通用部分声明变量类型
Dim v1, v2 As Variant         '必须声明为 Variant 类型
Dim v4 As Variant
Dim v5 As Variant
Public hx, hy As Integer
Private Sub theCalculation()   '自己添加一个公有函数用来解偏微分方程
Dim yresult As Variant
v1 = zeros(hy, hx)                  '产生 v1 ,v2 两个 0 矩阵用来存储和计算温度场数值
```

```
v2 = zeros(hy, hx)
v4 = zeros(hy, hx)
v0 = 100
For j = 1 To hx                    '通过循环对矩阵赋初值
  v1(hy, j) = 100
Next j
For i = 2 To hy - 1
  For j = 2 To hx - 1
    v1(i, j) = 50
  Next j
Next i
For k = 1 To 500                   '通过循环迭代计算温度场,用 v1 迭代 v2
  For i = 1 To hy
    For j = 1 To hx
      If i = hy Then
        v2(i, j) = v0
      ElseIf i = 1 Or j = 1 Or j = hx Then
        v2(i, j) = 0
      Else
        v2(i, j) = (v1.r2(i, j - 1) + v1.r2(i, j + 1) + v1.r2(i + 1, j)) / 4
      End If
    Next j
  Next i
  For i = 1 To hy                   '通过循环把两次迭代矩阵之差的绝对值赋给 v4 矩阵
  For j = 1 To hx
    v4.r2(i, j) = Abs((v1.r2(i, j) - v2.r2(i, j)))
  Next j
  Next i
  w5 = mmax(mmax(v4))               '找出矩阵中的最大值赋给变量 w5
  yresult = Val(w5.Simple)          '把 w5 转化成 VB 类型
    If yresult < 0.000001 Then      '控制迭代精度,如果达到要求则停止迭代退
                                    出 For 循环 MsgBox"恭喜"! 达到精度要求
                                    了!"&vbCrLf &"可以停止了!", vbExcla-
                                    mation ,"文本编辑器"
      MsgBox yresult
      Exit For
    Else
      For i = 1 To hy               '用 v2 迭代 v1
```

```
      For j = 1 To hx
        v1(i, j) = v2(i, j)
      Next j
    Next i
  End If
Next k
End Sub
Private Sub Command1_Click()
theCalculation                '如没有调用此命令,则按下了此按钮则程序会报告“自动
                              化错误”
v2.Show
End Sub
Private Sub Command2_Click()
theCalculation                              '绘制带等高线的三维立体网格图
meshc (v2)
End Sub
Public Sub whethercoudebenabled()          '判断命令按钮是否可以激活
If hy > 0 And hx > 0 Then
Command1.Enabled = True
Command2.Enabled = True
Else                              '如果文本框的输入不是正整数,则命令按钮不处于
                                  激活状态
Command1.Enabled = False
Command2.Enabled = False
End If
End Sub
Private Sub Form_Load()
hx = Val(Text2.Text)
hy = Val(Text1.Text)                   '窗体加载时程序首先获得文本框内字符
                                       串内的数字
Command1.Enabled = False
Command2.Enabled = False                    '按钮处于禁止状态
End Sub
Private Sub text1_change()
hy = Val(Text1.Text)
Call whethercoudebenabled                    '判断按钮是否可以激活
End Sub
Private Sub text2_change()
```

```
hx = Val(Text2.Text)
Call whethercoudebenabled
End Sub
```

11.3 DDE

DDE是一种动态数据交换机制(Dynamic Data Exchange)。使用DDE通信需要两个Windows应用程序,其中一个作为服务器处理信息,另外一个作为客户机从服务器获得信息。客户机应用程序向当前所激活的服务器应用程序发送一条消息请求信息,服务器应用程序根据该信息做出应答,从而实现两个程序之间的数据交换。

DDE服务器是一个维护着其他Windows程序可能使用的数据的程序,而DDE客户则是从服务器获得这些数据的程序。对话是由客户程序发动的,客户程序将一条称为WM—DDE—INITIATE的消息发给当前运行的所有Windows程序。拥有这些数据的DDE服务器通过响应这条WM—DDE—INITIATE消息开始对话。

DDE通过Windows剪贴板的数据格式对交换数据进行格式化,然后在应用程序中进行传递。在Matlab作为客户程序时,它仅仅支持文本格式的数据传输。而当Matlab作为服务器应用程序时,却可以支持三种格式的数据传输。分别为文本格式、元文件图格式和XI Table格式。

1)文本格式

以文本格式存放的数据是一个以空字符结束的字符缓冲。Matlab通过支持文本格式获得远程EvalString命令执行的结果,同时也可以用来请求矩阵数据。此外,矩阵数据也可以使用文本格式发送给Matlab。

2)元文件图格式

元文件图格式是一种用来存放图形数据的格式,它是通过记录绘制图形过程中所使用的图形命令和函数的方式描述图形的。Malab支持元文件图格式是为了获取一些远程图形命令执行的结果。

3)XI Table格式

XI Table格式是一种剪贴板支持的Microsoft Excel使用的数据格式。

Matlab服务器通信的原理:客户程序可以通过建立DDE对话的方法,将Matlab作为一个服务器来进行访问。VB的应用程序中提供了支持DDE的函数,可以直接使用这些函数建立与Matlab间的DDE对话。应用程序同作为服务器的Matlab通信实际上是通过客户应用程序中的DDE函数模块与Matlab中的DDE服务器模块之间的通信完成的。客户应用程序中的DDE函数模块既可以由应用程序提供,也可以由Matlab的引擎函数库提供。

Matlab支持两种类型的主题,分别为System和Engine。System主题包含了三个项,分别为Systems、Format和Topics。通过它们,应用程序可以浏览服务器所提供的主题列表、System主题提供的项列表和服务器支持的格式列表。Engine主体对三种客户端应用程序中可能的DDE操作提供了支持,这些操作包括发送命令到Matlab中执行、从Matlab中请求数据和向Matlab发送数据。

利用VB具有的DDE客户端功能,完成VB与Matlab的程序间的数据通信,在VB中就是使用对象的 Link 操作。

(1)DDE 会话的事件(见表 11-4)

DDE 会话事件　　表 11-4

序　号	事件名称	事件描述
1	LinkClose	DDE 对话结束
2	LinkError(linkerr As Integer)	DDE 对话出错
3	LinkExecute(cmdstr As String, cancel As Integer)	当一个 DDE 对话中的命令字符串由一个接收端应用程序发出时而发生
4	LinkOpen(cancel As Integer)	DDE 对话正在启动时
5	LinkNotify	如果接收端控件的 LinkMode 属性被设置为 3(通知),当发送端已经改变了由 DDE 链接定义的数据时,此事件发生

(2)DDE 会话的有关属性(见表 11-5)

DDE 会话有关属性　　表 11-5

序　号	属　性	属性描述
1	LinkTimeout [= number]	返回或设置等待 DDE 响应消息的时间。缺省为 50(相当于 5 秒),最大等待时间长度为 65,535 个 1/10 秒,或大约为 1 时 49 分钟
2	LinkItem[= string]	返回或设置传给接收端的数据
3	LinkTopic[= value]	对于接收端控件—返回或设置发送端应用程序和主题
4	LinkMode[= number]	DDE 会话方式,对于 DDE 会话中用做目标的控件,number 的设置值为: 0:vbLinkNone　无　无 DDE 交互(缺省值) 1:vbLinkAutomatic　自动　每次链接数据改变,目标控件都要更新 2:vbLinkManual　手动　只有激活 LinkRequest 方法时,才更新目标控件 3:vbLinkNotify　通知　链接数据改变时,会产生 LinkNotify 事件,但是只有在 LinkRequest 方法激活时才会更新目标控件。对作为 DDE 会话源的窗体,number 的设置值为: 0:vbLinkNone(缺省值)　无　没有 DDE 交互。 没有目标应用程序能够启动与源窗体的主题会话,没有应用程序能够向窗体放置数据。如果在设计时 LinkMode 为 0(无),在运行时不能将其改变为 1(源)。 1:vbLinkSource　源　允许窗体上的任何 Label、PictureBox 或 TextBox 控件为与该窗体建立 DDE 会话的目标应用程序提供数据。如果存在这种链接,VB 在控件内容改变时会自动提醒目标应用程序。另外,目标应用程序能够向窗体上的 Label、PictureBox、TextBox 控件存放数据。如果设计时 LinkMode 为 1(源),运行时可以将它改为 0(无)也可以再改回来。 返回一个代表包含该窗口的框架的 Window 对象,此属性为只读,只应用于 Window 对象

(3)DDE 会话的有关方法(见表 11-6)

DDE 会话有关方法 表 11-6

序 号	方 法	方 法 描 述
1	LinkSend	在一次 DDE 对话中将 PictureBox 控件的内容传输到的接收端应用程序
2	LinkExecute string	DDE 对话过程中将命令字符串发送给发送端应用程序
3	LinkPoke	DDE 对话过程中将 Label、PictureBox 或 TextBox 控件的内容传送给发送端应用程序
4	LinkRequest	DDE 对话中请求发送端应用程序更新 Label、PictureBox 或 TextBox 控件中的内容。如果 object 的 LinkMode 属性设置为自动(1 或 vbLinkAutomatic),则源应用程序自动更新 object 而不需要 LinkRequest。如果 object 的 LinkMode 属性设置为手工(2 或 vbLinkManual),则只有使用 LinkRequest 时源应用程序才更新 object。如果 object 的 LinkMode 属性设置为通知 Notify(3 或 vbLinkNotify),则源端通过调用 LinkNotify 事件通知接收端已更改数据,然后接收端必须使用 LinkRequest 更新数据。设置一指示对象为可见或隐藏的值

(4)DDE 会话的集合(LinkedWindows 集合,见表 11-7)

DDE 会话集合 表 11-7

序号	元素	元素描述
1	Count (属性)	集合内成员的个数,此属性为只读
2	Parent (属性)	返回包含另一对象或集合的对象或集合,此属性为只读
3	VBE (属性)	返回该 VBE 对象的根,此属性为只读。 例如,返回活动工程名称:Debug. Print Application. VBE. ActiveVBProject. Name Add (component)(方法)将一个对象添加到集合。component 参数:vbext_ct_ClassModule 将一个类模块添加到集合;Vbext_ct_MSForm 将窗体添加到集合;vbext_ct_StdModule 将标准模块添加到集合
4	Item(index) (方法)	返回集合中所索引的成员。index 参数可以是数值或包含对象标题的字符串。字符串必须和集合的 key 参数匹配。Key 参数: Windows Caption 属性设置 LinkedWindows Caption 属性设置 CodePanes 无唯一字符串与此集合相关 VBProjects Name 属性设置 VBComponents Name 属性设置 References Name 属性设置 Properties Name 属性设置
5	Remove(component) (方法)	从集合中删除一项 component 参数是必需的。对于 LinkedWindows 集合来说是一个对象;对于 References 集合来说是一个对类型库,或者对工程的引用;对于 VBComponents 集合来说是一个枚举型的常数,代表一个类模块、一个窗体,或者一个标准模块

(5)DDE 会话基本设计

第一步:发送方设置"。注:Kj 代表窗体中发送 DDE 会话的某控件,如 TextBox、

Label 等。

加入代码：

①Kj. LinkMode=0

Kj. LinkTopic = "收|Form1"　'文件名|窗体名

Kj. LinkItem = "Text1"　'控件名

Kj. LinkMode = Mode　'0(断开)　1(自动)　2(手动)　3(通知)

② 用"Kj. LinkPoke"　'发送源程序控件 kj 的字符到本程序的 Text1 中

③用"Kj. LinkRequest"　'源程序将本程序 Text1 字符取回放入 Kj

④用"Kj. LinkExecute Cmd"'触发本标程序的 Form_LinkExecute 事件

第二步：接收方设置。

①必须在设计状态下设置本程序的窗口：LinkMode—1。

②在 Form_LinkExecute 事件中接收发送程序发出的 DDE 会话消息。

使用 Matlab 的 Engine 主题支持的三种操作，VB 应用程序就可以向 Matlab 传送可执行的命令，从 Matlab 中读取数据以及向 Matlab 中传送数据。

在 Engine 主题下含有四个项目：EngEvalString、EngStringResult、EngFigureResult、<矩阵名称>。当以 EngEvalString 作为项目时，VB 向 Matlab 传送一条可执行的命令，Matlab 执行该命令。其生成的字符串结果可以用 EngStringResult 以文本方式取回；Matlab 生成的图形结果将以元文件(metafile)的格式放在剪贴扳中，可以用 EngFigureResult 以文本方式和图元文件方式取回。以矩阵名称作为项目时，VB 可以从 Matlab 取回数据为矩阵赋值，还可以向 Matlab 中的矩阵传送数据。

例 11-5　利用动态数据交换功能，在 VB 程序的一个文本框中输入一条绘图命令，并将结果分别显示在另一个文本框和图像框中。

设计步骤：在 VB 中建立一个工程，窗体上有两个文本框 TextInput、TextOutput 文本框控件和一个名为 Image1 的图像控件，并将 Image1 的 Stretch 属性设为 False。

程序代码如下：

```
Private Sub TextInput_KeyPress(KeyAscii As Integer)
If KeyAscii = vbKeyReturn Then
  '如果在按下回车键那么初始化文本框并与 Matlab 建立 DDE 回话
  TextInput. LinkMode = vbLinkNone
  TextInput. LinkTopic = "Matlab|Engine"
  TextInput. LinkItem = "EngEval|String"
  TextInput. LinkMode =vblinkmanual
  '取出文本框中的字符串，发送至 Matlab 中执行的命令
  sz=TextInput. Text
  '在 Matlab 中执行此命令
  TextInput. LinkExecute sz
  TextInput. LinkMode = vbLinkNone
  '初始化 TextOutput 文本框与 Matlab 之间的会话
```

```
    TextOutput. LinkMode = vbLinkNone
    TextOutput. LinkTopic = "Matlab|Engine"
    TextOutput. LinkItem = "EngFigureResult"
    TextOutput. LinkMode = vbLinkManual
    '将 TextInput 中命令执行的结果以文本方式取回放在 TextOutput 中
    TextOutput. LinkRequest
    TextOutput. LinkMode = vbLinkNone
    '将 TextInput 中命令执行的图形结果从剪贴板中取回放在 Image1 中显示
    Image1. Picture = Clipboard. GetData()
  End If
  End Sub
```

11.4 通过 M 文件

Matlab 产生的 M 文件不能直接在 VB 中调用,可利用 mcc 将 M 文件直接编译成. EXE 文件,然后在 VB 中声明下面三个 API 函数,最后使用 Shell 命令即可实现 VB 与 Matlab 的无缝集成。

【格式】 Shell(Pathname[,Windowstyle])

其中:

Pathname:必要参数,要执行的程序路径及名称。

Windowstyle:可选参数,表示在程序运行时窗口的样式,见表 11-8,默认则具有焦点的最小化窗口执行。

Windowstyle 参数说明 表 11-8

序 号	常 量	值	描 述
1	vbHide	0	窗口被隐藏,且焦点会移到隐式窗口
2	vbNornalFocus	1	窗口具有焦点,且会还原到它原来的大小和位置
3	vbMinimizeFocus	2	窗口以一个具有焦点的图标来显示
4	vbMaximizeFocus	3	窗口是一个具有焦点的最大化窗口
5	vbNornalNoFocus	4	窗口被还原到最近使用的大小和位置,而当前活动的窗口仍然保持活动
6	vbMinimizeNoFocus	5	窗口会以一个图标显示,而当前活动的窗口仍然保持活动

1)用 mcc 生成独立的外部应用程序。可使用如下两种命令:

mcc-p file. m 或 mcc-m file. m

2)在 VB 中声明调用的三个 API 函数:

Declare Function WaitForSingleObject Lib “kernel32”(ByVal hHandle As Long, ByVal dwMilliseconds As Long) As Long

Declare Function CloseHandle Lib “kernel32”(ByVal hObject As Long) As Long

Declare Function OpenProcess Lib "kernel32"(ByVal dwDesiredAccess As Long, ByVal bInheritHandle As Long,ByVal dwProcessId As Long) As Long

3)示例代码：

```
Dim lTask As Long, lret As Long, lHandle As Long
'执行 file.exe 文件
lTask = Shell("file.exe", vbNormalFocus)
lHandle = OpenProcess(SYNCHRONIZE, False, lTask)
'等待进程执行完毕
lret = WaitForSingleObject(lHandle, INFINITE)
lret = CloseHandle(lHandle)
'file.exe 文件执行完毕后,继续执行应用程序
……
```

通过以上编码,应用程序可以在执行过程中调用.EXE 完成特定的计算或图形功能后,再继续其执行过程,从而实现与 Matlab 的集成。

4)几种方法的比较

利用 ActiveX 进行 VB 和 Matlab 的交互通信时,所采用的 Matlab 语句是直接使用 Matlab 提供的函数和图形库命令。该方法编程效率高,但程序的执行必须在 Matlab 环境下,会占用内存,使程序的执行速度受一定影响。DDE 方式运行时,必须打开 Matlab 的命令窗口。程序编码简单,但占用系统资源多,效率低下,功能相对较弱。与 ActiveX 的区别是,DDE 必须预先打开 Matlab,而 ActiveX 可自动打开 Matlab 软件。MatrixVB 把与 Matlab 相似的语法和函数嵌入到 VB 中,这种方法比较简单,编程的效率高。但由于仍采用解释执行的方式,因此执行的效率低,难以进行实时处理。与 Matlab 相比,MatriVB 包含的函数少,没有 Matlab 的功能强大。把 Matlab 文件编译成 VB 可以执行的 dll 文件,执行的效率高,但当 M 文件一旦编译成功之后,其功能就不能变化,所编程序的数据交换能力弱。总之,以上各种方法皆有利弊,应根据实际情况进行选择,才能更好地发挥两者功能。

第 12 章　VB 与 AutoCAD 的集成开发

AutoCAD 的二次开发工具很多，从早期的 Auto Lisp、ADS、DCL 到现在流行的 Object ARX、ActiveX Automation、Visual Lisp。实际上，AutoCAD 通过 ActiveX Automation 技术为用户提供了一个强大的二次开发接口，凡支持 ActiveX Automation 编程的开发工具，如 Visual C++、VB 等均可用于 AutoCAD 的二次开发，创建出用户定制的、专用的 AutoCAD 功能模块。

本章将介绍利用 VB 的 ActiveX 对 AutoCAD 进行二次开发的方法。

12.1　利用 VB 的 ActiveX 对 AutoCAD 进行二次开发的原理

ActiveX Automation 是微软公司的一个技术标准，以前被称为 OLE（对象链接和嵌入），其宗旨是在 Windows 操作系统中把多个应用程序组织起来，互相沟通和控制。Window 系统允许一个 Windows 应用程序控制另一个 Windows 应用程序，ActiveX Automation 则主要处理它们之间的通信问题。每一个应用程序都可以决定对其他应用程序所暴露的信息。AutoCAD 从 R14 版本起，就增加了 ActiveX Automation 自动化服务的功能。

ActiveX Automation 所涉及的一个主要问题是两个应用程序之间的对话，但两个应用程序之间并不是一种对等的关系。ActiveX Automation 和每个部分所涉及到的两个应用程序所起的作用是不同的。客户机是对话的发起端，而服务器则是对话的反应端，向客户机作出答复。ActiveX Automation 代码主要在客户机上运行，但其功能则是服务器所外显的对象。图 12-1表明了在典型的 ActiveX Automation 信息交换中客户机与服务器之间的关系。

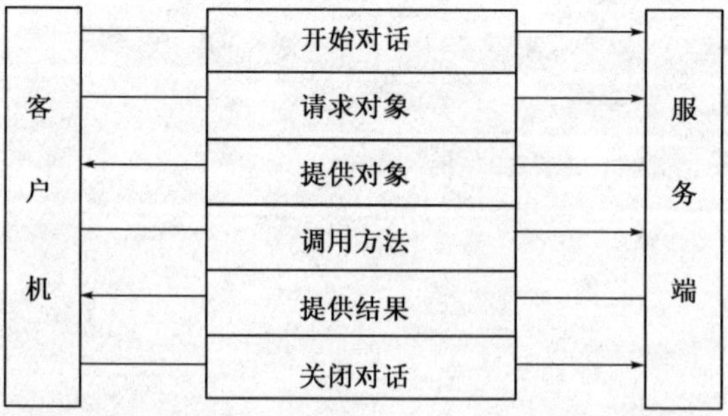

图 12-1　ActiveX Automation 工作方式

从图 12-1 可以看到，每次 ActiveX Automation 操作过程都分三步。首先有一个应用程序要进行 ActiveX Automation 操作，该程序就自动变为客户机，而另一个被它所访问的（也可称为激活的)应用程序则变为服务器。对话开始后,客户机应用程序运行一些包括服务器命令的代码(当然,外显什么命令是服务器的事,但在使用时则由客户机应用程序决定具体使用哪个命令)。于是 ActiveX Automation 的相应命令被传送到服务器,服务器按照客户机应用程序的要求完成特定的任务。客户机可以继续发出其他的执行命令直到整个任务完成为止。服务器将忠实地完成所有客户机分配的任务,客户机可以显式地结束对话或只是停止向服务器发送命令。

VB 对 AutoCAD 进行二次开发,就是通过在编程时引用 AutoCAD 暴露的对象,操作这些对象的属性和方法等,实现自己在绘图时的特定要求。AutoCAD 的对象模型是一种树形结构模型,根为 AutoCAD 应用程序对象(Application)。AutoCAD 中的所有对象都是 AutoCAD Application 的子对象。

Application 下有多个下级对象,这些下级对象中各自又有它们的下级对象,可以依此逐级向下访问(如图 12-2 所示)。

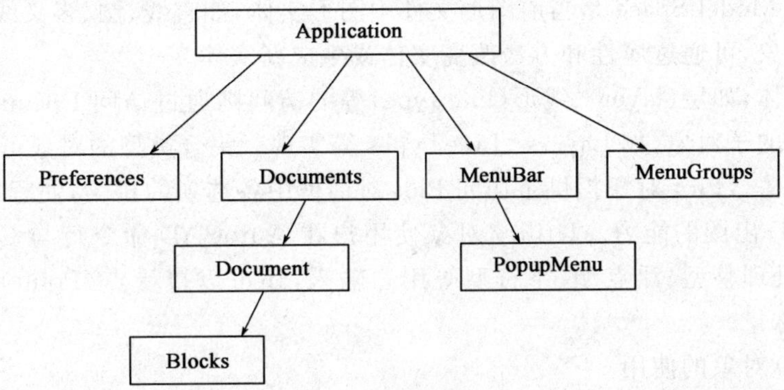

图 12-2　AutoCAD 对象的树型结构模型

操作一个特定的对象必须从 Application 对象开始,再到它的下级对象,直到要操作的特定对象。接下来就可以用该对象的属性和方法创建或修改对象的属性特征。

1)AutoCAD 的对象模型

如果一个应用程序支持自动化,那么其他应用程序就可以通过其开放对象(Object)对其进行操作。对象本身包含自己的方法和属性。通过对象的方法和属性可以实现对象的操作及状态信息的收集或改变。例如,圆是 AutoCAD 中的一个对象,它的属性可以是圆心坐标、半径及所在层等性质,方法则有拷贝、镜像等操作。

理解 AutoCAD 的对象模型是对其编程的基础。顶层是 Application 对象(即 AutoCAD 本身),其他对象均为 Application 对象的子对象。在 Application 对象下面是 Preferences(设置)和 Document(文档)对象。

(1)Application 对象。

Application 对象是应用程序对象。通过该对象,可访问其他对象,或指派对象的属性和方法。例如,应用程序对象具有 Preferences(参数选择)属性,它返回 Preferences(参数选择)对象。该对象提供访问在选项对话框中设定的注册信息(图形信息设定包含在 Database Preferences 对象)。应用程序对象的其他属性提供访问应用程序指定数据,如应用程序的名称和版本和 AutoCAD 的窗口大小、位置和可见性等。应用程序对象的方法执行应用程序指定的动作,如列出、装载、卸载 ADS 和 ARX 应用程序,还有退出 AutoCAD。

应用程序对象也提供通过 Documents(文档)集合链接到 AutoCAD 图形,通过 MenuBar 和 MenuGroups 集合链接到 AutoCAD 菜单和工具栏,还有通过称为 VBE 属性链接到 VBA IDE。

应用程序对象也是 ActiveX 界面的全局对象。也就是说应用程序对象的所有方法和属性在全局名称空间都是有效的。

(2)Preferences 对象。

通过它可以获取或改变 AutoCAD 的设置。

(3)Document 对象。

这是 AutoCAD 的图形文件对象,它代表当前激活的 DWG 文件。Document 对象下面有 Model Space(模型空间)和 Paper Space(图纸空间)对象及 Blocks(块)、Layers (层)、Plot(出图)、Selectionsets(选择集)、views(视图)、utility(功能)等一系列对象(集合),其含义与 AutoCAD 中相似。Model Space 是当前图形文件中图形实体,如直线、圆、多义线等的集合,每个实体即是一个对象,可通过属性和方法改变实体或生成新实体。

对非图形实体,如层(layer)、线形(line type)等的访问则通过访问 Document 对象下面的相应的集合类型的子对象,如 Layers 、LineTypes 等实现。集合类型的对象可以使用 VB 中所有的集合操作方法。Plot 对象提供了访问 Plot 对话框中各选项的桥梁,使程序具有用不同方式控制 AutoCAD 出图的能力。Utility 对象使用户在 AutoCAD 命令行与 CAD 交互成为可能,通过它可以处理整型、浮点型、字符型等用户输入,还可以接受点(Point)或角(Angle)等 AutoCAD 的特殊量。

2)AutoCAD 对象的使用

要想在 AutoCAD 中使用 Active Automation 技术,必须在 VB 中选择 AutoCAD 作为其对象,并对需要操作的具体对象按照 AutoCAD 对象的树状结构逐级遍历。操作方法是:在 VB 中选菜单"工程/引用",在"引用"对话框中选择"AutoCAD Object Library",再在 VB 的代码窗口中输入相应的代码,则可实现 CAD 中相应的操作。

(1)开始一个应用程序的 VB 语句。

Application 对象位于 AutoCAD 层次对象结构的顶层,它代表 AutoCAD 本身,用户的应用程序也理所当然从 Appliction 对象的建立开始。

```
Dim objacad As AutoCAD. AcadApplication          '定义 AutoCAD 程序对象
Dim objdwg  As AutoCAD. AcadDocument             '定义 DWG 文件对象
Dim objcircle As AutoCAD. AcadCircle             '定义 circle 对象
Set objacad = New AutoCAD. AcadApplication       '建立 AutoCAD 程序列程
Set objdwg = objacad. Documents. Add             '建立名称为 acab 的 DWG 文件
Set objcircle = objdwg. ModelSpace. AddCircle(cen, rad)  '在 acab 的 DWG 文件中画
                                                 一个圆
objdwg. SaveAs (sf)                              '保存文件
objdwg. Close                                    '关闭文件
objacad. Quit                                    '推出 AutoCAD
```

```
Set objdwg = Nothing                          '释放 acab 的 DWG 文件占用的内存
Set objacad = Nothing                         '释放 AutoCAD 程序占用的内存
```

另外,若 AutoCAD 已启动,则使用下面语句激活它:

```
Set Acadapp = GetObject(,"Autocad. application")
```

也可以使用下面语句启动 AutoCAD:

```
Set Acadapp = CreateObject("Autocad. application")
```

其他:

```
Acadapp. Visible=True                         '使 AutoCAD 可见
Set Acaddoc=Acadapp. ActiveDocument           '设 Acaddoc 为当前图形文件
Set Mospace = Acaddoc. ModelSpace             '设 Mospace 为当前图形文件的模型
                                              空间
```

以上程序段是应用程序初始化的过程,一般对 AutoCAD 图形文件的操作主要是与 Application、Document 和 Model Space 等对象发生关系。

下面代码完成通过 Application 的属性设置改变 AutoCAD 的窗口设置。

```
acadapp. Top=100                              '设置 AutoCAD 窗口的位置
Acadapp. Left=200
Acadapp. Height=1000                          '调整 AutoCAD 窗口的大小
acadapp. Width=800
Acadapp. Caption="my first application"      '设置 AutoCAD 窗口的标题
```

(2)操作 Document 对象的 VB 语句。

Document 对象提供了大多数 AutoCAD 的文件功能,可以通过它实现对文件的更新(New)、打开(Open)、输出(Export)、输入(Import)等操作。一般要先用 Set Acaddoc=Application. ActiveDocument 语句把 Document 对象设为 Application 对象的 ActiveDocument 属性,以返回当前图形文件。下面的语句可以完成对文件的操作:

```
Dim dwgname As String
dwgname = "c:\acad\ struc. dwg"
Acaddoc. Open dwgname                         '打开一个已有的 CAD 文件
Acaddoc. new("acad")                          '建立一个新 CAD 文件 acad. dwg
```

Document 对象还提供了 SetVariable 和 GetVariable 两个十分有用的方法,通过它们可以得到或改变 AutoCAD 的系统变量。例如:

```
Acaddoc. SetVariable "Orthomode",1            '打开正交模式
Dim cadver As String
cadver=Acaddoc. Getvariable("Acadver")        '获取 AutoCAD 的版本号
```

(3)绘制直线对象的 VB 语句。

画直线至少要有起点和终点的坐标。下面是应用 AddLine 方法,绘制起点为(10,10,0),终点为(50,50,0)的直线的代码。

```
Dim SP(0 To 2) As Double
Dim EP(0 To 2) As Double
```

```
SP(0) = 5
SP(1) = 5
SP(2) = 0
EP(0) = 20
EP(1) = 20
EP(2) = 0
mospace.AddLine SP, EP
```

(4)插入文本对象的 VB 语句。

文本的主要参数为插入点、文本高度、旋转角和字符串。

AddText 方法需要四个参数产生一个文本。下面是产生一个 Text 对象的代码，其中字符串为"岩土工程勘察 CAD"，插入点坐标为(10,10,0)，文本高度为 120。

```
Dim InsertP(0 To 2) As Double
Dim TextHeight As Double
Dim TextString As String
Dim TextObj As Object
InsertP(0) = 10
InsertP(1) = 10
InsertP(2) = 0
TextHeight = 120
TextString = "岩土工程勘察 CAD"
Set TextObj = mospace.AddText(TextString, InsertP,_ TextHeight)
```

(5)向图形中插入已有的一个图块的 VB 语句。

块处理是 AutoCAD 中经常使用的技术。块包括两种：一种是外部文件，使用块引用的方法加入到图形文件中；另一种是文件内部的块，该块的定义包含在当前图形中。内部块比较容易处理，可以对块进行编辑，也可以生成引用块。而采用外部文件时，有时为了图形输出的需要，必须将块引用用 Xbind 命令插入到图形文件中。

例如，将一个图形中经常用到的图块 BlockName1 插入到点(20,20,0)，其旋转角为 0，比例因子为 1。插入块的函数是 InsertBlock，它返回一个块的引用实例对象 BlockRef。块也可以用 InsertBlock 函数插入到其他块中。块是可以嵌套的，但是它不能引用自身，否则会形成无穷的循环。

```
Private Sub Command3_Click()
Dim BlockName As String
Dim BlockRef As Object
Dim InsertP(0 To 2) As Double
Dim Xscale As Double, Yscale As Double
Dim RotAngle As Double
Dim Found As Boolean
Dim EnTry As Variant
```

```
InsertP(0) = 100
InsertP(1) = 100
InsertP(2) = 0
BlockName = " BlockName1"
For Each EnTry In acadDoc. Blocks '查找所有的文件中已有图块
  If EnTry. Name = BlockName Then
    Found = True
    Exit For
    End If
Next
If Found Then                    '有则插入图块
   SetBlockRef=acadDoc. ModelSpace. InsertBlock(_
   InsertP, BlockName, Xscale, Yscale, RotAngle)
Else
    MsgBox "此图块名不存在。"
End If
End Sub
```

(6)填充图形的 VB 语句。

本例提供的是画一个圆心为(3,3,0),半径为 1 的圆,然后填充这个圆的内部区域。

```
Dim hatchObj As AcadHatch
Dim ptnName As String
Dim ptnType As Long
Dim b As Boolean
Dim outerLoop(0 To 0) As Object
ptnName = "ANSI31"                          '定义填充的样式
patnType = 0
b = True
Set hatchObj = moSpace. AddHatch(ptnType, ptnName, b)'在模型空间创建一个填充
                                                      对象
Dim center(0 To 2) As Double '创建填充的边界,画一个圆心(3,3,0)、半径 1 的圆
Dim radius As Double
center(0) = 3: center(1) = 3: center(2) = 0
radius = 1
Set outerLoop(0) = moSpace. AddCircle(center, radius)
hatchObj. AppendOuterLoop (outerLoop)'把填充边界传递给 hatchObj 对象,并显示
                                      填充
hatchObj. Evaluate
Acaddoc. Regen True
```

(7)保存图形的 VB 语句。

保存活动的图形,以下示例先以当前名称保存活动图形,然后再以新的名称保存该图形。

```
Sub Ch3_SaveActiveDrawing()
Acaddoc. Save                          '以当前名称保存活动图形
Acaddoc. SaveAs "MyDrawing. dwg"  '以新的名称保存活动图形
End Sub
```

当然你会想到检查活动图形是否存在有未保存的更改。在退出 AutoCAD 进程之前或开始一个新的图形之前这样做是一种好的习惯。使用 Saved 属性可以确定当前图形是否包含未保存的更改。

测试图形是否有未保存的更改内容,检查图形是否有未保存的更改并由用户确定是否保存图形(如果取消,则直接跳到结束处)。如果确定的话,使用 Save 方法保存当前图形,程序如下:

```
Sub Ch3_TestIfSaved()
If Not (acaddoc. Saved) Then
    If MsgBox("你是否想保存该图形?",vbYesNo) = vbYes Then
        acaddoc. Save
    End If
End If
End Sub
```

亦可使用 Save 或 SaveAs 方法保存图形,具体使用方法请查看相关资料。

现在国内有不少介绍 ActiveX 编程及 AutoCAD 的资料,但迄今还未发现有完整讨论 AutoCAD 的 ActiveX 编程的书籍。目前最容易得到的资料就是 Auto desk 公司编写的随机帮助,其中有一章"ActiveX Automation",有全部对象的方法、属性说明。具体内容请查看 AutoCAD 的随机帮助文件。

3)VB 应用 DDE 实现对 AutoCAD 的控制。

其实用 VB 编写具有 DDE 功能的程序控制 AutoCAD 也是不错的方法。在 Windows 平台下,VB 和 AutoCAD 都支持强有力的 DDE(动态数据交换)功能,既能与 AutoCAD 交换各种复杂的数据结构,又能向 AutoCAD 发送命令,由此开发出的应用程序也能满足用户的需要。下面我们简单讨论一下这方面的内容。

DDE 是 Windows 的功能之一,它可以使应用程序自动地接收由其他应用程序发送来的数据,当传送端的数据有变化时,接收端的数据也会随之改变,也可将命令或键盘输入传递给其他程序,实现远程控制。

在 VB 编程环境中,创建应用程序的方法很简单。VB 中能和其他 Window 应用程序建立 DDE 通道的控件有文本框、标签和图片框。下面结合简单实例,说明 VB 应用程序与 AutoCAD 间建立 DDE 通道和交换数据的方法。

在 VB 中启动一个新项目,其中"建立链接"、"直线"、"标注"、"退出"为命令按钮,标有"Text1"的为文本框,用于建立 DDE 通道。输入下面的事件代码:

```
Option Explicit
```

```
Private Sub cmdLine_Click()                    '画直线
    Text1.LinkExecute "[^3^3line 3,3 8,8 ^3]"
End Sub
Private Sub cmdText_Click()                    '标注文字
    Text1.LinkExecute "[^3^3text 10,10 1 90 AutoCAD! ^10]"
End Sub
Private Sub cmdLink_click()  '建立链接
    Text1.LinkMode = 0
    Text1.LinkTopic = "autocad.dde|system"
    Text1.LinkMode = 2
End Sub
Private Sub cmdExit_click() "退出
    End
End Sub
```

加载 AutoCAD，然后运行此应用程序。单击"建立链接"按扭，cmdLink_Click()过程被执行，执行时设置文本框 Text1 的 LinkTopic 和 LinkMode 的属性，完成 VB 应用程序与 AutoCAD 间 DDE 通道的建立。LinkTopic 属性用于通知 AutoCAD 由谁来提供数据，它被管道符"|"分成两部分(第一部分"AutoCAD. DDE"为应用程序名，第二部分"System"是通信的主题)。LinkMode 属性用于切实建立链接，在 LinkMode=0 时表示关闭以前的 DDE 通道，在 LinkMode=2 时表示以手动模式激活 DDE 通道。

在完成 DDE 链接后，VB 应用程序就可以与 AutoCAD 间进行数据交换或命令传送了。单击"直线"按扭，cmdLine_Click()过程被执行，应用程序通过 LinkExecute 方法向 AutoCAD 发送命令，在 AutoCAD 中以点(3,3)和(8,8)为端心，画一条直线。语句中的^3 相当于 AutoCAD 中的取消键 Ctrl C，空格相当于 AutoCAD 中的回车键。单击"标注"按扭，执行 cmdText_Click()过程，可在 AutoCAD 中显示以(10,10)为基点，高为 1、旋转角度为 90 的字符串"AutoCAD!"。语句中的^10 相当于 AutoCAD 中的回车键，在标注文字时不能用空格代替回车键。

根据需要，可用上面的方法传送 AutoCAD 的其他命令，实现对 AutoCAD 的开发。

4) VB 应用 Script 文件实现对 AutoCAD 的控制

AutoCAD 提供了一种被称为命令文件(Script 文件)的工具。它允许将不同的 AutoCAD 的命令组合在一起，并按照预先确定的顺序执行它们。AutoCAD 的 Script 命令允许在图形编辑状态运行命令文件。输入 Script 命令并按回车就可以执行命令文件，AutoCAD 会提示输入命令文件的名称。这是一种最简单实用的与 AutoCAD 接口的方法，结合 VB 开发工具，可以方便地为工程软件增加绘图功能。下面提供一组 VB 代码，实现 Script 文件的自动生成。

```
Private Sub Command4_Click()
Open "c:\my documents\mycad.scr" For Output As #1  '建立一个 scr 文件
                                                    mycad.scr
```

```
Print #1, "limits 0,0 870,620"                    '设置绘图区域
Print #1, "zoom all"                               '显示新的绘图界限
Print #1, "setvar textsize 0.25"                  '设定文本高度
Print #1, "layer new box c red box s box "        '设置新层
Print #1, "rectang w 2 5,5 " LTrim(Str(boxx 5)) ","LTrim(Str(boxy 5))'
        绘制矩形(5,5),(boxx 5,boxy 5)(其中,boxx、boxy 为变量)
Close #1
End Sub
```

只要用户了解 AutoCAD 命令的文本形式,在 VB 中可以方便生成 Script 文件,进而达到操纵 AutoCAD 的目的。

12.2 在 VB 中利用 ActiveX 进行 AutoCAD 二次开发综合应用

本节将介绍在 VB 中利用 ActiveX Automation 技术操作 AutoCAD,并绘制出图形的详细过程及部分程序。

12.2.1 在 VB 中调用 AutoCAD

在 VB 中,界面设计好后就需要连接 AutoCAD,在 CAD 里绘制图形。

VB 连接 AutoCAD 步骤:

(1)首先要引用 AutoCAD Type Library,在 VB 中选择"工程"→"引用",在"引用"对话框中选择 AutoCAD 2004 Type Library(和安装的 AutoCAD 版本有关。如果安装的是 AutoCAD 2007,则选择 AutoCAD 2007 Type Library)。

(2)为 AutoCAD 当前文档(acadDoc)定义变量,通常定义为全局变量。

```
Dim acaddoc As AcadDocument
```

(3)访问 AutoCAD,设置应用程序变量(acadApp)为当前的 AutoCAD 应用程序。如果 AutoCAD 正在运行,则用 GetObject 取得 AutoCAD 应用程序对象;如果 AutoCAD 没有运行,则返回一个错误并清除它。然后用 CreateObject 方法尝试创建一个 AutoCAD 应用程序对象。如果成功,则 AutoCAD 启动;如果失败,则显示一个信息框,返回错误信息。

其代码如下:

```
On Error Resume Next
'获得正在运行的 AutoCAD 应用程序对象
Set acadapp=GetObject(,"AutoCAD.Application.16")
If Err Then
Err.Clear
'创建一个新的 AutoCAD 应用程序对象
Set acadapp=CreateObject("AutoCAD.Application.16")
If Err Then
```

```
MsgBox Err.Description
Exit Sub
End If
End If
'显示 AutoCAD 应用程序
acadapp.Visible=True
```

(4)访问 AutoCAD 图形，即设置文档变量为 AutoCAD 应用程序中当前的 AutoCAD 图形对象。

```
Set acaddoc=acadApp.ActiveDocument
```

连接到 AutoCAD 之后，就可以使用 acadApp 对象对 AutoCAD 进行操作。

12.2.2　基本绘图命令

1)绘制直线命令

Acaddoc.ModelSpace.AddLine 起点，终点

2)绘制多段线命令

①轻量多段线：Acaddoc.ModelSpace.AddLightWeightPolyline(ptArr)

ptArr 为数组，数组中的相邻两个元素用来表示点的(x,y)坐标。

②单段多段线：Acaddoc.ModelSpace.AddPolyline(ptArr)

ptArr 为数组，数组中的相邻三个元素用来表示点的(x,y,z)坐标，三个元素表示一个点。

3)绘制圆的命令

Acaddoc.ModelSpace.AddCircle(圆心，半径)

4)绘制圆弧的命令

Acaddoc.ModelSpace.AddArc(圆心，半径，起始角度，终点角度)

5)样条曲线命令

Acaddoc.ModelSpace.Addspline(PointsArray,StartTangent,,EndTangent)

PointsArray：Variant[变体](双精度数组)，用于输入定义样条曲线的三维 WCS 坐标数组。至少需要两个点(三个元素表示一个点)构成 Spline 对象。该数组大小必须为 3 的倍数。

StartTangent：Variant[变体](三元素双精度数组)；用于输入指定样条曲线第一点相切的三维矢量。

EndTangent：Variant[变体](三元素双精度数组)；用于输入指定样条曲线最后一点相切的三维矢量。

6)文字命令

Acaddoc.ModelSpace.AddText(TextString,InsertionPoint,Height)

TextString：显示的实际文字。

InsertionPoint：文字放置到图形中的三维 WCS 坐标。

Height：文字的高度。

7)面域命令

Acaddoc.ModelSpace.AddRegion(ObjectList)

ObjectList：对象数组构成闭合的共面区域。该数组可包含以下对象类型：Line、Arc、Circle、Elliptical Arc、LightweightPolyline、Spline。

8)标注命令：

AddDimRotated：创建转角的标注。

AddDimAngular：创建角度的标注。

AddDimRadial：创建圆或圆弧的标注。

AddDimOrdinate：创建点的坐标标注。

12.2.3 综合实例

例 12-1 绘制如图 12-3 所示的旋转楼梯。

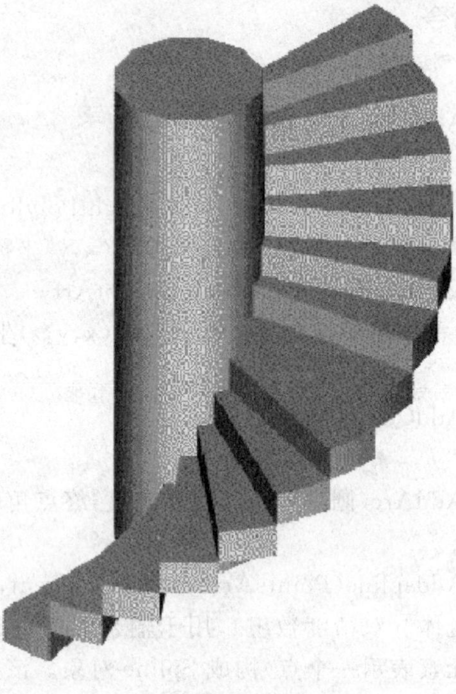

图 12-3 旋转楼梯

①编程思路。

本实例中，圆柱体可直接用 AddCylinder 命令绘制，关键是怎样绘制楼梯。这里可充分体现编程创建三维模型的优势，就是根据规律快速计算出每个分块在模型中的位置，调整分块在模型中的位置，并合并每一个分块。

核心问题是计算每个楼梯板在图形中的位置。根据旋转楼梯的几何特性，每一板块均相对于前一板块旋转一个固定的角度，并且在 Z 轴上增加一个分量。总体的思路为：创建一个分块的模型，然后对于要创建的每一个分块，从第一个分块复制得到，调整其位置，最后将各个分块合并。

②流程图如图 12-4 所示。

③程序代码。

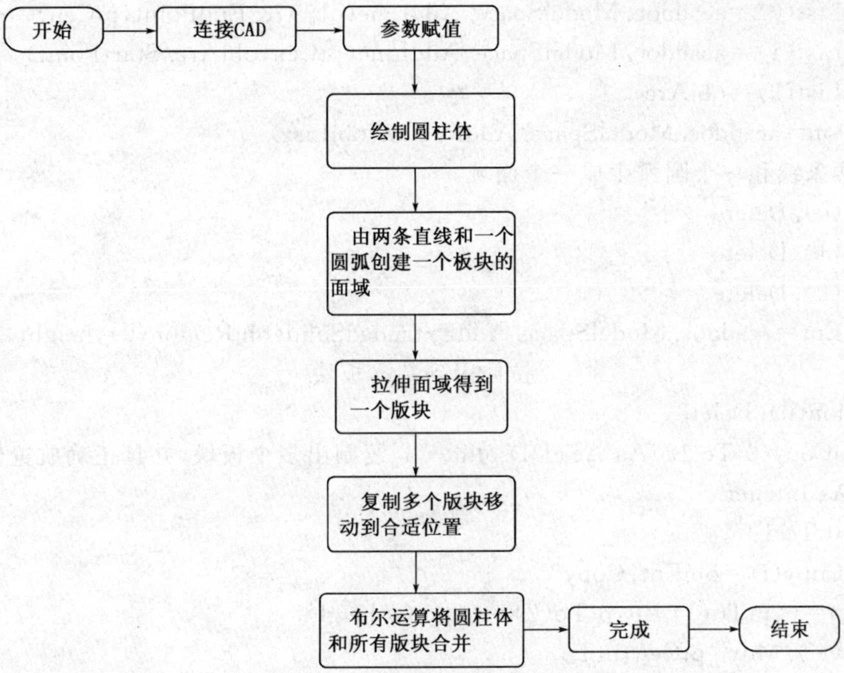

图 12-4　绘制旋转楼梯流程图

```
Dim radius1 As Double,radius2 As Double            '基本参数
Dim angle As Double,angTotal As Double             '内外半径
Dim height As Double,heightTotal As Double     '每个板块的角度和总的旋转角度
Dim count As Integer                         '每个板块的高度和楼层的净高
radius1=Text1.Text:radius2=Text2.Text
height=Text4.Text:heightTotal=Text3.Text
count=heightTotal/height
angTotal=PI
angle=angTotal/count
Dim objCylinder As Acad3Dsolid             '一个板块,中心圆柱
Dim ptCen(0 To 2)As Double
ptCen(0)=0:ptCen(1)=0:ptCen(2)=0
Set objCylinder=acaddoc.ModelSpace.AddCylinder(ptCen,40,300)
Dim ptTo(0 To 2)As Double          '圆柱体绘制命令
ptTo(0)=0:ptTo(0)=0:ptTo(2)=150
objCylinder.Move ptCen,ptTo
注释:移动圆柱体到合适位置。
Dim objEnt As Acad3Dsolid          '一个板块对象
Dim objList(0 To 2)As AcadEntity,objArc As AcadArc
Dim objRegion As Variant
Set objArc=acaddoc.ModelSpace.AddArc(ptCen,radius2,0,angle)        '创建面域
```

```
Set objList(0)=acaddoc.ModelSpace.AddLine(objArc.EndPoint,ptCen)
Set objList(1)=acaddoc.ModelSpace.AddLine(ptCen,objArc.StartPoint)
Set objList(2)=objArc
objRegion=acaddoc.ModelSpace.AddRegion(objList)
注释:两条线和一个圆弧生成一个面域。
objList(0).Delete
objList(1).Delete
objList(2).Delete
Set objEnt=acaddoc.ModelSpace.AddExtrudedSolid(objRegion(0),height,0)'
                                拉伸得到基本板块
objRegion(0).Delete
Dim objCopy(0 To 12)As Acad3Dsolid    '复制出多个板块,并且正确放置位置
Dim i As Integer
For i=0 To 12
Set objCopy(i)=objEnt.Copy
ptTo(0)=0:ptTo(1)=0:ptTo(2)=(i+1)*height
objCopy(i).Move ptCen,ptTo
objCopy(i).Rotate ptCen,angle*(i+1)
Next i
For i=0 To 12  '合并全部板块
objEnt.Boolean acUnion,objCopy(i)
Next
objEnt.Boolean acUnion,objCylinder'合并楼梯和中心的圆柱
objEnt.Color=9
objEnt.Update
acaddoc.SendCommand"-view"+vbCr+"_seiso"+vbCr  '用SendCommand将命令发
                                                  送到AutoCAD命令行
acaddoc.SendCommand"_Shademode"+vbCr+"_G"+vbCr
acaddoc.Application.ZoomAll '为加强效果,设置渲染对象的平滑度为10
```

例 12-2 绘制如图 12-5 所示的蜗轮。

①编程思路。

第一步,按照蜗杆齿顶圆等已知尺寸创建圆柱体;

第二步,按阿基米德蜗杆刀具基准齿形的尺寸要求生成刀具;

第三步,用循环结构进行差集操作,逐步形成蜗杆齿廓。为了减少对实体进行布尔运算的次数,降低系统资源的消耗,在循环结构中只生成 1/4 圆周的齿廓,剩余的部分使用复制和并集的操作生成。蜗杆齿廓形成的原理为:将圆周和导程分成 n 等份,在蜗杆圆柱体绕轴线(X 轴)每旋转 1/n 转和刀具相应沿轴线移动 1/n 导程时,做一次差集运算。重复执行该操作,直到形成指定范围内的齿廓。

刀具的基准齿形如图 12-6 所示,其中顶隙取 C=0.2m,刀具的高度 h=2.2m。齿形角为

20^0，取 L＝px＋0.72794×m（px 为蜗杆轴高齿距，m 为模数），齿根圆角半径 Rf＝0.3×m。

图 12-5　涡轮

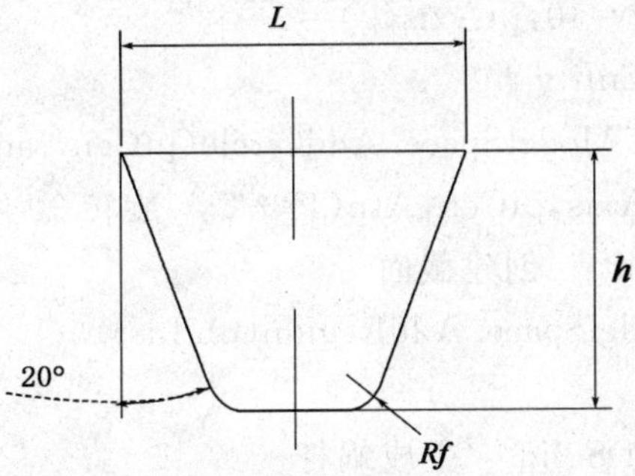

图 12-6　刀具基准齿形

②蜗轮绘图流程如图 12-7 所示。

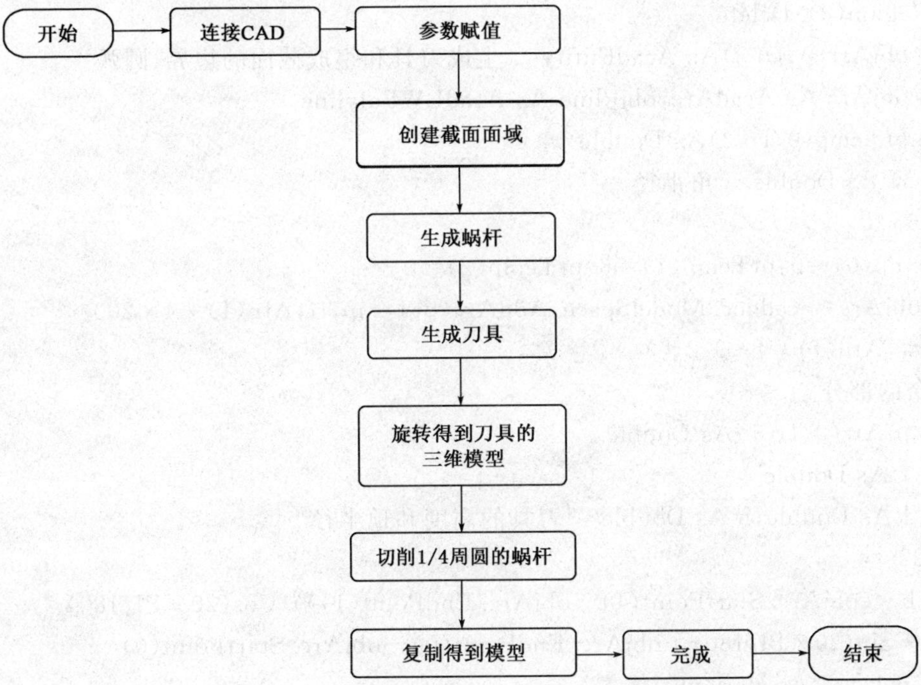

图 12-7　蜗轮绘制流程图

③程序代码。

```
'创建蜗杆
Dim radius As Double,length As Double  '半径和长度(1/4 圆周对应的长度)
Dim px As Double  '蜗杆轴向齿距
radius=50
px=28  '轴向齿距
length=px/4
Dim ptCen(0 To 2)As Double  '创建截面的边界
ptCen(0)=0:ptCen(1)=0:ptCen(2)=0
Dim ptAxis(0 To 2)As Double  '用于定义旋转轴
ptAxis(0)=0:ptAxis(1)=10:ptAxis(2)=0
Dim objList(0)As AcadEntity
Set objList(0)=acaddoc.ModelSpace.AddCircle(ptCen,radius)
objList(0).Rotate3D ptAxis,ptCen,Atn(1)*2  '旋转 90 度
Dim objRegion As Variant  '创建截面
objRegion=acaddoc.ModelSpace.AddRegion(objList)
objList(0).Delete
Dim objWorm As Acad3DSolid  '生成蜗杆
Set objWorm=acaddoc.ModelSpace.AddExtrudedSolid(objRegion(0),
length,0)
objRegion(0).Delete
Dim objArr(0 To 3)As AcadEntity  '生成刀具和组成截面的边界、圆弧
Dim objArc As AcadArc,objPline As AcadLWPolyline
Dim ptTemp(0 To 2)As Double
Dim rf As Double  '角半径
rf=6
ptTemp(0)=0:ptTemp(1)=6:ptTemp(2)=0
Set objArc=acaddoc.ModelSpace.AddArc(ptTemp,rf,Atn(1)*4*200/
180#,Atn(1)*4*3/2#)
'其余的部分
Dim ptArr(0 To 7)As Double
Dim r As Double
Dim l As Double,h As Double  '刀具的高度和顶半径
h=22
r=(h-(objArc.StartPoint(1)-objArc.EndPoint(1)))/Cos(20*PI/180)
l=r*Sin(20*PI/180)+objArc.EndPoint(0)-objArc.StartPoint(0)
Dim pt1,pt2 As Variant
pt1=acaddoc.Utility.PolarPoint(objArc.StartPoint,110*PI/180,r)
```

```
pt2=GetPoint(ptCen,0,h) '计算一个顶点的位置
ptArr(0)=objArc. EndPoint(0):ptArr(1)=objArc. EndPoint(1):ptArr(2)=0:
ptArr(3)=h
ptArr(4)=-l:ptArr(5)=h:ptArr(6)=objArc. StartPoint(0):ptArr(7)=
objArc. StartPoint(1)
Set objArr(0)=acaddoc. ModelSpace. AddLine(objArc. EndPoint,pt2)
Set objArr(1)=acaddoc. ModelSpace. AddLine(objArr(0). EndPoint,pt1)
Set objArr(2)=acaddoc. ModelSpace. AddLine(objArr(1). EndPoint,
objArc. StartPoint)
Set objArr(3)=objArc
objRegion=acaddoc. ModelSpace. AddRegion(objArr) '生成面域
Dim i As Integer
For i=0 To 3
objArr(i). Delete
Next
ptAxis(0)=0:ptAxis(1)=30:ptAxis(2)=0 '旋转得到刀具的三维模型
objRegion(0). Move ptCen,ptAxis
Dim objReamer As Acad3DSolid
Set objReamer=acaddoc. ModelSpace. AddRevolvedSolid(objRegion(0),
ptCen,ptAxis,8 * Atn(1))
objRegion(0). Delete
ptAxis(0)=11. 4706:ptAxis(1)=0:ptAxis(2)=0
objReamer. Move ptCen,ptAxis
'复制合并组成蜗轮
Dim count As Integer '确定进行差集的次数
count=40
Dim angIncr As Double,disIncr As Double '每次刀具移动的距离和蜗杆旋转的角度
angIncr=2 * Atn(1)/count
'disIncr=(2 * 11. 4706+length)/count
disIncr=(length)/count
Dim objCopy As Acad3DSolid '切削 1/4 圆周的蜗杆
For i=0 To 4. 2 * count '这是程序中最难理解的部分
Set objCopy=objReamer. Copy
ptTemp(0)=-i * disIncr:ptTemp(1)=0:ptTemp(2)=0
objCopy. Move ptCen,ptTemp'移动刀具
ptAxis(0)=10:ptAxis(1)=0:ptAxis(2)=0
objWorm. Rotate3D ptAxis,ptCen,angIncr
'旋转蜗杆修改
```

```
objWorm. Boolean acSubtraction,objCopy '切削的操作
Next i
objWorm. Color=23
objReamer. Delete
Dim objCopy1(15)As Acad3DSolid '复制得到的模型
For i=0 To 15
Set objCopy1(i)=objWorm. Copy
Next i
For i=0 To 15
ptTemp(0)=-(i+1) * length:ptTemp(1)=0:ptTemp(2)=0
objCopy1(i). Move ptCen,ptTemp
objCopy1(i). Rotate3D ptAxis,ptCen,-(i+1) * 2 * Atn(1)
objWorm. Boolean acUnion,objCopy1(i)
Next
'使用 SendCommand 方法直接将命令发送到 AutoCAD 命令行
acaddoc. SendCommand"-view"+vbCr+"_seiso"+vbCr
acaddoc. SendCommand"_Shademode"+vbCr+"_G"+vbCr
acaddoc. Application. ZoomAll
```

例 12-3 绘制如图 12-8 所示的弹簧。

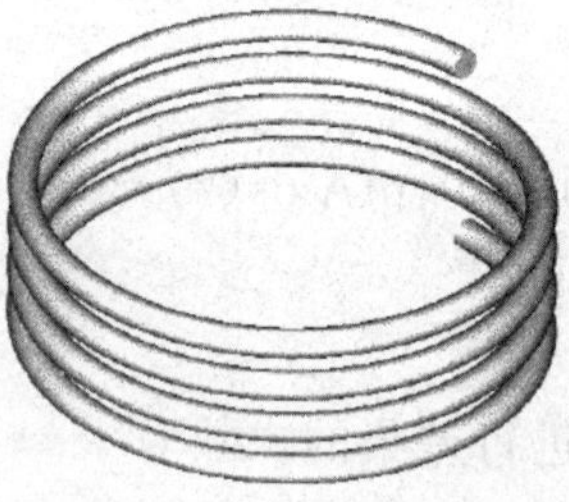

图 12-8 弹簧

①编程思路。

本程序中创建的弹簧模型,是利用沿路径拉伸一个面域得到的,截面是一个圆形的面域,路径是一个三维的螺旋线。

采取拉伸的方法获得实体,可以使用系统提供的 AddExtrudedSolidAlongPath。

该方法的第一个参数是拉伸的截面(只能是面域),第二个参数是拉伸的路径。该方法能够创建一个 Acad3DSolid 类型的对象。绘制流程如图 12-9 所示。

②程序代码。

```
'创建拉伸路径(多段线)
'获取主要参数值
Dim radius As Double,number As Double,Addhor As Double,Addver As Double,
Segment As Double
```

注释:radius 为弹簧起始半径;Addver 为弹簧垂直增量;Addhor 为水平增量;Number 为

弹簧圈数;Segment 为每圈分段数,数量大则绘制出的弹簧更光滑,但计算量要增加,绘图所用时间也增加。

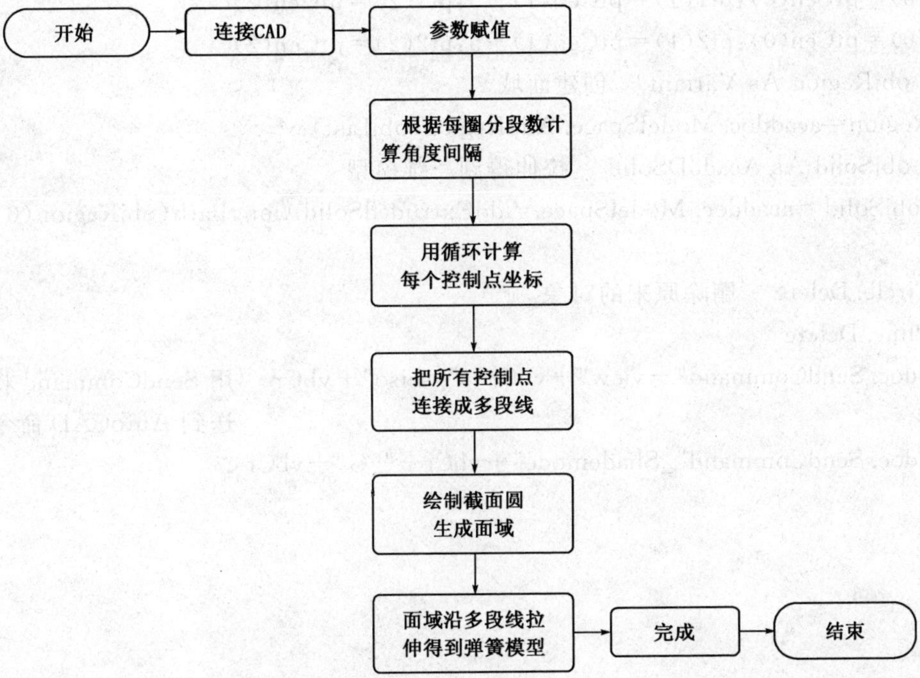

图 12-9　绘制弹簧流程图

```
radius=Text4. Text:Addver=Text5. Text:Addhor=Text6. Text
number=Text7. Text:Segment=Text11. Text
Dim PtControl()As Double  '获取点的个数和角度间隔
Dim n As Integer
Dim angle As Double
n=number * Segment
ReDim PtControl(3 * n+2)As Double
angle=2 * PI/Segment
Dim i As Integer  '计算控制点的坐标
For i=0 To n
PtControl(3 * i)=val(text1. text)+(radius+i * Addhor/Segment) * Sin(2 * i * PI/Seg-
ment)  '绘制多段线
Dim objPline As Acad3DPolyline
Set objPline=acaddoc. ModelSpace. Add3DPoly(PtControl)
Dim objList(0)As AcadEntity  '创建截面
Dim ptCen(0 To 2)As Double
ptCen(0)=Text1. Text:ptCen(1)=Text2. Text:ptCen(2)=Text3. Text  '起点赋值
```

```
Set objList(0)=acaddoc.ModelSpace.AddCircle(ptCen,3)
Dim pt1(0 To 2)As Double,pt2(0 To 2)As Double  '创建旋转轴
pt1(0)=ptCen(0):pt1(1)=ptCen(1)-5:pt1(2)=ptCen(2)
pt2(0)=ptCen(0):pt2(1)=ptCen(1)+5:pt2(2)=ptCen(2)
Dim objRegion As Variant  '创建面域
objRegion=acaddoc.ModelSpace.AddRegion(objList)
Dim objSolid As Acad3DSolid  '拉伸得到三维模型
Set objSolid=acaddoc.ModelSpace.AddExtrudedSolidAlongPath(objRegion(0),objPline)
objCircle.Delete  '删除原来的对象
objPline.Delete
acaddoc.SendCommand"-view"+vbCr+"_seiso"+vbCr  '用SendCommand将命令发送到AutoCAD命令行
acaddoc.SendCommand"_Shademode"+vbCr+"_G"+vbCr
```

附录 1 常用字符的 ASCII 代码表

ASCII 值	字符	控制符	ASCII 值	字符	ASCII 值	字符	ASCII 值	字符	ASCII 值	字符	ASCII 值	字符	ASCII 值	字符	ASCII 值	字符
000	(null)	NUL	032	空格	064	@	096	`	128	Ç	160	á	192	└	224	α
001	☺	SOH	033	!	065	A	097	a	129	ü	161	í	193	┴	225	β
002	☻	STX	034	"	066	B	098	b	130	é	162	ó	194	┬	226	Γ
003	♥	ETX	035	#	067	C	099	c	131	â	163	ú	195	├	227	π
004	♦	EOT	036	$	068	D	100	d	132	ä	164	ñ	196	─	228	Σ
005	♣	END	037	%	069	E	101	e	133	à	165	Ñ	197	┼	229	σ
006	♠	ACK	038	&	070	F	102	f	134	å	166	ª	198	╞	230	μ
007	(beep)	BEL	039	′	071	G	103	g	135	ç	167	º	199	╟	231	τ
008	◙	BS	040	(	072	H	104	h	136	ê	168	¿	200	╚	232	Φ
009	(tab)	HT	041	)	073	I	105	i	137	?	169	⌐	201	╔	233	θ
010	(line feed)	LF	042	*	074	J	106	j	138	è	170	¬	202	╩	234	Ω
011	(home)	VT	043	+	075	K	107	k	139	ï	171	½	203	╦	235	δ
012	(form feed)	FF	044	,	076	L	108	l	140	î	172	¼	204	╠	236	∞
013	(carriage return)	CR	045	—	077	M	109	m	141	ì	173	¡	205	═	237	∮
014	♬	SO	046	.	078	N	110	n	142	Ä	174	«	206	╬	238	∈
015	☼	SI	047	/	079	O	111	o	143	Å	175	»	207	╧	239	∩
016	▶	DLE	048	0	080	P	112	p	144	É	176	▶	208	╨	240	≡
017	◀	DC1	049	1	081	Q	113	q	145	æ	177	▒	209	╤	241	±
018	↕	DC2	050	2	082	R	114	r	146	Æ	178	▓	210	╥	242	⩾
019	‼	DC3	051	3	083	S	115	s	147	ô	179	│	211	╙	243	⩽
020	§	DC4	052	4	084	T	116	t	148	ö	180	┤	212	╘	244	⌠
021	§	NAK	053	5	085	U	117	u	149	ò	181	╡	213	╒	245	⌡
022	▬	SYN	054	6	086	V	118	v	150	û	182	╢	214	╓	246	÷
023	↨	ETB	055	7	087	W	119	w	151	ù	183	╖	215	╫	247	≈
024	↑	CAN	056	8	088	X	120	x	152	ÿ	184	╕	216	╪	248	°
025	↓	EM	057	9	089	Y	121	y	153	Ö	185	╣	217	┘	249	∘
026	→	SUB	058	:	090	Z	122	z	154	Ü	186	║	218	┌	250	·
027	←	ESC	059	;	091	[	123	{	155	¢	187	╗	219	█	251	√
028	∟	FS	060	<	092	\	124	¦	156	£	188	╝	220	▄	252	η
029	◆	GS	061	=	093	]	125	}	157	¥	189	╜	221	▌	253	2
030	▲	RS	062	>	094	ˆ	126	~	158	Pt	190	╛	222	▐	254	■
031	▼	US	063	?	095	_	127	⌂	159	ƒ	191	┐	223	▀	255	'FF'

注：表中 000～127 是标准 ASCII 代码，128～255 是 IBM-PC 上的扩展 ASCII 代码。

附录 2　Visual Basic 中表示颜色值的四种方式

(1)使用 Visual Basic 系统规定的描述颜色的符号常量。

vbBlack	&H0	黑色
vbRed	&HFF	红色
vbGreen	&HFF00	绿色
vbYellow	&HFFFF	黄色
vbBlue	&HFF0000	兰色
vbMagenta	&HFF00FF	洋红
vbCyan	&HFFFF00	青色
vbWhite	&HFFFFFF	白色

(2)用 &HBBGGRR 形式的六位十六进制数或十进制整数描述颜色。

按照三基色原理,从最低字节到最高字节依次决定红(RR)、绿(GG)和蓝(BB)的量。红、绿和蓝的量分别由一个介于 0～255(&H00～&HFF)之间的数表示。表示 RGB 颜色的十进制数值的取值范围 0(&HO00000)～16,777,215(&HFFFFFF)。例如,&060000 表示深绿色。

(3)使用 QBColor(Color)函数。其中 Color 参数的取值与颜色的关系如下表所示。例如,QBColor(1)表示蓝色,QBColor(14)表示亮黄色。

值	颜色	值	颜色
0	黑色	8	灰色
1	兰色	9	亮兰色
2	绿色	10	亮绿色
3	青色	11	亮青色
4	红色	12	亮红色
5	洋红色	13	亮洋红色
6	黄色	14	亮黄色
7	白色	15	亮白色

(4)使用 RGB(r,g,b)函数。

RGB(r,g,b)函数采用三基色原理,其中 r,g,b 的取值分别是 0～255 之间的整数,分别表示红、绿、蓝三种颜色的成分。用该函数可以勾兑出某种颜色。

RGB(255,0,0)表示红色

RGB(0,255,0)表示绿色

RGB(0,0,255)表示蓝色

RGB(0,0,0)表示黑色

RGB(255,255,255)表示白色

参 考 文 献

[1] 隋丽娜,等. Visual Basic 范例开发大全[M]. 北京:清华大学出版社,2010.

[2] 周建丽,等. Visual Basic 语言程序设计及实验教程[M]. 北京:中国水利水电出版社,2013.

[3] 宋文强,等. Visual Basic 语言程序设计[M]. 重庆:重庆大学出版社,2012.

[4] 刘卫国,等. Visual Basic 程序设计实践教程[M]. 北京:北京邮电大学出版社,2009.

[5] 王兴晶,等. Visual Basic 6.0 应用编程 150 例[M]. 北京:电子工业出版社,2004.

[6] 孙秀梅,等. Visual Basic 开发实战 1200 例[M]. 北京:清华大学出版社,2011.

[7] 高林,等. Visual Basic 6.0 程序设计教程[M]. 北京:人民邮电出版社,2003.

[8] 郑阿奇,等. Visual Basic 使用教程[M]. 北京:电子工业出版社,2000.

[9] 高春艳,等. Visual Basic 程序开发范例宝典[M]. 北京:人民邮电出版社,2006.

[10] 高春艳,等. Visual Basic 开发技术大全[M]. 2 版. 北京:人民邮电出版社,2009.

[11] 刘炳文. Visual Basic 图形与多媒体程序设[M]. 北京:清华大学出版社,2002.

[12] 黄静华,等. Visual Basic 6.0 程序设计教程[M]. 北京:人民邮电出版社,2003.